Lars Kothes

Grundlagen der Technischen Dokumentation

Anleitungen verständlich und normgerecht erstellen

Springer

Dipl.-Ing. Lars Kothes
Kothes! Technische Kommunikation
GmbH & Co. KG
Industriering Ost 66
47906 Kempen
Deutschland
l.kothes@kothes.de

ISBN 978-3-642-14667-1 e-ISBN 978-3-642-14668-8
DOI 10.1007/978-3-642-14668-8
Springer Heidelberg Dordrecht London New York

Die Deutsche Nationalbibliothek verzeichnet diese Publikation in der Deutschen Nationalbibliografie; detaillierte bibliografische Daten sind im Internet über http://dnb.d-nb.de abrufbar.

Einbandentwurf: WMXDesign GmbH, Heidelberg

Gedruckt auf säurefreiem Papier

Springer ist Teil der Fachverlagsgruppe Springer Science+Business Media (www.springer.com)

Danksagung

Ich bedanke mich bei allen, die mich bei der Erstellung dieses Buches unterstützt haben. Ganz besonders bedanke ich mich bei Alexia Hölscher, die die Texte für die Kapitel „Dokumentationsprozess“, „Sicherheitshinweise gestalten und formulieren“ und „Anleitungen für den US-Markt“ erstellt hat. Simone Ledermann danke ich für das hervorragende Lektorat. Weiterhin danke ich den Firmen für die Freigabe zahlreicher Abbildungen und Passagen, die im Rahmen von Dokumentationsprojekten bei Kothes! erstellt wurden.

Inhalt

Kapitel 1
Grundlegendes

Die Technische Dokumentation ist in den letzten Jahren vor allem durch gesetzliche Forderungen immer wichtiger geworden. Dennoch ist ihr Stellenwert in vielen Unternehmen immer noch geringer als wünschenswert. Dieses Buch soll Technische Redakteure unterstützen, indem es ihnen Fachwissen und Prozesswissen zur Dokumentationserstellung vermittelt.

In diesem einleitenden Kapitel wird der Begriff „Technische Dokumentation“ definiert und das Berufsbild des Technischen Redakteurs skizziert.

1.1 Stellenwert der Technischen Dokumentation

Die Technik entwickelt sich stetig weiter und die Produkte werden immer komplexer. Gleichzeitig herrscht Fachkräftemangel und das Bildungsniveau in den Industrienationen sinkt eher, als dass es steigt. Diese wenigen Punkte zeigen auf, dass es zweifellos sinnvoll ist, Produkte mit einer guten Anleitung zu versehen.

So sehen das auch die Gesetzgeber, speziell in Europa und den USA, aber auch in vielen anderen Nationen auf der Welt. Daher gibt es seit einigen Jahren relativ klare gesetzliche Forderungen nach guten Informationen, die den Nutzer eines Produktes in die Lage versetzen, das Produkt sicher und richtig zu verwenden. Dabei macht es keinen Unterschied, ob diese Verwendung im privaten Umfeld in der Freizeit oder bei gewerblicher Nutzung am Arbeitsplatz stattfindet.

Die meisten Hersteller von technischen Produkten sind sich mittlerweile über ihre Instruktionspflichten im Klaren und viele haben auch schon dementsprechend gehandelt und dem Thema „Technische Dokumentation“ einen angemessenen Stellenwert in ihrem Unternehmen eingeräumt. Dass es natürlich auch Unternehmen gibt, bei denen das noch nicht so ist, muss man an dieser Stelle wohl nicht gesondert erwähnen. Jeder hat wahrscheinlich schon einmal Erfahrung mit schlechter Dokumentation gemacht.

Doch auch in den Firmen, bei denen die Dokumentation gut aufgestellt und wohl organisiert ist, bleibt sie ein Kostenfaktor, der aus Sicht der Unternehmen oft nichts mit der eigentlichen Wertschöpfungskette zu tun hat und dem man im Vergleich

L. Kothes, *Grundlagen der Technischen Dokumentation*,
DOI 10.1007/978-3-642-14668-8_1, © Springer-Verlag Berlin Heidelberg 2011

zu anderen Bereichen, wie Produktentwicklung oder Marketing, in der Geschäftsführung kaum Beachtung schenkt. Oft kommt es vor, dass Technische Redaktionen in Unternehmen nicht die Zeit für grundlegende Aufgaben wie z. B. Weiterbildung, Normenrecherchen, Fortentwicklung der Standards oder Verbesserung der Prozesse haben. Sie sind als letztes Glied in der Kette so stark mit der Produktion von Anleitungen ausgelastet, dass für die oben genannten wichtigen Tätigkeiten meist keine Zeit bleibt. Die Folge: Die Anleitungen bleiben auf einem Stand stehen und 10 Jahre später gibt es großen Aufruhr, weil nichts mehr stimmt und die Inhalte völlig veraltet sind.

Aber es ist, wie es ist. Jammern hilft nicht, sondern nur anpacken. Deshalb möchten wir Sie als Technischen Redakteur mit diesem Werk unterstützen. Zum einen mit Fachwissen zu formellen und inhaltlichen Anforderungen und zum anderen mit Prozesswissen zur effektiven Dokumentationserstellung. Im Optimalfall gehen durch Verbesserungen in den Dokumentationsprozessen alle Anleitungen pünktlich raus und gleichzeitig bleibt noch genügend Zeit für Weiterbildung, Inhalts- und Prozessverbesserung übrig.

1.2 Arten von Technischer Dokumentation

Der Begriff Technische Dokumentation ist leider irreführend. Wer ihn benutzt, meint damit ggf. unterschiedliche Dinge, weil es keine eindeutige Definition gibt. Deshalb unternehmen wir hier den Versuch, die Begriffswelten ein wenig zu klären.

Technische Dokumentation meint eigentlich alle Dokumente, die dazu dienen, ein Produkt in seinen Eigenschaften zu beschreiben.

Es handelt sich also um einen Sammelbegriff oder um den Namen eines Fachgebietes. Vielfach wird zwischen der internen und der externen Technischen Dokumentation unterschieden:

Interne Technische Dokumentation Alle Dokumente zur Beschreibung eines Produktes, die ausschließlich innerhalb der Herstellerorganisation publiziert werden und nicht an den Kunden bzw. den Nutzer des Produktes übergeben werden.

Die interne Technische Dokumentation dient häufig dazu, dass das Produkt überhaupt gebaut werden kann, z. B.:

- Technische Zeichnungen
- Stücklisten
- Arbeitspläne
- Arbeitsanweisungen
- etc.

Es gibt aber auch Dokumente, die zum Nachweis bestimmter Produkteigenschaften gegenüber Behörden oder anderen Institutionen dienen, z. B.:

- Risikobeurteilung
- Werkstoffzeugnisse
- Prüfberichte
- etc.

Externe Technische Dokumentation Die Dokumente, die dem Kunden bzw. Nutzer eines Produktes zugänglich gemacht werden, z. B.:

- Datenblätter
- Ersatzteilkataloge
- Anleitungen

In diesem Buch geht es ausschließlich um die externe Technische Dokumentation und hier speziell um den Bereich Anleitungen. Faktisch ist das auch der Bereich, mit dem sich die meisten Technischen Redakteure in ihrem Alltag beschäftigen und der nach außen hin die größte Bedeutung hat. Dies kann man vor allem daran erkennen, dass es zum Thema Anleitungen die meisten Gesetze, Richtlinien, Normen und Vorschriften gibt.

Wir haben hier bewusst den recht allgemeinen Begriff „Anleitung" gewählt. Leider haben sich in unterschiedlichen Branchen unterschiedliche Begriffe für ein und dieselbe Dokumentenart etabliert, was die Kommunikation nicht immer erleichtert. Tabelle 1.1 gibt einen Überblick über die Derivate des Begriffs „Anleitung":

1.3 Berufsbild des Technischen Redakteurs

Vor einigen Jahren war es noch so, dass man den Beruf des Technischen Redakteurs gar nicht erlernen konnte. Oft wurden entweder Germanisten oder Mitarbeiter aus dem Technischen Bereich für diese Aufgabe eingesetzt. Die beiden Gruppen haben

Tab. 1.1 Begriffsvielfalt „Anleitung"

Begriff	Üblich in Branche
Betriebsanleitung	Maschinenbau, Anlagenbau
Betriebshandbuch	Großanlagen
Bedienungsanleitung	Verbraucherprodukte
Gebrauchsanweisung	Medizinprodukte
Handbuch	Software
Online-Hilfe	Software

sich dem Thema von unterschiedlicher Seite genähert und konnten Erfahrungen aus ihren Bereichen gut einbringen. Letztlich hat sich aber herausgestellt, dass der ideale Technische Redakteur eher eine Mischung aus beiden Fachrichtungen vereint, also technische Kenntnisse und sprachliches Geschick miteinander verbindet.

Mittlerweile kommen noch weitere Anforderungen dazu. Dies sind insbesondere:

- Kenntnis der vielen Gesetze, Normen und Richtlinien, die Einfluss auf die Technische Dokumentation nehmen
- Kenntnisse in Erstellungsprozessen um die Technische Redaktion
- Softwarekenntnisse in Systemen für die Dokumentationserstellung
- Digitalfotografie
- Bildbearbeitung
- CAD-Zeichnung/Illustration
- Wissensmanagement
- Projektmanagement
- Übersetzungsmanagement

Diese Kenntnisse werden heute in speziellen Studiengängen oder auch von privaten Bildungsträgern vermittelt, wobei die unterschiedlichen Bildungsinstitute jeweils andere Schwerpunkte legen und natürlich eine abgeschlossene Ausbildung nicht dazu führt, dass man sofort ein Redaktionsprofi ist. Wie immer, wenn man etwas in der Theorie lernt, ist praktische Erfahrung durch nichts zu ersetzen. Außerdem lässt sich feststellen, dass die Zahl der Quereinsteiger in der Technischen Redaktion immer noch enorm hoch ist.

Kapitel 2
Gesetze, Richtlinien und Normen

Das folgende Kapitel beschäftigt sich mit den rechtlichen und normativen Grundlagen, die das Vorhandensein einer Anleitung fordern und außerdem die qualitativen Ansprüche an deren Ausführung festlegen.

Skizziert werden das Gesetzgebungsverfahren der EU und insbesondere der „New Approach", nach dem EG-Richtlinien konzipiert werden. Im Anschluss folgt eine Vorstellung der Gesetze, Richtlinien, Normen und anderer Regelwerke, die Einfluss auf die Inhalte von Anleitungen nehmen. Anforderungen an Softwaredokumentationen sind dabei gesondert aufgeführt.

Ein kurzer Überblick über Risikobeurteilungen als Grundlage von Betriebsanleitungen rundet das Kapitel ab.

2.1 Grundlagen der CE-Kennzeichnung

Die meisten Gesetze, Richtlinien und Normen zur Technischen Dokumentation existieren zurzeit in der Europäischen Union. In der EU haben wir momentan den besten Standard, was klare Regelungen zur Produktsicherheit und damit auch zum Inhalt von Anleitungen angeht. Zudem gibt es bei den Nicht-EU-Ländern den Trend, das EU-Recht in Bezug auf Geräte- und Produktsicherheit zu adaptieren. So gibt es z. B. aktuell eine Initiative der nordafrikanischen Mittelmeer-Anrainerstaaten, Teile des Produktsicherheitsrechts über Verträge mit der EU zu übernehmen.

Teilweise verlangen Kunden aus Nicht-EU-Ländern auch die Lieferung z. B. einer Maschine mit CE-Kennzeichen, obwohl dieses in ihrem Land überhaupt keine Grundlage hat.

Es gibt also genügend Gründe, sich einmal ausführlich mit dem EU-Recht zu befassen, wenn man sich intensiv mit dem Thema Technische Dokumentation auseinandersetzen möchte. Das ist überaus hilfreich, um die verschiedenen Anforderungen aus unterschiedlichen Quellen besser einordnen zu können und letztlich zu entscheiden, ob man bestimmte Forderungen in sein Anleitungsprojekt übernimmt.

L. Kothes, *Grundlagen der Technischen Dokumentation*,
DOI 10.1007/978-3-642-14668-8_2, © Springer-Verlag Berlin Heidelberg 2011

2.1.1 Die Europäische Union

Die EU wurde am 1.11.1993 durch den Vertrag von Maastricht vom 7.02.1992 gegründet. Sie ist ein Verbund von zurzeit 27 Mitgliedstaaten und bildet mit ihren ca. 495 Mio. Einwohnern (Stand: 2007) den größten Binnenmarkt bzw. erwirtschaftet das größte Bruttoinlandsprodukt der Welt.

Die Staaten geben durch den Beitritt ihre Souveränität nicht auf, sondern arbeiten lediglich in einigen Bereichen zusammen. Dementsprechend ruht die Dachorganisation EU auf den in Abb. 2.1 dargestellten drei Säulen:

- Europäische Gemeinschaften
  (EG = EGKS, EAG, E(W)G)
- gemeinsame Außen- und Sicherheitspolitik (GASP)
- polizeiliche und justizielle Zusammenarbeit in Strafsachen (PJZS)

Für die Technische Dokumentation ist vor allem die Europäische Gemeinschaft (EG) interessant. Hier sind auch die Ideen zur Schaffung des Europäischen Binnenmarktes verankert. Ziel des Binnenmarktes ist es, den freien Verkehr von

- Waren,
- Personen,
- Dienstleistungen und
- Kapital

zwischen den Mitgliedstaaten der EU zu ermöglichen. Dies soll durch den Abbau handelshemmender nationaler Vorschriften, einheitliche Rahmenbedingungen und einheitliche technische Anforderungen für Produkte umgesetzt werden.

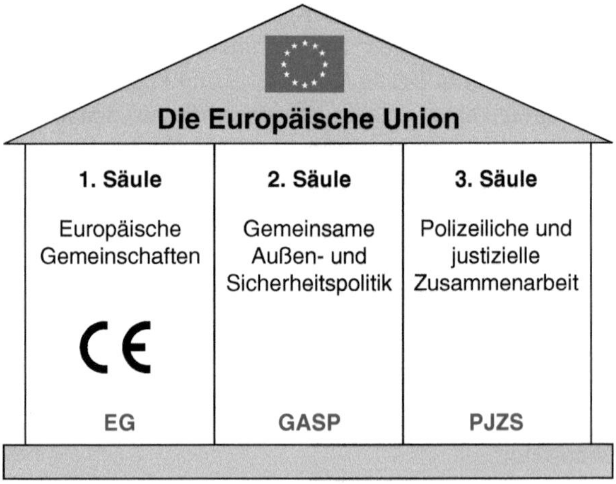

Abb. 2.1 Die 3 Säulen der EU

2.1.2 Gesetzgebungsverfahren in der EU

Da die EU kein Staat ist, sondern lediglich ein Staatenverbund, kann sie auch keine Gesetze erlassen, an die sich die Bürger halten müssen. Dennoch erleben wir den Einfluss des EU-Rechts auf unser Leben quasi täglich. Prominentes Beispiel dafür sind die europäischen Regelungen zum Nichtraucherschutz, die in Deutschland und im Rest der EU Anwendung finden. Doch wie kann nun dieser Staatenverbund eine solche Regelung umsetzen, wenn er doch keine Gesetze erlassen darf?

Das geht in der EU über sogenannte Richtlinien. Diese Richtlinien werden von der europäischen Kommission als Vorschlag für eine neue oder geänderte Richtlinie an den europäischen Rat eingereicht. Dieser konsultiert dann das Parlament und den Wirtschafts- und Sozialausschuss, die zu dem Vorschlag eine Stellungnahme abgeben. Der Rat erstellt dann einen „gemeinsamen Standpunkt", der wiederum dem Parlament vorgelegt wird. Dieses kann den „gemeinsamen Standpunkt" billigen, ablehnen oder Änderungen vorschlagen. Die Kommission überprüft den Vorschlag unter Berücksichtigung der Änderungen des Parlaments und übermittelt ihn dem Rat. Dieser erlässt dann, wenn keine weiteren Einwände vorliegen, die Richtlinie.

Diese Richtlinie muss innerhalb einer bestimmten Frist von den einzelnen Staaten in nationales Recht umgesetzt werden. Beim Nichtraucherschutz wurde z. B. eine EG-Richtlinie in Deutschland in den jeweiligen Nichtraucherschutzgesetzen der Bundesländer (z. B. für NRW das „Gesetz zum Schutz von Nichtraucherinnen und Nichtrauchern in Nordrhein-Westfalen (Nichtraucherschutzgesetz NRW – NiSchG NRW)") umgesetzt (oder eben nicht). Wenn nun ein Staat die Frist verpasst oder wie beim Nichtraucherschutz die Richtlinie nicht korrekt umsetzt, drohen ihm empfindliche Vertragsstrafen oder sogar der Ausschluss aus der Gemeinschaft. Weiterhin dürfen die Staaten keine zusätzlichen Gesetze erlassen, die die Regelungen der EU unterbinden. Dadurch ist sichergestellt, dass in den Bereichen, die von der EU geregelt werden, gleiche Rechtsverhältnisse in allen Staaten herrschen.

Für die Dokumentation bedeutet das: Solange wir Produkte beschreiben, die von EG-Richtlinien erfasst werden, haben wir innerhalb der Gemeinschaft die gleichen gesetzlichen Rahmenbedingungen und brauchen keinen Anwalt, der Details z. B. zum polnischen Recht in Bezug auf Produktsicherheit ermittelt.

2.1.3 EG-Richtlinien nach „Neuer Konzeption" (New Approach)

Das Thema Produktsicherheit ist bei der EU mit dem Schlagwort „New Approach" versehen. Hier geht es darum, dass bei der Festlegung der Anforderungen an Produkte ein (im Gegensatz zu vorher) neuer Weg beschritten wird.

Vorher war es so, dass in den nationalen Gesetzen (die EU gab es ja noch nicht) häufig konkrete Anforderungen an bestimmte Produkte zu finden waren, z. B. bestimmte Sicherheitsabstände von sich drehenden Wellen. Diese sehr konkrete Nennung hatte Vor- und Nachteile. Ein Vorteil war die Klarheit der Regelung. Jeder konnte im Gesetz oder in einer Verordnung nachlesen, wie groß der Abstand sein sollte. Ein wesentlicher Nachteil dieser Regelung war aber, dass es viel Zeit gebraucht hat, bis neue Technologien von den Gesetzen erfasst wurden. Außerdem hat es sehr lange gedauert, bis neue Erkenntnisse in die Gesetze eingeflossen sind, da diese das komplette Gesetzgebungsverfahren durchlaufen mussten. Zudem bestand natürlich keine EU-einheitliche Regelung, so dass unter Umständen je nach Land ein anderer Sicherheitsabstand einzuhalten war.

Um Streitigkeiten um konkrete Angaben und die Trägheit der Politik gegenüber der Dynamik in Wirtschaft und Technik gar nicht erst zum Tragen kommen zu lassen, geht der New Approach einen anderen Weg.

Bei den EG-Richtlinien zur Produktsicherheit geht es jetzt nicht mehr um Detailregelungen, sondern um das Festlegen der wesentlichen Anforderungen an ein Produkt in Hinblick auf seine Sicherheit. Diese wesentlichen Anforderungen werden in den Anhängen der jeweiligen EG-Richtlinien formuliert. In der Maschinenrichtlinie ist das z. B. der Anhang I „Grundlegende Sicherheits- und Gesundheitsschutzanforderungen".

In der Gemeinschaft dürfen demnach nur Produkte in Verkehr gebracht werden, die den wesentlichen Anforderungen der anwendbaren Richtlinien entsprechen. Dafür sind größtenteils die Hersteller verantwortlich. Durch den New Approach wird also die Eigenverantwortung der Hersteller deutlich gesteigert. Die wesentlichen Anforderungen geben jetzt nur noch die Schutzziele wieder, nicht mehr konkrete Regelungen. Das bedeutet für unser Beispiel mit dem Sicherheitsabstand von drehenden Wellen, dass dieser eben nicht mehr konkret angegeben wird, sondern lediglich das Schutzziel. Dies ist in der aktuellen Maschinenrichtlinie so formuliert:

> Die beweglichen Teile der Maschine müssen so konstruiert und gebaut sein, dass Unfallrisiken durch Berührung dieser Teile verhindert sind; falls Risiken dennoch bestehen, müssen die beweglichen Teile mit trennenden oder nichttrennenden Schutzeinrichtungen ausgestattet sein. [Maschinenrichtlinie 2006/42/EG]

Wenn nun ein Hersteller konkretere Angaben z. B. zur Einhaltung des Sicherheitsabstandes sucht, so kann er Normen heranziehen. Hier kommt den harmonisierten Normen eine besondere Bedeutung zu.

„Harmonisiert" bedeutet, dass die Norm quasi offiziell auf Geheiß der EU hin erstellt wurde. Dies wird dadurch dokumentiert, dass eine solche Norm im Amtsblatt der EU veröffentlicht ist. Bei Anwendung einer harmonisierten Norm gilt die Konformitätsvermutung. Das bedeutet, dass bei Einhaltung der Norm zu vermuten ist, dass das Produkt mit den entsprechenden wesentlichen Anforderungen übereinstimmt. Man beachte: „Vermutung", nicht „Beweis".

Weiterhin kann der Hersteller auch nicht harmonisierte Normen anwenden, die von den europäischen Komitees für Normung (CEN, CENELEC, ETSI) erarbeitet werden, dies jedoch ohne direkte Konformitätsvermutung.

Den Herstellern steht also jede technische Lösung frei. Er kann sogar Lösungen wählen, die den Regelungen einer Norm widersprechen, solange er die wesentlichen Anforderungen erfüllt.

In einem so genannten „Konformitätsbewertungsverfahren“ muss der Hersteller dokumentieren, dass sein Produkt den wesentlichen Anforderungen genügt.

Der Hersteller kann grundsätzlich zwischen verschiedenen Konformitätsbewertungsverfahren, die in den jeweiligen EG-Richtlinien vorgegeben sind, wählen. Meist reicht dabei die „Selbstzertifizierung“. Nur bei besonders hohen Gefährdungen müssen Dritte, die sogenannten „benannten Stellen“, hinzugezogen werden.

Nach erfolgreicher Durchführung des Konformitätsbewertungsverfahrens stellt der Hersteller (oder ggf. die benannte Stelle) eine Konformitätserklärung aus. Hierin bestätigt der Hersteller, dass sein Produkt sicher ist und den wesentlichen Anforderungen der anwendbaren Richtlinien genügt. Das auf dem Produkt aufgebrachte CE-Zeichen ist dann der finale offizielle Akt, mit dem der Hersteller die Eignung seines Produkts für das Inverkehrbringen in der EU bescheinigt.

Keiner der Mitgliedstaaten darf jetzt die Einfuhr oder die Verwendung dieses Produktes untersagen, es sei denn, er kann nachweisen, dass der Hersteller Konformitätserklärung und CE-Zeichen zu Unrecht ausgestellt hat.

Eine Übersicht der EG-Richtlinien, die unter den New Approach fallen, findet sich unter www.newapproach.org.

2.1.4 Marktaufsicht

Damit die Hersteller durch die Selbstzertifizierung nicht zur Nachlässigkeit verleitet werden, soll es in den Mitgliedstaaten Behörden zur Marktüberwachung geben, die die Einhaltung der wesentlichen Anforderungen sicherstellen. Diese Behörden können handeln, sobald sie Zweifel an der Konformität eines Produktes haben. Tätig wird die Marktaufsicht z. B. durch stichprobenartige Prüfungen, Hinweise anderer Behörden oder dann, wenn ein Unfall passiert ist.

Generell haben die Marktaufsichtsbehörden folgende Befugnisse:

- die Herausgabe der CE-Dokumentation fordern
- Ermittlungsmaßnahmen durchführen
- Grundstücke und Räume betreten
- Prüfmaßnahmen anordnen oder durchführen
- Muster zur (zerstörenden) Prüfung kostenlos entnehmen
- Bußgelder verhängen
- technische Maßnahmen oder Anbringung von Warnhinweisen anordnen
- das Inverkehrbringen der Maschine untersagen oder Rückruf anordnen
- die Information aller Nutzer anordnen

Das bedeutet, dass der Staat trotz der im New Approach gewährten Freiheit für den Hersteller im Zweifel massive Eingriffe vornehmen kann, um die Nutzer vor unsicheren Produkten zu schützen. Für Hersteller ist es sicher sinnvoll, solch unangenehmen Prozeduren aus dem Wege zu gehen und lieber gleich alles richtig zu machen. Insbesondere in der Technischen Dokumentation.

2.1.5 Geltungsbereich der EG-Richtlinien

Spannend ist auch die Frage, in welchen Ländern die oben beschriebenen Regelungen Anwendung finden. Dies sind zunächst einmal die Länder der Europäischen Union (Tab. 2.1), die wie bereits geschildert verpflichtet sind, die Richtlinien umzusetzen.

Hinzu kommen die Staaten der EFTA:

- Island
- Liechtenstein
- Norwegen

und Staaten, die durch direkte Verträge mit der EU die Regelungen zur Geräte- und Produktsicherheit adaptiert haben, z. B. die Schweiz.

Schließlich sind noch die Beitrittskandidaten zu nennen, die in Vorbereitung auf Ihren EU-Beitritt nach und nach das europäische Recht adaptieren. So gelten z. B. die Regelungen zur Maschinenrichtlinie auch schon in der Türkei.

Um letztendlich sicher zu sein, ob in einem bestimmten Land bestimmte Richtlinien Anwendung finden oder nicht, hilft nur nachfragen. Hier sind die Industrie- und Handelskammern eine gute Anlaufstelle, die ihren Mitgliedern grundsätzlich als Ansprechpartner für Außenhandelsfragen zur Verfügung stehen.

Eins fehlt jetzt aber noch. Es gibt Länder, in denen gelten die EU-Richtlinien nicht, z. B. Russland, wo ein Gesetz ähnlich der Maschinenrichtlinie existiert. Es kann aber sein, dass Ihr Kunde dennoch eine Auslieferung nach europäischen Standards, also mit CE-Zeichen, verlangt. Dies ist in der Regel nicht weiter kritisch, solange es in dem Land nicht eine Regelung gibt, die z. B. ausländische Kennzeichnungen verbietet. Wichtig ist aber, dass es sich bei der CE-Zertifizierung in diesen Fällen lediglich um eine vertragliche Vereinbarung handelt und nicht um eine gesetzliche Pflicht. So könnte z. B. abweichend von den Forderungen bestimmter Richtlinien eine englische statt der russischen Übersetzung vereinbart werden, sofern es in dem Land keine expliziten Regelungen zur Sprachfassung gibt.

Tab. 2.1 EU-Mitgliedstaaten

EU-Mitgliedstaaten		
Belgien	Italien	Rumänien
Bulgarien	Lettland	Schweden
Dänemark	Litauen	Slowakei
Deutschland	Luxemburg	Slowenien
Estland	Malta	Spanien
Finnland	Niederlande	Tschechien
Frankreich	Österreich	Ungarn
Griechenland	Polen	Vereinigtes Königreich
Irland	Portugal	Zypern

2.2 Geräte- und Produktsicherheitsgesetz und EG-Richtlinien

Im Folgenden möchten wir Ihnen die Gesetze, EG-Richtlinien und Normen sowie sonstige Regelwerke vorstellen, die Einfluss auf die Inhalte von Anleitungen nehmen. Wir werden die Kernaussagen dieser Dokumente hier in knapper Form wiedergeben, ohne zu sehr ins Detail zu gehen, denn vieles, was Sie im weiteren Verlauf dieses Buches lesen werden, entstammt diesen Regelwerken. Da viele Inhalte in mehreren Regelwerken gefordert sind, würde eine detaillierte Besprechung jedes einzelnen Werkes schnell langweilig werden.

2.2.1 Geräte- und Produktsicherheitsgesetz (GPSG)

Das Geräte- und Produktsicherheitsgesetz vom 6. Januar 2004 basiert auf der EG-Richtlinie 2001/95/EG über die allgemeine Produktsicherheit. Es bildet den kleinsten gemeinsamen Nenner in der Produktsicherheit, denn es gilt für alle Produkte, die im Rahmen einer wirtschaftlichen Unternehmung in Verkehr gebracht werden. Dazu gehören:

- technische Arbeitsmittel
  (alle Produkte, die von Arbeitnehmern gewerblich genutzt werden)

und

- Verbraucherprodukte
  (Produkte, die von Privatleuten genutzt werden)

Die grundsätzliche Forderung dieses Gesetzes ist einfach: Es dürfen nur „sichere" Produkte in Verkehr gebracht werden.

> Ein Produkt darf [...] nur in den Verkehr gebracht werden, wenn es so beschaffen ist, dass bei bestimmungsgemäßer Verwendung oder vorhersehbarer Fehlanwendung Sicherheit und Gesundheit von Verwendern oder Dritten nicht gefährdet werden. [GPSG]

Was genau unter „sicher" zu verstehen ist, steht nicht in dem Gesetz. Es enthält aber einige Punkte, die bei der Beurteilung, ob ein Produkt sicher ist, beachtet werden müssen. Dies sind unter anderem folgende:

> - die Eigenschaften des Produkts einschließlich [...] der Anleitungen für seinen Zusammenbau, der Installation, der Wartung und der Gebrauchsdauer,
> - seine Darbietung, Aufmachung im Handel, Kennzeichnung, Warnhinweise, Gebrauchs- und Bedienungsanleitung und Angaben für seine Beseitigung sowie alle sonstigen produktbezogenen Angaben oder Informationen
>
> [GPSG]

Weiter unten im Gesetz gibt es noch folgenden Passus:

> Wenn zur Gewährleistung von Sicherheit und Gesundheit bestimmte Regeln bei der Verwendung, Ergänzung oder Instandhaltung [...] beachtet werden müssen, [ist] eine Gebrauchsanleitung in deutscher Sprache beim Inverkehrbringen mitzuliefern. [GPSG]

Hier finden wir erstmals die konkrete Forderung nach einer „Anleitung“ in einem Gesetz, für quasi alle Produkte. Lediglich dann, wenn man feststellt, dass eine Anleitung nicht zur Steigerung der Sicherheit beitragen wird (z. B. bei einer Tasse oder anderen einfachen Gebrauchsgegenständen), kann diese entfallen. Ist andersherum eine Erklärung gleich welchen Umfangs zu dem Produkt notwendig, muss diese beiliegen, um die gesetzliche Forderung nach einem „sicheren“ Produkt erfüllen zu können. Die Verantwortung hierfür liegt beim Hersteller. Bei Verbraucherprodukten wird zusätzlich der Händler in die Pflicht genommen.

Aus dem Zitat oben geht übrigens klar hervor, dass die Anleitung in deutscher Sprache zu erstellen ist. Da die EG-Richtlinie 2001/95/EG in den übrigen Mitgliedstaaten ebenfalls in nationales Recht umgewandelt ist, gilt dort natürlich die jeweilige Landessprache.

Der Mangel an konkreten Anforderungen an die sichere Maschine wird durch Verweise auf weiterführende Regelungen ausgeglichen. Dies sind zum einen die Verordnungen, die weitere Richtlinien nach dem New Approach in deutsches Recht umsetzen, z. B.:

- 1. GPSGV → Niederspannungsrichtlinie
- 9. GPSGV → Maschinenrichtlinie
- 14. GPSGV → Druckgeräterichtlinie

Einige EG-Richtlinien sind übrigens nicht durch Verordnungen zum GPSG, sondern durch eigene Gesetze umgesetzt. Dies sind z. B.

- EMVG → EMV-Richtlinie
- MPG → Medizinprodukterichtlinie

Zum anderen ist im GPSG die schon aus dem New Approach bekannte Konformitätsvermutung bei Einhaltung harmonisierter Normen verankert:

> Entspricht eine Norm, die eine harmonisierte Norm umsetzt, einer oder mehreren Anforderungen an Sicherheit und Gesundheit, wird bei einem entsprechend dieser Norm hergestellten Produkt vermutet, dass es den betreffenden Anforderungen an Sicherheit und Gesundheit genügt. [GPSG]

Durch diese beiden Verweise wird die Bedeutung der im Folgenden beschriebenen Regelwerke gesetzlich untermauert. Grund genug, diese einzuhalten.

2.2.2 Maschinenrichtlinie

Die Richtlinie 2006/42/EG „Maschinen“ vom 17. Mai 2006 gilt im Groben für Maschinen, Anlagen und unvollständige Maschinen. Dabei ist es egal, ob diese privat oder gewerblich genutzt werden. Leider ist die genaue Eingrenzung des Anwendungsbereiches äußerst komplex, so dass es viele Randbereiche und Streitfälle gibt. Dies abzuhandeln wäre an dieser Stelle zu umfangreich. Hierzu gibt es aber bereits umfassende Literatur. Im Zweifel sollte man sich fachkundig beraten lassen.

Die Maschinenrichtlinie enthält zahlreiche Regelungen für das Inverkehrbringen von Maschinen und enthält im Anhang I viele konkrete Anforderungen an die Sicherheit (Schutzziele). Hierzu gehört auch die Forderung nach einer „Betriebsanleitung“. Deren Erstellung ist zunächst einmal grundsätzlich Pflicht des Herstellers und Voraussetzung für das Inverkehrbringen der Maschine.

> Jeder Maschine muss eine Betriebsanleitung in der oder den Amtssprachen der Gemeinschaft des Mitgliedstaats beiliegen, in dem die Maschine in Verkehr gebracht und/oder in Betrieb genommen wird. [Maschinenrichtlinie 2006/42/EG]

Konkrete Forderungen an den Inhalt finden sich im Anhang 1 der Richtlinie unter der Überschrift „1.7.4. Betriebsanleitung“. Dies sind z. B.:

- eine allgemeine Beschreibung der Maschine
- Warnhinweise in Bezug auf Fehlanwendungen der Maschine
- eine Beschreibung der bestimmungsgemäßen Verwendung der Maschine
- Hinweise zur Inbetriebnahme und zum Betrieb der Maschine
- Anweisungen zum sicheren Einrichten und Warten

Anhand dieser Beispiele lässt sich erkennen, dass die Anforderungen für eine gesetzliche Forderung schon recht detailliert sind und gute Ansätze zum Aufbau einer Standard-Struktur von Anleitungen, wie wir sie in Kap. 4 vorstellen, liefern.

Neben diesen in Kap. 1.7.4 gebündelten Anforderungen gibt es im weiteren Verlauf des Anhang I immer mal wieder zwischendurch die eine oder andere Anforderung an die Betriebsanleitung für bestimmte Sicherheitsaspekte oder Maschinenarten. Hier hilft leider nur lesen und markieren der für den eigenen Anwendungsfall relevanten Punkte.

Die Betriebsanleitung kann übrigens in einer beliebigen Sprache der Gemeinschaft erstellt werden, muss aber in der Landessprache des Verwenderlandes (und in der Quellsprache) ausgeliefert werden. Diese Sprachfassungen müssen mit dem Aufdruck „Originalbetriebsanleitung“ bzw. „Übersetzung der Originalbetriebsanleitung“ gekennzeichnet werden.

Weiterhin kennt die Richtlinie die sogenannte „unvollständige Maschine“. Hierbei handelt es sich vereinfacht gesagt um eine Maschine, die für den Einbau in andere Maschinen vorgesehen ist und nicht eigenständig betrieben werden darf. Für solche unvollständigen Maschinen fordert die Richtlinie anstelle der Betriebsanleitung die Erstellung einer „Montageanleitung“.

> In der Montageanleitung [...] ist anzugeben, welche Bedingungen erfüllt sein müssen, damit die unvollständige Maschine ordnungsgemäß und ohne Beeinträchtigung der Sicherheit und Gesundheit von Personen mit den anderen Teilen zur vollständigen Maschine zusammengebaut werden kann. [Maschinenrichtlinie 2006/42/EG]

Hier gibt es jedoch einen großen Widerspruch zwischen Theorie (Richtlinientext) und Praxis. Die Maschinenrichtlinie geht mit ihrer Forderung nach der Montageanleitung davon aus, dass es sich um eine „dumme“ Komponente der Maschine handelt, die keinerlei Informationen benötigt als die, die zu ihrem Einbau erforderlich sind. In der Praxis ist es aber so, dass beinahe alle unvollständigen Maschinen auch Benutzerinformation in Bezug auf z. B. Bedienung, Störungsbeseitigung, Wartung etc. benötigen. Hier könnte sich der Hersteller einer unvollständigen Maschine auf den Standpunkt stellen, dass er dieses laut Maschinenrichtlinie ja nicht beschreiben müsse. Hier muss man aber noch die höhere Instanz, nämlich das GPSG, heranziehen. Danach besteht kein Zweifel, dass die oben genannten Informationen neben der Montageanleitung mitgeliefert werden müssen.

Daher empfehlen wir, dass Sie die Montageanleitung um den Umfang der Betriebsanleitung erweitern, damit die für den Nutzer wichtigen Informationen außerhalb der Montage auch übermittelt werden.

Bezüglich der Sprachfassung ist man bei der Montageanleitung im Vorteil:

> Die Montageanleitung ist in einer Amtssprache der Europäischen Gemeinschaft abzufassen, die vom Hersteller der Maschine, in die die unvollständige Maschine eingebaut werden soll [...], akzeptiert wird. [Maschinenrichtlinie 2006/42/EG]

Hier ist es also möglich, vertraglich die Sprache zu vereinbaren. Ein Traum für viele Hersteller unvollständiger Maschinen. Es sei jedoch angemerkt, dass es sehr sinnvoll ist, die Sprache tatsächlich vertraglich zu vereinbaren, damit nachher kein Streit bei unterschiedlicher Meinung aufkommt.

2.2.3 Niederspannungsrichtlinie

Die Richtlinie 2006/95/EG „elektrische Betriebsmittel zur Verwendung innerhalb bestimmter Spannungsgrenzen" vom 12. Dezember 2006 gilt für alle Produkte, die mit Strom in den Spannungsbereichen 50–1.000 V für Wechselstrom oder 75–1.500 V für Gleichstrom betrieben werden.

Ziel auch dieser Richtlinie ist es, dass nur sichere Produkte in Verkehr gebracht werden, wobei der Fokus hier entsprechend dem Titel auf den Gefahren durch elektrische Energie liegt. Insgesamt ist das Dokument aber recht inhaltsarm.

So enthält die Niederspannungsrichtlinie auch keine konkrete Forderung nach einer Anleitung, aber an einigen Stellen wird indirekt darauf hingewiesen, dass es eine geben könnte, z. B. hier:

> Die CE-Kennzeichnung [...] wird [...] auf den elektrischen Betriebsmitteln oder, sollte dies nicht möglich sein, auf der Verpackung bzw. der Gebrauchsanleitung [...] angebracht. [Niederspannungsrichtlinie 2006/95/EG]

Hier bleibt also nur der Rückzug auf die höhere Instanz: das GPSG mit seinen konkreten Forderungen nach einer Anleitung.

2.2.4 EMV-Richtlinie

Die Richtlinie 2004/108/EG „elektromagnetische Verträglichkeit" vom 15. Dezember 2004 gilt für alle Produkte, die elektromagnetische Strahlung aussenden oder von dieser gestört werden können, abgesehen von einige Ausnahmen, die in der Richtlinie aufgeführt sind.

Interessanterweise gibt es gerade im Bereich der Verbraucherprodukte zahlreiche, die nicht unter die Niederspannungsrichtlinie fallen, weil sie mit Batterien betrieben werden, aber sehr wohl der EMV-Richtlinie unterliegen.

Die Richtlinie definiert zwei wesentliche Schutzziele. Zum einen geht es um die Begrenzung der Aussendung elcktromagnetischer Strahlung, zum anderen um eine geringe Störempfindlichkeit der Produkte.

Ähnlich wie bei der Niederspannungsrichtlinie gibt es hier kaum Hinweise zur Anleitung. Es findet sich lediglich folgender Passus:

> Die Informationen, die zur Nutzung des Gerätes entsprechend dessen Verwendungszweck erforderlich sind, müssen in der dem Gerät beigefügten Gebrauchsanweisung enthalten sein. [EMV-Richtlinie 2004/108/EG]

Es gibt also lediglich die Forderung nach einer „Gebrauchsanweisung", deren Inhalt mit „entsprechend dessen Verwendungszweck erforderlich" recht nebulös umschrieben wird. Auch hier liegt der Rückzug auf die Forderungen des GPSG nahe.

2.2.5 Geräte in explosionsgefährdeten Bereichen (ATEX)

Die Richtlinie 94/9/EG „Geräte und Schutzsysteme zur bestimmungsgemäßen Verwendung in explosionsgefährdeten Bereichen" vom 23. März 1994 gilt für alle Produkte, die dort eingesetzt werden sollen, wo Explosionsgefahr besteht.

Das Kürzel ATEX leitet sich übrigens von „Atmosphère explosible" ab.

Hier geht es darum, die Gefahr einer Explosion zu minimieren. Dies kann durch Vermeidung von Zündquellen (z. B. Funken, heiße Oberflächen etc.) geschehen oder durch konstruktive Maßnahmen erfolgen. Dabei spielt auch die Information der Nutzer eine große Rolle, da der Explosionsschutz meist nur dann gegeben ist, wenn bestimmte Rahmenbedingungen eingehalten werden (z. B. Erdungskabel angeschlossen). Diese sind dann zwingender Bestandteil der Anleitung.

Dementsprechend gibt es bei der ATEX-Richtlinie ähnlich wie bei der Maschinenrichtlinie einen eigenen Abschnitt zur Betriebsanleitung, hier in Anhang II unter der Überschrift „1.0.6. Betriebsanleitung".

> Zu jedem Gerät oder Schutzsystem muss eine Betriebsanleitung vorhanden sein, die folgende Mindestangaben enthält: [ATEX-Richtlinie 94/9/EG]

Hier einige Beispiele für die Mindestangaben in der Betriebsanleitung:

- Angaben zur sicheren
  - Inbetriebnahme,
  - Verwendung,
  - Montage und Demontage,
  - Wartung und Störungsbeseitigung

- besondere Bedingungen für die Verwendung, einschließlich der Hinweise auf sachwidrige Verwendung
- elektrische Kenngrößen und Drücke, höchste Oberflächentemperaturen sowie andere Grenzwerte

Im Anhang II findet sich folgender Satz, der die Bedeutung der Anleitung für die Aufrechterhaltung des Explosionsschutzes nochmals unterstreicht:

> Die zum Einbau in Geräte und Schutzsysteme oder als Ersatzteile vorgesehenen Komponenten sind so zu konstruieren und herzustellen, dass sie ihren Verwendungszwecken entsprechend funktionssicher im Hinblick auf den Explosionsschutz sind, wenn sie nach Anleitung des Herstellers eingebaut werden. [ATEX-Richtlinie 94/9/EG]

Wie bei der Maschinenrichtlinie wird verlangt, dass die Anleitung in der Erstellungssprache und als Übersetzung in der Landessprache des Verwenderlandes ausgeliefert wird. Eine besondere Kennzeichnung der Sprachfassungen gibt es hier aber nicht.

2.2.6 Medizinprodukterichtlinie

Die Richtlinie 93/42/EWG „Medizinprodukte" vom 14. Juni 1993 gilt für Geräte und Software, die im medizinischen Umfeld zur Anwendung am Menschen verwendet werden. Wesentliches Schutzziel der Richtlinie ist die Erreichung einer maximalen Patientensicherheit.

Im Anhang I Abschn. 13 der Richtlinie findet man unter der Überschrift „Bereitstellung von Informationen durch den Hersteller" eine ausführliche Liste von Mindestinhalten der „Gebrauchsanweisung". Hier findet sich auch der Satz:

> Jedem Produkt muss in seiner Verpackung eine Gebrauchsanweisung beigegeben sein. [Medizinprodukterichtlinie 93/42/EWG]

Zu den konkreten inhaltlichen Forderungen gehören z. B.:

- Leistungsdaten […] sowie etwaige unerwünschte Nebenwirkungen
- Angaben, mit denen überprüft werden kann, ob ein Produkt ordnungsgemäß installiert worden ist
- Art und Häufigkeit der Instandhaltungsmaßnahmen und der Kalibrierungen
- Angaben zur Vermeidung bestimmter Risiken im Zusammenhang mit der Implantation des Produkts
- Angaben zu den Risiken wechselseitiger Störung bei speziellen Untersuchungen oder Behandlungen
- Angaben über Aufbereitungsverfahren, z. B. Reinigung, Desinfektion, Verpackung und Sterilisationsverfahren
- Angaben, die es dem medizinischen Personal erlauben, den Patienten auf Gegenanzeigen und zu treffende Vorsichtsmaßnahmen hinzuweisen
- Angaben zu Arzneimitteln, für deren Verabreichung das Produkt bestimmt ist

In den übrigen Texten des Anhangs I finden sich wie bei einigen anderen Richtlinien auch an einigen wenigen Stellen noch zusätzliche Hinweise zu Inhalten der Gebrauchsanweisung.

Wichtig ist es hier, grundsätzlich festzuhalten, dass die Sicherheit bei Medizinprodukten eine besonders hohe Bedeutung hat. Schließlich kann eine Fehlfunktion oder eine Fehlbedienung in vielen Fällen Menschenleben gefährden. Daher kommt auch den Inhalten der Gebrauchsanweisung eine besondere Bedeutung zu. Hier empfiehlt es sich, die strengen Ansprüche an Qualitätssicherung und Validierung auch bei der Erstellung der Gebrauchsanweisung anzuwenden. Dabei geht es zum einen um die technische Richtigkeit der Inhalte, zum anderen aber auch um die optimale redaktionelle Aufbereitung der Inhalte, damit beim medizinischen Personal hinsichtlich der Anwendung keine Missverständnisse aufkommen.

Bezüglich der Sprachfassung der Anleitung findet sich folgende Regelung in Art. 4 Abs. 4:

> Die Mitgliedstaaten können verlangen, dass die dem Anwender und dem Patienten gemäß Anhang I Abschn. 13 bereitzustellenden Angaben bei der Übergabe an den Endanwender in der bzw. den jeweiligen Landessprachen oder in einer anderen Gemeinschaftssprache vorliegen, unabhängig davon, ob das Produkt zu beruflichen oder sonstigen Zwecken eingesetzt werden soll. [Medizinprodukterichtlinie 93/42/EWG]

Im Klartext heißt das, dass die Gebrauchsanweisung grundsätzlich in der Landessprache des Verwenderlandes mitgeliefert werden muss. Aus der Formulierung lässt sich außerdem schließen, dass die Staaten bei der nationalen Umsetzung der Richtlinie gewisse Freiheiten haben („Die Mitgliedstaaten *können* verlangen …“). Im Zweifel sollte man sich daher erkundigen, welche Sprachen in dem nationalen Gesetz des Landes, in das man liefern möchte, wirklich vorgesehen sind.

2.2.7 Weitere Richtlinien

Neben den hier aufgeführten Richtlinien gibt es noch zahlreiche weitere Richtlinien, die unter dem New Approach eingeordnet werden. Diese behandeln jeweils ein Spezialthema und können durchaus konkrete Anforderungen an die Anleitung enthalten. Falls Ihr Produkt also unter eine dieser Richtlinien fällt, sollten Sie sich mit dem jeweiligen Dokument intensiv befassen.

Beispiele für weitere EG-Richtlinien zur Produktsicherheit:

- Einfache Druckbehälter
- Spielzeug
- Bauprodukte
- Nichtselbsttätige Waagen
- Aktive implantierbare medizinische Geräte
- Gasverbrauchseinrichtungen
- Warmwasserheizkessel

- Sportboote
- Aufzüge
- Elektrische Haushaltskühl- und Gefriergeräte
- Druckgeräte
- In-vitro-Diagnostika
- Funkanlagen und Telekommunikationsendeinrichtungen
- Seilbahnen

2.3 Produkthaftung

Neben den Anforderungen aus der Produktsicherheit nimmt auch die Produkthaftung Einfluss auf die Technische Dokumentation. Hier ist es zwar nicht so, dass wir in den Gesetzeswerken detaillierte Angaben zu den Inhalten von Anleitungen finden, aber die Forderung nach ausreichender Instruktion der Nutzer findet sich auch hier.

Ausschlaggebend hierfür ist das Produkthaftungsgesetz (ProdHaftG) vom 15.12.1989, das aufgrund der EG-Richtlinie „Haftung für fehlerhafte Produkte" vom 25.07.1985 national umgesetzt wurde. Diese Richtlinie steht übrigens nicht im Kontext des New Approach. Mit ihr soll erreicht werden, dass innerhalb der EU alle Hersteller für die Schäden aufkommen, die aufgrund der Fehlerhaftigkeit ihrer Produkte verursacht wurden.

Zum Thema Anleitung findet man in dem Gesetz den folgenden Satz:

> Ein Produkt hat einen Fehler, wenn es nicht die Sicherheit bietet, die unter Berücksichtigung aller Umstände, insbesondere
>
> a) seiner Darbietung,
> b) des Gebrauchs, mit dem billigerweise gerechnet werden kann,
> c) des Zeitpunkts, in dem es in den Verkehr gebracht wurde,
>
> berechtigterweise erwartet werden kann. [ProdHaftG]

Der Begriff „Produktdarbietung" wird von den Juristen recht weit ausgelegt, so dass darunter auch Produktbeschreibungen, Sicherheitshinweise und eben die Anleitung fallen. Man spricht bei mangelhafter Darbietung auch vom Instruktionsmangel. Bei der Beurteilung, ob ein Fehler durch einen Instruktionsmangel vorliegt, kann man dann wieder auf die konkreteren Forderungen aus GPSG, EG-Richtlinien und Normen zurückgreifen. Hier schließt sich also der Kreis.

Was ist nun der Unterschied zwischen Gerätesicherheit und Produkthaftung? Nun, das ist ganz einfach. Die Forderungen nach GPSG gelten immer, während die Produkthaftung erst greift, wenn tatsächlich ein Schaden entstanden ist. Dieser Umstand hat auch dazu geführt, dass viele Hersteller in dem Zeitraum vor dem Erscheinen des GPSG kaum ein Interesse hatten, gute Anleitungen auszuliefern, solange nicht ein tatsächlicher Schaden entstanden ist. Diese Einstellung ist mit den heutigen Forderungen des GPSG und der aktiven Marktaufsicht natürlich überhaupt nicht mehr haltbar. Eigentlich war sie schon damals falsch.

Stellt sich also die Frage, warum man sich als Technischer Redakteur mit dem Thema Produkthaftung überhaupt noch beschäftigen muss, wo man doch im GPSG wesentlich konkretere Anforderungen findet. Hier geht es eigentlich nur noch um ein zusätzliches Argument für eine gute Anleitung. Denn die Folgen aus Verstößen gegen das GPSG werden um die zusätzliche Komponente der Haftung erweitert. Kern des Produkthaftungsgesetzes ist, dass derjenige, der einen Schaden verursacht, für die Folgen aufkommen muss. So kann es nämlich sein, dass ein Hersteller aufgrund einer mangelhaften Anleitung Schadenersatz in beachtlicher Höhe leisten muss.

Jetzt werden einige behaupten: „Das macht doch nichts, dafür habe ich doch eine Betriebshaftpflichtversicherung, die zahlt den Schaden!“ Das kann durchaus stimmen. Wenn die Versicherung aber feststellt, dass der Hersteller seine Sorgfaltspflichten verletzt hat, indem er z. B. gar keine oder nur eine lückenhafte Anleitung erstellt hat, kann es durch aus sein, dass sie den Schaden nicht übernimmt.

Fazit: Es ist also auch aus Haftungsgründen sinnvoll, eine verständliche und normgerechte Anleitung zu erstellen.

2.4 Normen

2.4.1 Grundlagen der Normung

Sie haben bereits erfahren, dass Normen bei der Beurteilung der Produktsicherheit gute Dienste leisten können und dass bei den harmonisierten Normen nach dem New Approach sogar eine Konformitätsvermutung greift.

Im Folgenden wollen wir das mit den Normen etwas intensiver beleuchten, um die einzelnen Normenwerke besser einordnen zu können.

Die Anwendung von Normen ist grundsätzlich freiwillig. Das ist ein wesentlicher Unterschied zu den Gesetzen bzw. den EG-Richtlinien, die ja letztendlich auch Gesetze sind. Während die Einhaltung der gesetzlichen Anforderungen verbindlich ist, kann man sich durchaus dazu entscheiden, die Forderungen von Normen nicht anzuwenden. Das geht selbstverständlich nur, wenn dabei nicht gegen die Gesetze verstoßen wird.

Die Normen zur Produktsicherheit geben jedoch konkrete Informationen, wie die recht allgemeinen Forderungen der Gesetze und EG-Richtlinien in der Praxis umgesetzt werden können. Der Nachweis, dass die Schutzziele der Richtlinien eingehalten werden, ist also bei Einhaltung von Normen leichter zu führen.

Hierbei ist aber Vorsicht geboten. Normeinhaltung an sich ist eben noch kein Nachweis der Sicherheit. Insbesondere deshalb, weil Normen immer nur Teilaspekte behandeln können und auf den eigenen Anwendungsfall selten genau passen. Außerdem kann es sein, dass eine Norm Fehler enthält oder veraltet ist. In diesem Fall sind Sie als Hersteller verpflichtet, solche Missstände zu erkennen und Maßnahmen zu ergreifen, die ggf. gegen eine Norm verstoßen.

Hierzu gibt es ein schönes Beispiel:

Die DIN EN 809 „Pumpen und Pumpenaggregate für Flüssigkeiten – Allgemeine sicherheitstechnische Anforderungen“ enthält neben den technischen Sicherheitsanforderungen auch eine Gliederung und Hinweise zur Ausführung der Betriebsanleitung für Pumpen. Da die Norm aber 1998 herausgegeben wurde, sind verständlicherweise neuere Erkenntnisse über die Ausführung von Sicherheitshinweisen nicht in die Norm eingeflossen. Dementsprechend würde ein Hersteller, der seine Anleitung alleine nach diesen Vorgaben aufbaut, Schiffbruch erleiden. Er würde denken, seine Anleitung wäre „normgerecht", ist sie aber nicht, weil sie zahlreichen Forderungen aktuellerer Regelwerke widerspricht.

Harmonisierte Normen Die oben beschriebene Vorsicht gilt auch bei der Anwendung harmonisierter Normen. Hier greift zwar die Konformitätsvermutung, dennoch ist immer der gesunde Menschenverstand gefordert, um das bestmögliche Sicherheitsniveau zu erreichen.

Um nun festzustellen, ob eine Norm harmonisiert ist, hilft ein Blick in das jeweilige Amtsblatt der EU. Ein solches Amtsblatt existiert für jede Richtlinie. Es handelt sich dabei um eine Liste, in der die harmonisierten Normen hintereinander weg aufgelistet sind.

Die Amtsblätter kann man unter www.newapproach.org herunterladen.

Normentypen Wie Abb. 2.2 zeigt, sind die Normen zur Produktsicherheit in drei verschiedene Normentypen hierarchisch gegliedert:

Typ-A-Normen werden als „Sicherheitsgrundnormen" bezeichnet. Sie behandeln Grundbegriffe, Gestaltungsleitsätze und allgemeine Aspekte zum Themengebiet der jeweiligen Richtlinie, unter der sie harmonisiert sind. Die Vorgaben dieser Normen gelten üblicherweise für alle Produkte unter der jeweiligen Richtlinie. So gilt die „DIN EN ISO 12100 Sicherheit von Maschinen – Grundbegriffe, allgemeine Gestaltungsleitsätze – Teil 2: Technische Leitsätze" übergreifend für alle Maschinen.

Typ-B-Normen heißen auch „Sicherheitsfachgrundnormen". Sie behandeln einen Sicherheitsaspekt oder eine bestimmte Art von Schutzeinrichtungen. Typ-B-Normen gelten nicht für alle Produkte, sondern nur für die, bei denen der Sicherheitsaspekt Anwendung findet oder die Sicherheitseinrichtung verwendet wird.

Bei den Typ-B-Normen werden noch einmal zwei Typen unterschieden:

- Typ-B1-Normen für bestimmte Sicherheitsaspekte
  (z. B. Sicherheitsabstände, Oberflächentemperatur, Lärm etc.)
- Typ-B2-Normen für Schutzeinrichtungen
  (z. B. Zweihandschaltungen, Verriegelungseinrichtungen, druckempfindliche Schutzeinrichtungen, trennende Schutzeinrichtungen etc.)

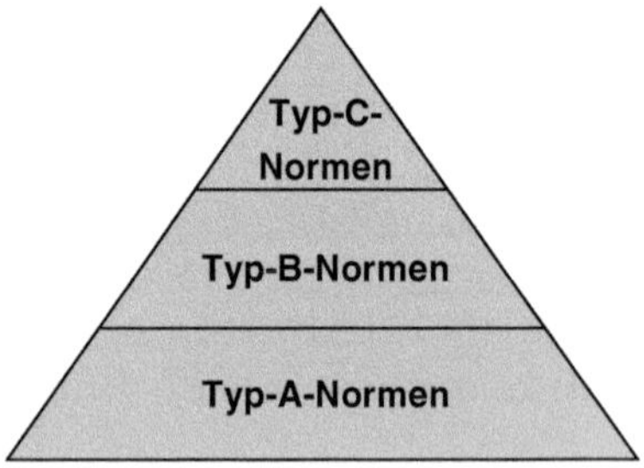

Abb. 2.2 Normenhierarchie

Typ-C-Normen heißen auch „Produktsicherheitsnormen“. Sie behandeln die Sicherheitsanforderungen bestimmter Produktgattungen. Die Typ-C-Normen gehen dabei sehr ins Detail, z. B. mit Konstruktionsvorgaben und konkreten technischen Lösungen für bestimmte Sicherheitsaspekte. Daher gelten sie auch ausschließlich für die im jeweiligen Anwendungsbereich definierte Produktgattung. Der große Vorteil der Typ-C-Normen liegt darin, dass man eigentlich nur noch das machen muss, was in der Norm steht, da diese Normen die Anforderungen aus den A- und B-Normen aufgreifen und konkretisieren.

Wenn eine Typ-C-Norm von einer oder mehreren Festlegungen abweicht, die in einer A- oder B-Norm behandelt werden, dann hat die Typ-C-Norm Vorrang.

Es kann aber auch sein, dass eine Typ-C-Norm nur bestimmte Teilaspekte der übergeordneten Normen aufgreift oder dass sie für das vorliegende Produkt nicht 100 %ig passt, weil hier z. B. neue Technologien verwendet werden. In diesen Fällen ist es absolut notwendig, die Anforderungen der A- und B-Normen zusätzlich zu betrachten und sich nicht auf der Typ-C-Norm „auszuruhen“.

Um festzustellen, ob es sich bei einer Norm um einen A-, B- oder C-Typ handelt, muss man leider etwas suchen. Die Angabe steht nicht, wie man vermuten würde, auf dem Titelblatt, sondern irgendwo im Vorspann, meist versteckt und sehr klein gedruckt (Abb. 2.3).

Normenrecherche Die Normenrecherche dient der Suche nach zutreffenden Normen. Die Normen selbst sind in Deutschland ausschließlich beim Beuth-Verlag

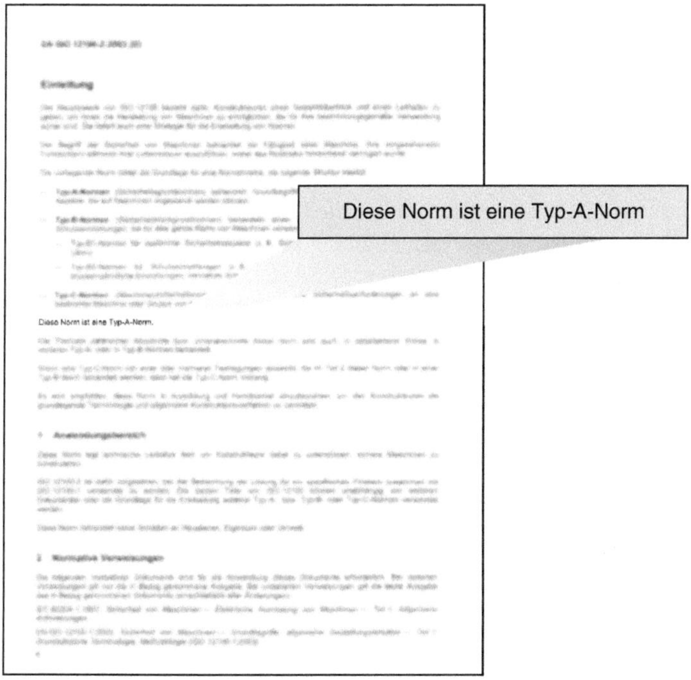

Abb. 2.3 Angabe des Normtyps bei der DIN EN 12100-2 auf S. 4

erhältlich. Im Gegensatz zu den kostenlos erhältlichen Gesetzen und Richtlinien werden hierfür kräftig Gebühren verlangt. Außerdem herrschen strenge Copyright-Bestimmungen, die das Vervielfältigen oder auch das Zitieren aus Normen verbieten. Daher ist es gut, wenn man die benötigte Anzahl an Normen schon vor dem Kauf möglichst weit eingrenzen kann. Dabei helfen die folgenden kostenlosen Recherchemöglichkeiten:

Normenrecherche in Auslegestellen, z. B. an Hochschulen Hier gibt es die Möglichkeit der Recherche über Datenbanken, verbunden mit dem Vorteil, dass Inhalte gleich gesichtet werden können. So kann man verhindern, unnötig Geld für eine Norm auszugeben, bei der man erst nach dem Kauf feststellt, dass man sie eigentlich gar nicht anwenden kann.

Diese Möglichkeit wird trotz der vielen Vorteile im Geschäftsleben nur selten benutzt und bleibt eher den Studenten vorbehalten. Man hat halt im beruflichen Alltag kaum die Zeit, für eine Normenrecherche mal eben zur Uni zu fahren.

www.beuth.de Der Beuth-Verlag bietet auf seinen Webseiten recht ordentliche Suchfunktionen, um Normen aufzufinden. Nach einer kostenfreien Registrierung bei myBeuth haben Sie sogar noch weitergehende Recherchemöglichkeiten und können auch nach historischen, also nicht mehr gültigen, Normen suchen und auch prüfen, ob eine Norm noch gültig ist. Über eine Warenkorb-Funktion kann man komfortabel sein Normen-Einkaufskörbchen zusammenstellen und die Werke auf Wunsch auch elektronisch als PDF bestellen. Der große Nachteil bei Beuth ist, dass Sie die Katze im Sack kaufen müssen. Außer Titel und Erscheinungsdatum gibt es kaum Informationen über die einzelnen Normen. Vereinzelt bekommt man einen Vorgucker auf das Inhaltsverzeichnis einer Norm.

www.nora.kan.de Die Kommission für Arbeitsschutz und Normung ist eine Bundesbehörde, die auf ihrer Webseite ein umfangreiches Normenrecherchetool, NORA, zur Verfügung stellt. Die Suchfunktion ist hier sehr gut ausgeführt. Insbesondere die Verschlagwortung der Normen hilft beim Auffinden von Normen durch einfaches Anklicken von alternativen Suchbegriffen. Auch die Suche nach Anwendungsfeldern und Gefährdungen ist möglich. Außerdem gibt es zu jeder Norm ein Kurzreferat und eine Beschreibung des Geltungsbereiches. Die so gefundenen Normen muss man dann aber doch beim Beuth-Verlag bestellen.

2.4.2 DIN EN 62079

Die DIN EN 62079 „Erstellen von Anleitungen – Gliederung, Inhalt und Darstellung“ von 2001 ist das normative Standardwerk für die Technische Redaktion. Hier wurde eine Norm geschaffen, die sich ausführlich mit dem Aufbau und den Inhalten von Anleitungen befasst.

Leider ist die Norm nicht harmonisiert, so dass keine Konformitätsvermutung zu einer EG-Richtlinie besteht. Allerdings ist sie in den Normen gelistet, die nach dem deutschen Geräte- und Produktsicherheitsgesetz Vermutungswirkung mit dem deutschen Recht auslösen. Sie stellt zudem den Stand der Technik in Sachen Anleitung dar. Deshalb sollte jede Anleitung, egal für welches Produkt, den Anforderungen dieser Norm entsprechen.

Der in der Norm genannte Anwendungsbereich bezieht sich auf den Entwurf und die Formulierung aller Arten von Anleitungen. Dabei wird noch angemerkt, dass es sich dabei gleichermaßen um einfache Produkte, wie z. B. eine Dose Farbe, als auch um komplexe Produkte, wie z. B. eine Industrieanlage, handeln kann.

Die Norm gliedert sich in folgende Abschnitte:

- Grundsätze
- Inhalt von Anleitungen
- Darstellung von Anleitungen
- Anhang

Diese erläutern wir im Folgenden detaillierter. Die Beschreibungen dienen dazu, Ihnen einen Überblick über den Umfang der Norm zu verschaffen. Die einzelnen Forderungen sind aus Platzgründen aber nicht bis ins letzte Detail ausgeführt.

Grundsätze In diesem Abschnitt der Norm wird die Bedeutung der Anleitung als Bestandteil des Produktes hervorgehoben und betont, dass die Anleitung dazu beitragen kann, dass ein Produkt sicher verwendet werden kann. Weiter werden verschiedene Möglichkeiten der technischen Ausführung der Anleitung, z. B. Aufdruck auf das Produkt oder Beilage verschiedener Handbücher für jeweils unterschiedliche Zielgruppen, angesprochen. Hierbei wird betont, dass die Anleitung so ausgeführt sein muss, dass sie genauso lange hält wie das Produkt und auch künftigen Nutzern z. B. bei Weiterverkauf zur Verfügung steht.

Unter der Überschrift „Aktualität und Konformität" wird klar gefordert, dass Anleitung und Produkt übereinstimmen und Varianten/Optionen kenntlich gemacht werden.

Im Vordergrund steht auch die Bedeutung der Zielgruppe. Hier wird dargelegt, dass eine Anleitung dann verständlich ist, wenn sie von der Zielgruppe verstanden wird, und dass sich die Inhalte der Anleitung an den Erfordernissen der Zielgruppe orientieren sollen.

Zum Thema Sprachen fordert die Norm eine klare Trennung unterschiedlicher Sprachfassungen, also z. B. kein Kauderwelsch diverser Sprachen auf einer DIN-A0-Seite. Außerdem wird gefordert, dass Abbildungen möglichst neben dem zugehörigen Text stehen und in den Sprachfassungen möglichst wiederholt werden sollen.

Inhalt von Anleitungen Unter dieser Überschrift werden Anforderungen an den Inhalt von Anleitungen gestellt. Je nach Produkt kann es aber sein, dass nicht alle genannten Anforderungen erfüllt werden müssen/können.

Konkret werden hier Vorgaben für die Identifizierung der Anleitung gemacht. Es werden allgemeine Warnhinweise und die Beschreibung der bestimmungsgemäßen Verwendung gefordert.

Neben den allgemeinen Warnhinweisen fordert die Norm „Sicherheitshinweise“, die handlungs- oder kontextbezogen sicherheitsrelevante Informationen übermitteln.

Weiter wird eine Beschreibung zur Verwendung der Anleitung gefordert und der Abdruck der Konformitätserklärung empfohlen.

Es folgen Forderungen zu Inhalten, die sich aus den verschiedenen Lebensphasen des Produktes ergeben, z. B.:

- Transport
- Lagerung
- Installation
- Inbetriebnahme
- Normaler Betrieb
- Automatischer Betrieb
- Außergewöhnliche Situationen
- Erkennen von Fehlerzuständen
- Instandhaltung für Laien und Fachkräfte
- Ersatzteile
- Anleitungen für spezielle Werkzeuge, Betriebsmittel und Materialien
- Reparatur und Ersatz von Teilen
- Außerbetriebnahme
- Vernichtung
- Recycling
- Entsorgung

Diese Abschnitte eignen sich auch hervorragend, um daraus ein Standard-Inhaltsverzeichnis für Anleitungen abzuleiten, wie wir es in *Kap. 4 „Inhalte der Anleitung*“ vorstellen.

Am Ende dieses Kapitels wird noch auf Navigationshilfen einer Anleitung eingegangen. Hierzu gehören:

- Seitennummerierung
- Inhaltsverzeichnis
- Stichwortverzeichnis
- Liste der Stellteile
- Glossar (Definition technischer Fachbegriffe)
- Definition von Symbolen
- Erklärung der Darstellungskonventionen

Darstellung von Anleitungen In diesem Kapitel geht es, anders als der Text der Überschrift vermuten lässt, nicht nur um das Layout von Anleitungen, sondern im ersten Teil auch um Kommunikationsprinzipien und die Verständlichkeit der Texte.

So werden eingangs einige Grundsätze aufgeführt, die dazu dienen, die Akzeptanz der Einleitung zu verbessern und deren Verständlichkeit zu erhöhen.

Anforderungen wie „Grundfunktionen zuerst", „Einfach und Kurz" „Ein Satz, eine Handlungsanweisung" oder „Benutzerfragen vorwegnehmen" erklären sich von selbst. Der Schreibstil soll aktiv sein.

Weiter wird gefordert, dass der Nutzer durch kurze und informative Überschriften und/oder Marginalien durch den Text geführt wird. Zum Thema Leserlichkeit wird eine genügend große Schrift gefordert. Weitere Forderungen beziehen sich auf die Leserlichkeit der am Produkt aufgedruckten Anleitungen.

Abbildungen werden als wichtiger Bestandteil von Anleitungen hervorgehoben. Dabei sollen sich Text und Abbildung gegenseitig unterstützen und die Reihenfolge von Handlungsabläufen korrekt wiedergeben. Zudem sollen Abbildungen nur die für die Handlung relevanten Informationen beinhalten. Störendes soll weggeschnitten werden. Dagegen wird empfohlen, Abbildungen ggf. innerhalb der Anleitung zu wiederholen, wenn dies dem Verständnis zugutekommt.

Weitere Stilmittel, mit denen Informationen strukturiert werden können, werden vorgestellt, z. B.:

- Symbole
- Tabellen
- Diagramme und Pläne

In einem eigenen Abschnitt wird auf die Möglichkeiten von Anleitungen in elektronischen Medien eingegangen.

Es folgen ausführliche Anforderungen an die Gestaltung von Warnhinweisen. Diese sollen sicherheitsrelevante Inhalte hervorheben, z. B. durch besondere Schriften, Farben, Symbole oder andere Gestaltungselemente. Weiter sollen die Warnhinweise aufgebaut werden aus:

- Signalwort
- Erklärung der Gefährdung und deren Ursache
- Anweisungen, was zu tun und zu vermeiden ist

Zum Schluss des Kapitels wird noch auf „Farben" und „Erklärung von sichtbaren und hörbaren Anzeigen" eingegangen.

Anhang Im Anhang gibt es zwei ausführliche Beispiel-Checklisten, die zur Beurteilung und Qualitätssicherung von Anleitungen eingesetzt werden können.

Die „Checkliste für Übereinstimmung, technische Überprüfung" enthält eine Liste mit inhaltlichen Forderungen. Die „Bewertungscheckliste. Darstellungsüberprüfung" enthält eher qualitative Anforderungen an die Gestaltung und redaktionelle Ausführung der Anleitung.

In der Norm wird betont, dass die Checklisten nur als Beispiele zu verstehen sind und um eigene Kriterien erweitert werden sollen. Hierzu werden die Checklisten im Word-Format zum Download bereitgestellt. Sie können unter dem folgenden Link heruntergeladen werden (entgegen der mittlerweile falschen Angabe in der Norm):

http://www.dke.de/de/DKE-Arbeit/MitteilungenzurNormungsarbeit/Seiten/62079check.aspx

2.4.3 DIN EN ISO 12100-2

Die DIN EN ISO 12100 „Sicherheit von Maschinen – Grundbegriffe, allgemeine Gestaltungsleitsätze – Teil 2: Technische Leitsätze“ vom April 2003 wird auch „normative Umsetzung der Maschinenrichtlinie“ genannt. Bei dieser Norm handelt es sich um eine unter der Maschinenrichtlinie harmonisierte Typ-A-Norm. Es greift also die Konformitätsvermutung. Demnach ist es sinnvoll, die Regelungen dieser Norm eben auch in Bezug auf die Anleitung einzuhalten. So ist es leichter, im Ernstfall die Sicherheit der Maschine in Bezug auf Instruktion (also die Anleitung) nachzuweisen.

Die Norm stellt eine Art Leitfaden dar, der es Konstrukteuren ermöglichen soll, sichere Maschinen zu bauen. Dementsprechend finden sich im Inhalt der Norm viele konstruktive Anforderungen an Maschinen und deren Sicherheitseinrichtungen wieder. Kapitel 6 der Norm beschäftigt sich schließlich mit dem Thema „Benutzerinformation“.

Hier wird zunächst noch einmal klargestellt, dass das Abfassen der Benutzerinformation ein integraler Bestandteil der Konstruktion einer Maschine ist. Die „sichere“ Anleitung ist also genau so wichtig wie die konstruktiv sichere Maschine. Weiterhin wird an dieser Stelle auf die Inhalte der DIN EN 62079, die wir ja gerade schon besprochen haben, verwiesen. Durch die Bezugnahme auf die nicht harmonisierte 62079 aus der harmonisierten 12100 heraus wird die Bedeutung der 62079 verstärkt.

Weiter wird gefordert, dass es eine Benutzerinformation geben muss, die:

- über die bestimmungsgemäße Verwendung informiert
- alle Betriebsarten berücksichtigt
- den Benutzer über das Restrisiko informiert und warnt
- die angibt,
  - welche Ausbildung erforderlich ist
  - welche persönliche Schutzausrüstung benötigt wird
  - welche Schutzeinrichtungen vorzusehen sind
- Verwendungsmöglichkeiten ausschließt, die vernünftigerweise erwartet werden können
- alle Lebensphasen einschließt, insbesondere:
  - Transport
  - Zusammenbau
  - Einbau und Einstellen
  - Inbetriebnahme
  - Verwendung (Einrichten, Teachen/Programmieren oder Umrüsten, Betrieb, Reinigung, Fehlersuche und Instandhaltung) der Maschine
  - Außerbetriebnahme
  - Abbau und Entsorgung

Inhaltliche Anforderungen In Abschn. 6.5 „Begleitunterlagen (insbesondere Betriebsanleitung)“ werden auf ca. 2,5 Seiten konkretere Anforderungen an die Betriebsanleitung aufgeführt. Hierzu werden zunächst in einer Strichaufzählung einzelne inhaltliche Forderungen zu den jeweiligen Lebensphasen aufgestellt. Beispielhaft hier die Forderungen zur Lebensphase „Angaben zur Verwendung der Maschine“:

- bestimmungsgemäße Verwendung
- Beschreibung der Stellteile
- Einricht- und Einstellarbeiten
- Betriebsarten
- Mittel zum Stillsetzen (besonders Stillsetzen im Notfall)
- Risiken, die durch die vom Konstrukteur getroffenen Schutzmaßnahmen nicht beseitigt werden konnten
- [...]

Man erhält so eine ausführliche Liste möglicher Inhalte der Betriebsanleitung. Unter „Erstellung der Betriebsanleitung“ werden neben den eben angesprochenen inhaltlichen Anforderungen auch noch formale Forderungen erhoben. So soll die Betriebsanleitung z. B. so gestaltet sein, dass eine bestmögliche Lesbarkeit erreicht wird. Außerdem sollen die Sicherheits- und Warnhinweise durch Farben, Symbole und/oder große Darstellung hervorgehoben werden. Sofern es dem Verständnis dient, sollen Texte durch Illustrationen verdeutlicht werden.

Was Übersetzungen angeht, so fordert die Norm die Lieferung der Anleitung in der Sprache des Landes, in dem die Maschine zum ersten Mal eingesetzt wird.

Formelle Anforderungen In einem letzten Abschnitt gibt es dann noch „Hinweise zur Abfassung und Herausgabe der Benutzerinformation“. Hier wird die sehr wichtige Forderung erhoben, dass sich die Informationen eindeutig auf einen Maschinentyp beziehen müssen. Das bedeutet, dass zum einen sehr oberflächliche Beschreibungen unzulässig sind, bei denen der Nutzer keine konkreten Ansätze zur Umsetzung an der Maschine findet. Auch unzulässig wären demnach Beschreibungen von zu vielen nicht ausgelieferten Optionen und Ausführungen, bei denen es nicht mehr möglich ist, die für die jeweilige Maschine relevante Information herauszufiltern.

Weiter soll im Erstellungsprozess der Anleitung der Kommunikationsablauf „Sehen – Denken – Anwenden“ befolgt werden. Leider gibt es keine weiteren Ausführungen, was genau darunter zu verstehen ist. Eigentlich versuchen wir mit einer guten Anleitung, dem Nutzer das „Denken“ abzunehmen … Ich denke, dieser Ansatz ist so zu verstehen, dass die Anleitung dem Nutzer mit Hilfe von Handlungsanweisungen schnell (Sehen) erklären soll, was zu tun ist (Denken), damit er den Handlungsschritt danach sicher und selbständig ausführen kann (Anwenden). Außerdem fordert die 12100, dass die Fragen „Wie?“ und „Warum?“ vorweggenommen und beantwortet werden sollen, was ich sehr gut finde. Denn in einer Anleitung dürfen grundsätzlich keine Fragen offen bleiben. Schließlich müssen wir davon ausgehen, dass der Nutzer niemanden hat, den er fragen kann.

Weitere Forderungen an die Abfassung der Anleitung sind:

- Sie soll so einfach und knapp wie möglich sein.
- Falls die Maschine nicht nur gewerblich eingesetzt wird, muss die Anleitung so verfasst sein, dass auch Laien sie verstehen.
- Die Anleitung soll in einer haltbaren Form mitgegeben werden, so dass diese mindestens das Lebensalter der Maschine überdauert.

Elektronische Anleitung Die 12100 stellt aktuell das einzige Regelwerk dar, das sich mit der Möglichkeit der Lieferung in digitaler Form überhaupt beschäftigt. Hierzu muss man erklären, dass es zurzeit unter den Juristen eine stillschweigende Vereinbarung gibt, die besagt, dass eine Anleitung nur dann rechtskräftig ausgeliefert wurde, wenn dies in Papierform geschehen ist. Argumentiert wird an dieser Stelle immer damit, dass man ja nur in der Papierform wirklich sicherstellen kann, dass jeder ohne Anwendung weiterer Zusatzgeräte (z. B. PC) in der Lage ist, die Anleitung auch zu lesen. Leider kann man diese Auffassung aber in keiner Norm und in keinem Gesetzestext nachlesen. Sie gilt aber trotzdem. Vor diesem Hintergrund sollte man also auch die etwas liberalere Regelung der DIN EN ISO 12100-2 kritisch betrachten. Diese lautet wie folgt:

> Wo die Benutzerinformation in elektronischer Form vorliegt (z. B. CD, DVD, Tonband), müssen sicherheitsbezogene Informationen, die schnelles Handeln erfordern, zusätzlich immer gedruckt und sofort zur Verfügung stehen. [DIN EN ISO 12100-2]

Hierbei muss man insbesondere das Wort „sicherheitsbezogen“ genauer betrachten. Was ist sicherheitsbezogen? Sind das nur die Sicherheitshinweise? Sicher nicht! Als sicherheitsbezogen muss man hier meiner Meinung nach auch z. B. die Beschreibung von Handlungen zur Bedienung oder Wartung werten. Schließlich können Fehler, die dabei begangen werden, auch Folgen für die Sicherheit haben. Also sollte man es „noch“ dabei belassen, mindestens ein Exemplar der Anleitung gedruckt auszuliefern und die elektronischen Medien lediglich als zusätzlichen Informationskanal zu betrachten. In wenigen Fällen kann es möglich sein, eine Kombination aus gedruckter und elektronischer Anleitung auszuliefern.

2.4.4 ISO Guide 37

Der ISO/IEC Guide 37 „Instructions for use of products of consumer interest“ aus dem Jahr 1995 ist ein internationaler Standard für die Abfassung von Anleitungen für Verbraucherprodukte. Als internationaler Standard fällt er aus dem bisher betrachteten Raster der EG-Richtlinien und harmonisierten europäischen Normen heraus. Dennoch kann er als Dokumentation des Stands der Technik in Sachen Anleitung herangezogen werden. Der Standard gilt für alle Informationsarten (Text, Bilder etc., auch auf der Verpackung), mit denen Endbenutzer informiert werden sollen. Die hier geltenden Regeln können ggf. durch nationale oder produktspezifische Regelungen ergänzt werden.

Der Guide richtet sich an Hersteller und auch an Normungsgremien. So ist es auch nicht verwunderlich, dass viele Punkte, die uns in der DIN EN 62079 begegnen, auch im Guide 37 zu finden sind.

Auch der Guide 37 stellt einleitend heraus, dass Anleitungen integraler Bestandteil des Produktes sind. Weiter findet sich in dem Dokument eine Reihe von Thesen zum Inhalt von Anleitungen für Verbraucherprodukte, z. B.:

- Informationen zum vorhersehbaren Fehlgebrauch des Produktes
- Informationen zu Funktion, Bedienung, Transport, Wartung, Reinigung etc.
- Informationen zu Umweltschutz und Ressourceneinsparung
- Hinweise auf sicherheitsrelevante Informationen (z. B. Schutzausrüstung)
- Es sollen die Zielgruppen für bestimmte Informationen klar herausgestellt werden.

In einem weiteren Teil des Standards wird auf mögliche Ausführungen der Instruktion (Aufdruck auf die Verpackung, separates Heft etc.) eingegangen, bei deren Auswahl insbesondere Sicherheitsaspekte eine Rolle spielen sollen.

Zum Thema Gestaltung und Ausführung der Instruktionen gibt es in Kap. 7 des Guide ausführliche Statements, z. B.:

- Die Schriftgröße für gedruckte Anleitungen soll zwischen 8 und 14 Punkt liegen.
- Sicherheitsrelevante Informationen sollen typografisch hervorgehoben werden.
- Handlungen sollen als Schritt-für-Schritt-Anleitungen dokumentiert werden.
- Erst sollen die grundlegenden Funktionen erklärt werden und später die komplexen.
- Die Sprache soll kurz und direkt sein.
- Bilder sollen nahe bei den zugehörigen Texten stehen. Im Zweifel sollen Bilder wiederholt werden.
- Inhaltsverzeichnis und Index werden gefordert.

Bezüglich der Sprachfassung fordert der Guide, dass die Anleitung in den offiziellen Sprachen des Landes zur Verfügung gestellt werden muss, in dem das Produkt verkauft wird. Falls die Anleitung in mehreren Sprachen zur Verfügung steht, sollen diese klar voneinander getrennt werden. Empfohlen wird, für jede Sprache ein eigenes Heft zu erstellen.

Zum Thema Sicherheitshinweise wird auf die Signalworte des Guide 51 verwiesen, die sich mit denen der ANSI Z535-Reihe decken, siehe auch *Kap. 11.3. „Sicherheitshinweise* nach ANSI Z535.6“. Weiter sollen die Sicherheitshinweise möglichst knapp sein und die folgenden Informationen enthalten:

- Art der Gefahr
- Hinweise, was zu tun ist
- Hinweise, was zu vermeiden ist

Im Anhang des Standards findet sich dann noch ein Verfahren zur Beurteilung von Anleitungen und zwei Checklisten, vergleichbar mit denen zur DIN EN 62079, aber nicht ganz so umfangreich.

2.4.5 *VDI 4500*

Die VDI-Richtlinienreihe 4500 beschäftigt sich mit verschiedenen Aspekten der Technischen Dokumentation. Die Reihe besteht aus 6 Bänden, von denen zurzeit aber nur 4 fertig gestellt sind:

- VDI 4500-Blatt 1 (Juni 2006)
  Technische Dokumentation;
  Begriffsdefinitionen und rechtliche Grundlagen
- VDI 4500-Blatt 2 (November 2006)
  Technische Dokumentation;
  Organisieren und Verwalten
- VDI 4500-Blatt 3 (Juni 2006)
  Technische Dokumentation;
  Erstellen und Verteilen von elektronischen Ersatzteilinformationen
- VDI 4500-Blatt 4 (Entwurf vom Dezember 2009)
  Technische Dokumentation;
  Dokumentationsprozess: Planen – Gestalten – Erstellen
- VDI 4500-Blatt 5 (noch nicht erschienen)
  Technische Dokumentation;
  Dokumentationsprozess: Wirtschaftlich dokumentieren
- VDI 4500-Blatt 6 (noch nicht erschienen)
  Technische Dokumentation;
  Dokumentationsprozess: Publizieren

Für das Thema Anleitungen spannend sind Blatt 1 „Begriffsdefinitionen und rechtliche Grundlagen“ und Blatt 4 „Dokumentationsprozess: Planen – Gestalten – Erstellen“. Die übrigen wollen wir an dieser Stelle nicht weiter betrachten, zumal ja auch noch nicht alle fertig gestellt sind.

Vorab noch ein paar Worte zur Einordnung der rechtlichen Relevanz der VDI-Richtlinien-Reihe. Das Dokument wurde vom VDI, dem Verein Deutscher Ingenieure, herausgegeben, nicht von einem „offiziellen“ Normungsgremium. Daher ist der Begriff „Richtlinie“ hier anders als bei den EG-Richtlinien wörtlich zu nehmen. Es handelt sich hierbei also um eine Empfehlung eines Fachverbandes an seine Mitglieder ohne jeden normativen Charakter. Allerdings bildet das Dokument schon den Stand der Technik ab und kann daher sehr wohl herangezogen werden, um Grundlagen für den Aufbau von Anleitungen festzulegen.

Alle Richtlinien der 4500er-Reihe unterscheiden grundsätzlich zwischen interner und externer Dokumentation. Für uns, mit dem Fokus auf Anleitungen, ist nur die externe spannend.

Weiter fallen die Prozessorientierung und die Einordnung der Technischen Dokumentation in den Produktlebenszyklus auf. Hiermit spiegelt die Richtlinie einen aktuellen Trend wider. Denn immer mehr Verantwortliche in den Unternehmen erkennen die Bedeutung der Technischen Dokumentation und die Relevanz, diese in die Unternehmensprozesse zu integrieren.

2.4.5.1 VDI 4500-1

Die VDI-Richtlinie 4500-1 „Technische Dokumentation – Begriffsdefinitionen und rechtliche Grundlagen“ vom Juni 2006 gibt im Wesentlichen einen Überblick über die Anforderungen an die Technische Dokumentation aus anderen Regelwerken. Sie enthält eigentlich gar keine eigenen Anforderungen, sondern liefert lediglich Begriffsdefinitionen und Zusammenfassungen/Verweise von anderen Quellen.

Einführung und Begriffe Im ersten Abschnitt werden nach einer kurzen Einführung, in der die Relevanz der gesetzlichen und normativen Anforderungen für die Technische Dokumentation hervorgehoben wird, die Begriffe interne und externe Dokumentation beleuchtet. Als externe Dokumentation werden „alle technischen Informationen über Produkte, die von einem Hersteller/Vertreiber für Vertrieb, Anwender und Verbraucher bestimmt sind“, bezeichnet. In einer Tabelle werden Beispiele für externe Dokumentation aufgelistet. Diese externe Technische Dokumentation soll Hinweise zur Nutzung, aber auch zur Entsorgung des Produktes enthalten.

Forderungen In Kap. 2 werden Forderungen an die Technische Dokumentation aufgestellt. Für die externe Technische Dokumentation werden zunächst die überbetrieblichen Forderungen genannt. Diese sind z. B.:

- vollständige Benutzerinformationen als notwendige Bestandteile der Leistungen des Herstellers/Vertreibers
- Anwendung der zutreffenden EG-Richtlinien
- Einhaltung spezifischer Kundenanforderungen
- Übersetzung in die Landessprache des Verwenderlandes
- vollständiges Erfassen der unterschiedlichen gesetzlichen, normativen und sonstigen Grundlagen vor dem Abfassen der Anleitung
- Zielgruppenanalyse

Produktlebenszyklus Kapitel 3 gibt einen Überblick über die Einordnung der Technischen Dokumentation in den Produktlebenszyklus. In Diagrammen und Tabellen werden verschiedene Informationsarten den einzelnen Stationen im Produktlebenszyklus zugewiesen.

Forderungen an Technische Dokumentation In Kap. 4 werden schließlich die Forderungen an die Dokumentation, die sich aus unterschiedlichen Rechtsbereichen ergeben, aufgelistet. Es wird zwischen dem geregelten und dem freien Bereich unterschieden. Im geregelten Bereich werden die Produkte erfasst, die als besonders gefährlich gelten und für die es strenge Regelungen und Abnahmeprüfungen gibt. Für die übrigen Produkte gilt der freie Bereich mit Selbstzertifizierung durch den Hersteller.

Es folgt eine Erläuterung der EU-Regelungen zur Produktsicherheit und eine Normenliste, die heute zum Teil leider schon veraltet ist.

Anschließend wird der Begriff „Stand der Technik“ erläutert, der über die Einhaltung der freiwillig anzuwendenden, allgemein anerkannten Regeln der Technik hinausgeht.

Es folgen weitere Definitionen und Ausführungen zu juristischen Begriffen, wie:

- Entscheidungen der Gerichte
- Gewerbefreiheit und Verantwortung
- Delegation der Verantwortung

Danach werden Inhalte und Bedeutung von GPSG und Maschinenrichtlinie erläutert.

Am Ende gibt es noch ein umfassendes Glossar mit Begriffsbestimmungen.

2.4.5.2 VDI 4500-4

Die VDI-Richtlinie 4500-1 „Technische Dokumentation – Dokumentationsprozess: Planen – Gestalten – Erstellen“, die im Dezember 2009 als Entwurf erschienen ist, legt allgemeine Anforderungen an Anleitungen in den Bereichen Planung, Gestaltung, Erstellung und Qualitätsmanagement fest.

Zu Beginn der Richtlinie gibt es noch eine kurze Einführung und die Einordnung der Anleitung in den Produktlebenszyklus. Dann folgen die eigentlichen Inhalte:

Planung Mit Hilfe der Planung sollen Qualität und Wirtschaftlichkeit der Anleitung verbessert werden. Die Planung sollte in folgenden Schritten erfolgen:

- Verantwortlichkeiten festlegen und Redaktionsleitfaden erstellen
- Analysen durchführen zu Zielgruppen, Produkt, Risiken und Rechtsnormen
- Abläufe planen
- Informationsverwaltung planen
- Daten aufbereiten

Besonderer Wert wird hier auf die Zielgruppenanalyse gelegt. Hier werden die Methoden Wer-Macht-Was-Matrix und Persona-Methode ausführlich erläutert.

Gestaltung Es wird betont, dass die Gestaltung erheblichen Einfluss auf den Nutzen der Dokumentation hat. Die Gestaltung soll an der Zielgruppe orientiert sein. Inhalte sollen schnell erfassbar sein.

Es folgen konkrete Anforderungen an:

- Layout
- Farbe
- Text
- Bild
- Ausgabemedien

Diese fassen aber lediglich die Anforderungen der DIN EN 62079 zusammen und enthalten im Grunde keine neuen Erkenntnisse.

Erstellung Unter der Überschrift „Dokumente erstellen“ wird zunächst auf die Strukturierung der Anleitung eingegangen. Diese ist abhängig von:

- Normen
- Qualitätsanforderungen
- Produktanalyse
- internen Regelwerken
- Zielgruppenanalyse
- Art der Verpackung
- Erwartung der Kunden

Der Erstellungsprozess soll in den folgenden Schritten ablaufen:

1. Strukturieren
2. Modularisieren
3. Standardisieren
4. Erstellen

Spannend ist, dass hier zum ersten Mal in einem offiziellen Regelwerk die Modularisierung der Technischen Dokumentation empfohlen wird.

Im Abschnitt „Erstellen“ werden wie auch im Abschnitt „Gestaltung“ zahlreiche Forderungen genannt, die sich auch in anderen Regelwerken wiederfinden.

Abschließend wird hier noch auf Dokumentationssoftware und herstellerunabhängige Dateiformate eingegangen.

Qualitätsmanagement Die Richtlinie fordert, dass die Anleitung wie jedes andere Produkt bestimmten Qualitätsanforderungen genügen muss, die unter anderem durch definierte Prozessabläufe erreicht werden sollen.

Zur Beurteilung der Dokumentationsqualität wird eine Schwachstellenanalyse empfohlen. Eine recht übersichtliche Liste mit allgemeinen Prüfkriterien gibt Aufschluss darüber, wie eine solche Schwachstellenanalyse aufgebaut sein kann. Zusätzlich wird eine Prüfung am Produkt empfohlen.

In einer Akzeptanzuntersuchung soll schließlich festgestellt werden, inwieweit die Anleitung den Anwendern tatsächlich nützt.

Zum Schluss werden hier noch die Anforderungen an den Technischen Redakteur als Ersteller der Anleitungen definiert.

2.4.6 DIN-Fachbericht 146

Der DIN-Fachbericht 146 „Technische Produktdokumentation – Betriebsanleitungen für Anlagen – Leitlinie für die Zusammenfassung von Informationen aus Betriebsanleitungen von Komponenten“ von Januar 2006 ist, wie der Name schon sagt, keine Norm, sondern der Bericht einer Fachkommission. Er beschäftigt sich mit der Frage, wie die Betriebsanleitung einer Anlage entsprechend den Forderungen der DIN EN 62079 unter Einbeziehung der Anleitungen der Lieferanten erstellt werden kann.

Zentrales Thema ist hierbei die Integration der Anleitungen der Lieferanten in die Betriebsanleitung der Anlage. Die einfachste Version, nämlich das additive Zusammenstellen der Lieferantendokumentation im Anhang der Anleitung, wird hier nicht als zielführend angesehen. Stattdessen sollen abhängig von der Qualifikation der Zielgruppe bestimmte Informationen aus den Anleitungen der Lieferanten in die Anleitung der Anlage integriert werden.

Eine geringe Qualifikation der Nutzer erfordert demnach eine hohe Integration der Informationen, während bei hoher Qualifikation ein Querverweis auf die Anleitung des Lieferanten ausreicht (Abb. 2.4).

Integration bedeutet nicht das Abschreiben der Texte, sondern das Aufnehmen der notwendigen und sinnvollen (also nicht aller) Informationen.

In einer umfangreichen Matrix werden bestimmte Informationen aufgelistet und festgelegt, ob eine Integration der Informationen in jedem Fall erfolgen muss, erfolgen sollte oder ob der Verweis ausreichend ist.

Integriert werden müssen z. B. folgende Informationen:

- Liste aller Dokumentationen von Komponenten
- Beschreibung der Schutzeinrichtungen der Anlage
- Beschreibung zur Bedienung der Gesamtanlage
- Übergreifender Wartungsplan aller Komponenten der Anlage
- Beschreibung der ersten Maßnahmen zur Störungsbeseitigung
- etc.

Weiter verlangt der Fachbericht, dass die Quellen der integrierten Informationen in der Anleitung der Anlage mittels Querverweis kenntlich gemacht werden. Die Forderungen gehen hier allerdings so weit, dass der Querverweis die genaue Fundstelle (inkl. Angabe von Seite, Kapitel, Abschnitt etc.) angeben soll, was in der Praxis kaum mit vertretbarem Aufwand realisierbar ist.

Im Anhang des Fachberichts findet sich noch ein Beispiel-Inhaltsverzeichnis für die Betriebsanleitung einer Anlage.

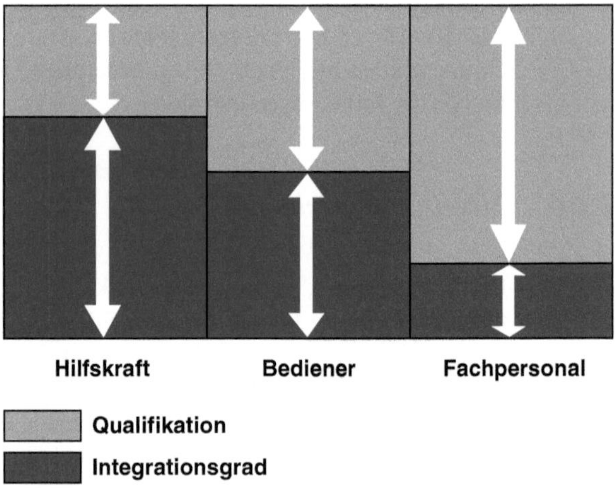

Abb. 2.4 Zusammenhang zwischen Qualifikation und Integrationsgrad

2.4.7 DIN EN 15038

Die DIN EN 15038 „Übersetzungs-Dienstleistungen – Dienstleistungsanforderungen“ von August 2006 beschäftigt sich mit den Anforderungen, die für das Erbringen einer qualitativ hochwertigen Dienstleistung durch Übersetzungsdienstleister erforderlich sind. Die Norm ist nicht unter einer Richtlinie harmonisiert, bildet aber den Stand der Technik in Sachen Übersetzungsdienstleistung ab.

Das Besondere an der Norm ist, dass sich Übersetzungsdienstleister nach der Norm zertifizieren lassen können. Bei diesen Übersetzern kann man dann Übersetzungen beziehen, die den strengen Prozessanforderungen dieser Norm genügen.

In der Praxis sieht es jedoch oft so aus, dass kaum Firmen bereit sind, die durch den aufwändigeren Prozess entstehenden Mehrkosten zu bezahlen. Daher findet die Norm momentan nur auf ausdrücklichen Wunsch des Kunden Anwendung.

Doch nun zu den Forderungen der Norm:

Grundvoraussetzungen Zunächst wird hier klargestellt, dass der Übersetzungsdienstleister für die Einhaltung der Anforderungen dieser Norm verantwortlich ist. Er soll weiterhin sicherstellen, dass die Übersetzer über ausreichende Qualifikationen verfügen. Dabei geht es um:

- übersetzerische Kompetenz
- sprachliche und textliche Kompetenz in der Ausgangs- und Zielsprache
- Recherchierkompetenz, Informationsgewinnung und -verarbeitung
- kulturelle Kompetenz
- fachliche Kompetenz
  (z. B. Umgang mit Übersetzungssoftware)

Für alle am Übersetzungsprozess beteiligten Personen wird regelmäßige Weiterbildung gefordert.

Die Organisation beim Übersetzungsdienstleister muss außerdem über ein Qualitätsmanagementsystem verfügen und für jedes Übersetzungsprojekt muss ein Projektmanager benannt werden.

Beziehung zwischen dem Kunden und dem Übersetzungsdienstleister In diesem Abschnitt geht es um die Abwicklung der Angebotserstellung, Ressourcenprüfung, vertragliche Vereinbarungen (z. B. Copyright, Geheimhaltung, Haftung etc.) und die Freigabe des Projektes. Hier finden sich allerdings keine besonderen Forderungen, die über allgemein übliches kaufmännisches Gebaren hinausgehen.

Arbeitsprozesse für die Erbringung von Übersetzungsdienstleistungen Hier werden zunächst dokumentierte Prozesse gefordert, welche die Abwicklung von Übersetzungsaufträgen, den Kundenkontakt während des Übersetzungsprozesses sowie die firmeninterne Qualitätssicherung regeln. Weiter werden konkrete Forderungen an das Projektmanagement erhoben, wie z. B.:

- Überwachung und Verfolgung des Vorbereitungsprozesses
- Auswahl von Übersetzern für das Projekt

- Auswahl von Korrektoren und ggf. fachlichen Prüfern
- Anweisungen für alle im Projekt involvierten Personen
- Veranlassen und Überwachen der Konsistenz innerhalb der Übersetzung
- Überwachung des Prozesszeitplans
- etc.

Anschließend werden Dinge benannt, die zur Vorbereitung eines Übersetzungsprojektes zu tun sind. Hierzu gehören unter anderem:

- Dokumente für den eigentlichen Übersetzungsprozess aufbereiten
- spezielle sprachliche Anforderungen an das Übersetzungsprojekt aufzeichnen, z. B.:
  - kundenseitige Stilrichtlinien
  - Adaption der Übersetzung an eine Zielgruppe
  - Terminologie
  - etc.
- Ausgangstext analysieren, um bei der Übersetzung auftretende Probleme vorwegzunehmen
- Terminologiearbeit kann zusätzlich als Mehrwertdienstleistung erbracht werden.
- wenn der Kunde keine Stilrichtlinien bereitstellt, eigene Stilrichtlinien benutzen

Dann folgen Anforderungen an den eigentlichen Übersetzungsprozess:

- Die Übersetzung muss entsprechend den vorher definierten Anforderungen durchgeführt werden.
- erste Prüfung der Übersetzung durch den Übersetzer selbst
- Korrekturlesen durch eine andere Person als der Übersetzer (Vier-Augen-Prinzip), wobei der Korrektor eine ähnliche Qualifikation aufweisen muss wie der Übersetzer selbst
  Diese Forderung ist übrigens der größte Kostentreiber beim Übersetzungsprozess nach DIN EN 15038.
- Optional kann eine zusätzliche fachliche Prüfung erfolgen.
- Optional ist auch eine „Fahnenkorrektur“ vor Drucklegung vorgesehen.
- Abschließend erfolgt die Freigabe der Übersetzung durch den Übersetzungsdienstleister selbst.

Mehrwertdienstleistungen Mehrwertdienstleistungen sind Leistungen, die Übersetzungsdienstleister erbringen können, die aber in der Norm nicht abgedeckt sind, z. B.:

- Berücksichtigung der Gesetzgebung, Beglaubigung usw. entsprechend den nationalen gesetzlichen Anforderungen
- Aktualisierungen
- Lokalisierung
- Erstellung und Verwaltung einer Terminologiedatenbank
- etc.

Diese Leistungen soll der Übersetzungsdienstleister mit der gleichen Gewissenhaftigkeit ausführen wie die in der Norm geregelte Übersetzung.

2.5 Formale Anforderungen an die Anleitung

Je nach zutreffenden Gesetzen, Normen und Richtlinien gelten für eine Anleitung ggf. unterschiedliche formale Anforderungen. Es gibt aber einige Grundsätze, die sich für alle Anleitungen nahezu einheitlich gestalten. Diese sind im Folgenden zusammengefasst.

2.5.1 Vollständigkeit

Die spannende Frage, die sich unter hohem Kostendruck immer wieder stellt, ist diese: „Wie viel müssen wir eigentlich in die Anleitung schreiben?"

Nun, eine einfache Antwort auf diese Frage gibt es sicher nicht. Dennoch ist es im Grunde simpel:

Die Anleitung muss genau die Informationen umfassen,

- die der Nutzer benötigt, um mit dem Produkt sicher umgehen zu können
- die es ihm erlaubt, sich sämtliche zugesicherten Funktionen des Produktes zu erschließen, und
- die ihm ermöglichen, die Funktionsfähigkeit des Produktes zu erhalten.

Wenn Ihre Anleitung diese Informationen umfasst, ist sie vollständig. Spielräume ergeben sich durch die Vorbildung des Nutzers. Ist dieser über ein Thema gut informiert, muss man dazu auch nicht so viel schreiben. Außerdem können Sie als Hersteller entscheiden, welche Tätigkeiten (insbesondere bei Wartung und Störungsbeseitigung) Sie dem Nutzer zutrauen. Alles, was der Nutzer tun darf/soll, muss auch in der Anleitung enthalten sein. Die Tätigkeiten, die Sie z. B. Ihrem Service vorbehalten, müssen in der Anleitung nicht beschrieben werden.

Was grundsätzlich in eine Anleitung gehört, ist in *Kap. 4 „Inhalte der Anleitung*" dargestellt.

2.5.2 Verständlichkeit

Das Thema Verständlichkeit bezieht sich auf die Texte und die Abbildungen in der Anleitung. Diese sind dann verständlich, wenn der Nutzer sie ohne fremde Hilfe in kurzer Zeit erfassen und am Produkt fehlerfrei nachvollziehen kann.

Es gibt zahlreiche sprachwissenschaftliche Untersuchungen zum Thema Verständlichkeit. Dabei haben sich einige Regeln herauskristallisiert, die wir Ihnen in *Kap. 5 „Anleitungen formulieren“* vorstellen. Diese Regeln erschließen sich in der Theorie sehr schnell. Um so schwieriger ist jedoch ihre Einhaltung in der Praxis.

2.5.3 Lieferform

Fragt man irgendeinen Anwalt zur Lieferform der Anleitung, bekommt man stets die gleiche Antwort: „Papier“

Leider ist dem zurzeit noch wenig entgegenzusetzen. Darüber hinaus wird man auf der Suche nach dem Grund für diese monotone Antwort in den Gesetzen, Normen und Richtlinien nicht fündig. Nirgends steht auch nur ein Sterbenswörtchen dazu, dass die Anleitung in Papier geliefert werden muss. Dennoch ist die Forderung der Anwälte verständlich.

Es geht hierbei darum, sicherzustellen, dass der Nutzer die Anleitung auch wirklich lesen kann. Bei Lieferung auf CD-ROM, als in die Software integrierte Online-Hilfe oder als E-Book würde der Nutzer ja ein Zusatzgerät (PC, E-Book-Reader etc.) zum Entschlüsseln der Botschaft benötigen. Wenn er das nicht hat, kann er die Anleitung nicht lesen und sie demnach auch nicht befolgen. Das wäre dann so, als hätten wir ihm gar keine Anleitung zur Verfügung gestellt, was sich vor Gericht gar nicht gut macht. Deshalb: Papier.

Da hilft es auch nicht, wenn in der DIN EN ISO 12100-2 steht, dass bei elektronischer Lieferung der Anleitung die sicherheitsrelevanten Teile in gedruckter Form vorliegen müssen. Denn wie schon erwähnt ist ja meist die ganze Anleitung sicherheitsrelevant.

Ich habe allerdings die Hoffnung, dass sich das Blatt hier irgendwann wenden wird. Elektronische Medien halten immer mehr Einzug in unseren Alltag. Spätestens dann, wenn Zeitschriften und Bücher nicht mehr gedruckt, sondern ausschließlich als E-Book in den Handel kommen, wird das wohl auch das Aus für die auf Papier gedruckte Anleitung sein. Wie viel Zeit bis dahin vergeht, steht allerdings noch in den Sternen.

2.5.4 Zeitpunkt der Bereitstellung

Die Anleitung muss dem Nutzer spätestens dann vorliegen, wenn er auch das Produkt zur Nutzung bekommt.

Das bedeutet nicht zwangsläufig, dass sie dem Produkt beiliegt. Bei Produkten, die über Händler vertrieben werden (insbesondere Verbraucherprodukte), ist es natürlich höchst sinnvoll, die Anleitung mit dem Produkt zu verpacken.

Im Maschinen- und Anlagenbau hingegen kann die Anleitung dem Kunden auch separat übermittelt werden. Das ist vor allem dann sinnvoll, wenn die Gefahr besteht, dass die Anleitung in der Lieferung des Produktes untergeht, weil z. B. viele riesige Kisten versendet werden. Dann sollte man sich die Auslieferung der Anleitung jedoch mit einem Lieferschein quittieren lassen. So ist sichergestellt, dass diese auch angekommen ist.

2.5.5 Sprache

Ganz klar: Die Anleitung muss von den Personen, für die sie bestimmt ist, auch verstanden werden können. Deshalb ist die Lieferung in der Sprache des Verwenderlandes Pflicht. Bei Ländern mit mehreren Amtssprachen müssen im Zweifel alle Sprachen geliefert werden.

Liegt die Anleitung nicht in der passenden Sprache vor, kann der Nutzer sie nicht lesen. Es verhält sich also wieder genau so, als hätte er die Anleitung gar nicht erst bekommen.

Eine Besonderheit gibt es für Produkte, die der Maschinenrichtlinie unterliegen. Hier ist neben der Übersetzung in die Landessprache zusätzlich noch die Lieferung der Anleitung in der Quellsprache gefordert.

Was ganz praktisch ist: Die für unvollständige Maschinen geforderte Montageanleitung kann in einer beliebigen Sprache geliefert werden, die der Kunde akzeptiert. Dieses Vorgehen ist deshalb O. K., weil der Käufer einer unvollständigen Maschine in der Regel ein Hersteller ist, der diese unvollständige Maschine in sein Produkt einbaut. Damit hat er auch die Pflicht, seine Anleitung in der Landessprache zu liefern. Wenn nun die Anleitung der unvollständigen Maschine als Anhang zum Bestandteil der Anleitung des Herstellers wird, muss sie ja auch in der Landessprache vorliegen. Dementsprechend wird er diese Sprache auch von dem Hersteller der unvollständigen Maschine fordern.

2.5.6 Muss der Nutzer die Anleitung eigentlich lesen?

Niemand kann einen Nutzer dazu zwingen, eine Anleitung von vorne bis hinten durchzulesen, auch wenn sie noch so gut geschrieben ist. Allerdings muss sich der Nutzer an die Hinweise in der Anleitung halten (auch wenn er sie nicht gelesen hat). Davon gehen alle Gerichte aus. Also: sobald ein Hinweis in der Anleitung enthalten ist, gilt der Nutzer als informiert. Er hat selbst dafür zu sorgen, dass er diese Information auch aufnimmt.

Dieser Grundsatz hat aber auch Grenzen. Man könnte ja als Hersteller auf die Idee kommen, die Anleitung mit allen möglichen sinnigen und unsinnigen Hinweisen zu versehen und den Nutzer mit Sicherheitshinweisen und Vorschriften förmlich zu erschlagen. Das wäre jedoch auch falsch, denn damit würden wir gegen den Grundsatz der Verständlichkeit verstoßen. Wenn der Nutzer die Information aufgrund einer ungeordneten Flut an Informationen gar nicht finden kann, ist wieder der Hersteller schuld.

2.6 Spezielle Anforderungen an Softwaredokumentation

Erstaunlicherweise findet man gerade im Bereich Softwaredokumentation eine Reihe von internationalen Normen und anderen Regelwerken, die sich mit diesem Thema beschäftigen. In den folgenden Abschnitten geben wir einen kurzen Überblick über die Vorschriftenlage in diesem Bereich.

2.6.1 Internationale Normen

Die in Tab. 2.2 aufgeführten internationalen Normen der Normungsinstitutionen ISO/IEC und IEEE beschäftigen sich mit dem Thema Softwareanleitungen.

Da es sich hierbei ausschließlich um internationale Normen handelt, die nicht unter irgendeiner EG-Richtlinie harmonisiert sind, gilt natürlich auch keine Konformitätsvermutung. Die in den Normen aufgeführten Anforderungen können als von Experten erarbeitete Empfehlungen angesehen werden, die den Stand der Technik für Softwareanleitungen abbilden.

Die Einhaltung der Empfehlungen hat also weniger die rechtliche Absicherung zum Ziel als vielmehr Verbesserung der Anwenderfreundlichkeit auf international standardisiertem Niveau.

Ausnahmen bilden die in den folgenden Unterkapiteln aufgeführten rechtlichen Problemstellungen.

2.6.2 Software als Bestandteil eines Produkts oder Geräts

Sogenannte eingebettete (embedded) Software gilt als integraler Bestandteil des Produkts oder Geräts, in dem sie enthalten ist. In diesem Fall gelten also vorrangig

Tab. 2.2 Normen zur Softwaredokumentation

Nr.	Jahr	Titel
IEEE 1063	2001	Standard for Software User Documentation
ISO/IEC 6592	2000	Information technology – Guidelines for the documentation of computer-based application systems
ISO/IEC 9294	2005	Information technology – Guidelines for the management of software documentation
ISO/IEC 18019	2004	Software and system engineering – Guidelines for the design and preparation of user documentation for application software
ISO/IEC 9127	1988	Information processing systems; user documentation and cover information for consumer software packages
ISO/IEC 26514	2008	Systems and software engineering – Requirements for designers and developers of user documentation

alle für diesen Geräte- oder Produkttyp anwendbaren Richtlinien, Gesetze und Verordnungen auch für die Software mit.

Handelt es sich zum Beispiel um Steuerungssoftware für eine Maschine, gelten die Anforderungen der Maschinenrichtlinie. Für Software, die Teil von Medizinprodukten ist, gilt die Medizinprodukterichtlinie. Weiterhin gelten für das Produkt gegebenenfalls harmonisierte Normen, bei deren Einhaltung die Konformitätsvermutung greift.

2.6.3 Anwendbarkeit des Geräte- und Produktsicherheitsgesetzes (GPSG)

Laut Fachjournal Computer und Recht und einer Stellungnahme der Kommission der europäischen Gemeinschaften zur Produkthaftungsrichtlinie fällt Software unter den Begriff des Verbraucherprodukts gemäß der Begriffsdefinition § 2 A3:

> Als Verbraucherprodukte gelten auch Gebrauchsgegenstände und sonstige Produkte, die dem Verbraucher im Rahmen der Erbringung einer Dienstleistung zur Verfügung gestellt werden. [GPSG]

Für die Anwendbarkeit des Gesetzes ist es dabei unerheblich, ob die Software auf einem physischen Datenträger geliefert wird oder zum Download bereitgestellt wird.

2.6.4 Mängelgewährleistung

Ein wichtiges Argument für eine vollständige, genau den Auslieferzustand der Software abbildende Anleitung ist § 434 des BGB.

Hiernach kann ein Sachmangel vorliegen, wenn die Anleitung Features der Software beinhaltet, die in der gelieferten Version nicht enthalten sind, und die Anleitung die Kaufentscheidung des Anwenders beeinflusst hat.

Sind aufgrund unzureichender Dokumentation durch Fehlbedienung finanzielle Folgeschäden entstanden, kann der Softwarehersteller unter Umständen gemäß der vertraglichen Mängelgewährleitung schadenersatzpflichtig sein. Dies wäre z. B. bei elektronischen Buchhaltungs- oder Bestellsystemen möglich.

2.6.5 Sicherheitsanforderungen und abgeleitete Pflichten

Das GPSG fordert, dass ein Produkt nur dann in Verkehr gebracht werden darf, wenn es sicher ist. Daraus ergeben sich auch Anforderungen an die Software.

Datensicherheit Diese Anforderung zielt nicht nur auf die Gesundheit der Personen ab, die mit dem Produkt umgehen, sondern auch auf ihr Eigentum, wirtschaftliche Interessen und das Recht auf Information.

Ein Urteil des Oberlandesgerichts Karlsruhe (7.11.1995) besagt, dass die unberechtigte Löschung von Daten eine Eigentumsverletzung darstellt. Daraus ergibt sich, dass zu den Sicherheitsanforderungen an Software auch die Datensicherheit zählt.

Als sicher gilt somit Software nur dann, wenn entweder

- die Sicherheit der Daten garantiert werden kann oder
- der Nutzer in der Anleitung auf die Gefährdung der Daten hingewiesen wurde und
- der Nutzer angewiesen und angeleitet wurde, geeignete Methoden zur Datensicherung zu verwenden.

Weiterhin muss Software, die direkten Einfluss auf materielles Eigentum hat, mit besonderer Sorgfalt im Bezug auf Datensicherheit und Dokumentation betrachtet werden. Beispiele hierfür wären Buchhaltungs- oder Online-Banking-Anwendungen.

Mindestinhalte Der Nutzer muss laut § 4 GPSG befähigt werden, das Produkt bestimmungsgemäß und sicher zu verwenden. Er hat deshalb das Recht auf eine vollständige Anleitung.

Der Nutzer muss mit Hilfe der Anleitung im Umgang mit der Software geschult und auf Gefahren durch z. B. Datenverlust oder Fehlsteuerungen hingewiesen werden.

Kennzeichnung Das Produkt muss nach § 5 GPSG so gekennzeichnet werden, dass sowohl das Produkt selbst als auch der Hersteller eindeutig identifiziert werden können.

Bei Software, die ohne physischen Datenträger vertrieben wird, muss deshalb sichergestellt werden, dass diese Informationen direkt aus der Software heraus verfügbar sind.

Produktbeobachtung Die Produktbeobachtungspflicht kann bei Software so interpretiert werden, dass der Hersteller eine (Online-)Kontaktadresse bereitstellt, über die Supportanfragen bearbeitet werden. Diese Adresse muss in der Anleitung veröffentlicht werden.

Der Support ist dafür zuständig,

- Probleme der Anwender entgegenzunehmen,
- gemeldete oder selbst erkannte Probleme und Sicherheitslücken zentral zu bekannt zu geben,
- Updates oder Patches zu veröffentlichen.

Hiermit wäre für Standardsoftware, die unter keine besonderen Regelungen fällt, die Beobachtungspflicht erfüllt.

Eine Meldung einer von Software ausgehenden Gefahr an die zuständige Behörde (§ 5 GPSG) wäre nur erforderlich, wenn „Gesundheit und Sicherheit von Personen“ gefährdet wären.

2.6.6 Sprachen

Nach GPSG § 4 muss in Deutschland die Anleitung und in logischer Folge auch die Software in deutscher Sprache ausgeliefert werden. Die Richtlinie 2001/95/EG „über die allgemeine Produktsicherheit" vom 3.12.2001, die ja die Basis des GPSG und vergleichbare Gesetze in anderen Ländern ist, beinhaltet diese Forderung jedoch nur für Warnhinweise:

> [...] Warnhinweise müssen klar und leicht verständlich in den Amtssprachen des Mitgliedstaats abgefasst sein, in dem das Produkt in Verkehr gebracht wird. [GPSG]

Hier ist also detailliert zu prüfen, ob die Länder, in die die Software ausgeliefert wird, ähnlich strenge Sprachregelungen haben. So gibt es z. B. in Polen und Frankreich jeweils ein Gesetz zur Erhaltung der Landessprache, nach dem alle offiziellen Schriften in der Landessprache verfügbar sein müssen.

Genaue Auskunft über solche Regelungen können die IHKs geben.

Expertensoftware Eine Ausnahme stellt nach deutscher Rechtsprechung „Expertensoftware" dar, bei der vorausgesetzt werden kann, dass die mit der Software angesprochene Zielgruppe hauptsächlich aus Fachleuten besteht.

Es wird hierbei angenommen, dass diese Fachleute über das nötige Grundwissen und die im IT-Bereich ohnehin vorausgesetzte Sprachkenntnis verfügen, um mit englischsprachiger Software und Dokumentation umgehen zu können.

Eingebettete Software Handelt es sich um eingebettete (embedded) Software, die Teil einer unter die Maschinenrichtlinie fallenden Maschine ist, müssen Software und Dokumentation sowohl in der Ausgangssprache als auch in einer der Amtssprachen des Verwenderlandes mitgeliefert werden.

2.7 Die Risikobeurteilung – Grundlage der Betriebsanleitung

Mit dem Thema Risikobeurteilung kann man ein ganzes Buch füllen. Deshalb möchten wir hier nur auf einige Grundlagen eingehen, die für Sie als Technischer Redakteur von Bedeutung sind. Letztendlich dient die Risikobeurteilung in der Regel dazu, die Restgefahren aufzudecken, auf die Sie in der Anleitung eingehen.

Die Risikobeurteilung wird insbesondere von der Maschinenrichtlinie gefordert und wird damit für Maschinen zur gesetzlichen Pflicht. Doch auch für andere Produkte ist es von Nutzen, eine Risikobeurteilung zu erstellen. Denn sie stellt eine systematische Möglichkeit dar, die Sicherheit des Produktes zu verbessern und zu Nachweiszwecken zu dokumentieren.

Normative Grundlage der Risikobeurteilung ist die unter der Maschinenrichtlinie harmonisierte DIN EN ISO 14121-1 „Sicherheit von Maschinen – Risikobeurtei-

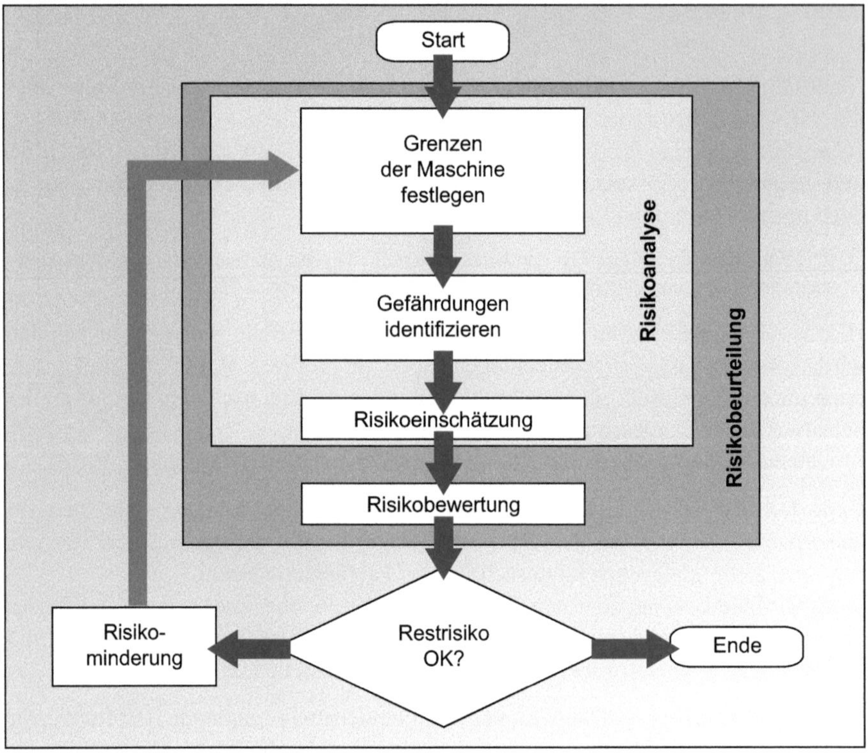

Abb. 2.5 Der Verfahrensablauf einer Risikobeurteilung

lung – Teil 1: Leitsätze“ vom Dezember 2007. Hier werden Grundlagen zu Inhalten der Risikobeurteilung und zu dem in Abb. 2.5 dargestellten Verfahren festgelegt.

Grundsätzlich soll das Ganze so ablaufen, dass zunächst die Grenzen des zu betrachtenden Produktes festgelegt werden (Einsatzbeschränkungen und räumliche Grenzen). Dann sollen die Gefahren identifiziert werden. Hierzu finden sich in der Norm recht hilfreiche Listen mit verschiedenen Gefährdungsarten. Diese sollen das Auge des Betrachters für die möglichen Risiken schärfen. So kann für jede Gefährdungsart geprüft werden, ob diese an dem Produkt vorkommt. Entdeckt man nun eine solche Gefährdung an einem bestimmten Bauteil oder Ort des Produktes, bezeichnet man dies als „Gefahrenstelle“.

Für jede Gefahrenstelle soll dann das Risiko abgeschätzt werden. Diese Abschätzung soll möglichst objektiv und nachvollziehbar sein. Empfehlenswert ist hier die Anwendung eines Risikographen entsprechend dem Beispiel in Abb. 2.6. Der Risikograph wird auch in der ISO/TR 14121-2 „Safety of machinery – Risk assessment – Part 2: Practical guidance and examples of methods“ empfohlen. Leider ist diese Anwendungsrichtlinie zur DIN EN ISO 14121-1 nur in Englisch verfügbar.

Zur Abschätzung wird das Risiko in die Bestandteile nach Tab. 2.3 aufgegliedert.

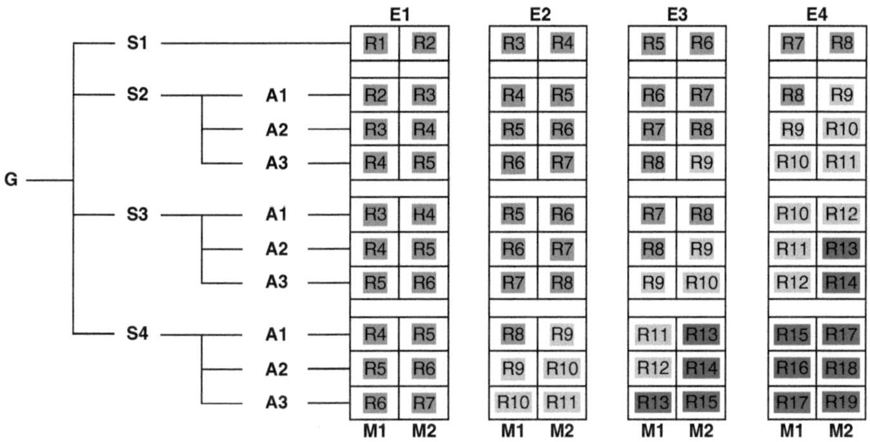

Abb. 2.6 Beispiel für einen Risikographen

Tab. 2.3 Bestandteile des Risikos

S	Schwere der Gefahr
A	Aufenthaltsdauer im Gefahrenbereich
E	Eintrittswahrscheinlichkeit
M	Möglichkeit zum Ausweichen

Aus der Kombination dieser Risikobestandteile ergibt sich letztlich die Risikoprioritätszahl „R", die die Höhe des Risikos ausdrückt.

In der Risikobewertung gilt es nun festzustellen, ob das ermittelte Risiko an der jeweiligen Gefahrenstelle ausreichend gering ist. Falls das nicht der Fall ist, sollen Maßnahmen ergriffen werden, die das Risiko minimieren. Anschließend muss eine erneute Bewertung der Gefahrenstelle erfolgen. Dieser Kreislauf wird so lange durchlaufen, bis ein akzeptables Risiko erreicht wurde.

Bei der Festlegung der Maßnahmen zur Risikominderung soll die 3-Stufen-Methode (Abb. 2.7) beachtet werden. Diese gibt die Rangfolge vor, in der Maßnahmen ergriffen werden sollen. Hierbei fällt auf, dass „Hinweise auf Restgefahren" an letzter Stelle steht. Es sollen also zunächst konstruktive oder sicherheitstechnische

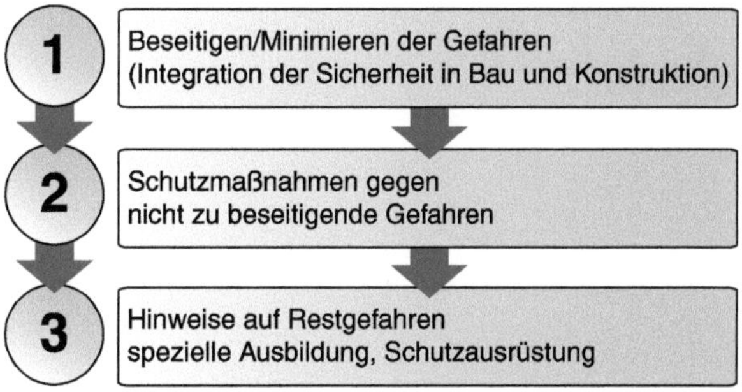

Abb. 2.7 Die 3-Stufen-Methode

Lösungen gefunden werden. Erst wenn diese nicht möglich sind, kann der Sicherheitshinweis als letztes Mittel zur Gefahrenreduzierung eingesetzt werden.

Demnach gehen aus der Risikobeurteilung alle erforderlichen Hinweise auf Restgefahren zu dem Produkt hervor. Diese Hinweise können nach Dringlichkeit in Form von Warnhinweisschildern am Produkt angebracht werden oder in die Anleitung aufgenommen werden. Somit ist es also die Pflicht jedes Technischen Redakteurs, die Risikobeurteilung als Grundlage für seine Arbeit von den Produktentwicklern einzufordern.

In der Praxis kann es auch vorkommen, dass die Technische Redaktion mit der Erstellung der Risikobeurteilung betraut wird. Das ist durchaus möglich und kann sehr sinnvoll sein. Voraussetzung dafür ist aber eine entsprechende Ausbildung und umfangreiche Normenkenntnis. Auch eine technische Grundausbildung kann nicht schaden.

In beiden Fällen ist es wichtig, wirklich alle in der Risikobeurteilung geforderten Inhalte in die Anleitung einzuarbeiten. Ansonsten würde der Nutzer ja nicht über die Gefahr informiert, was wiederum zu einer Erhöhung des Risikos führt. Eine prüfende Behörde könnte dies als Sicherheitsmangel am Produkt auslegen und Marktüberwachungsmaßnahmen einleiten.

Kapitel 3
Dokumentationsprozess

Der Dokumentationsprozess (Abb. 3.1) wird von vielen Faktoren beeinflusst und ist stark abhängig von Unternehmens- und Produktstrukturen. Dieses Kapitel stellt daher beispielhaft die wichtigsten Projektphasen eines Dokumentationsprozesses vom Projektstart bis zur Auslieferung dar.

Betrachtet werden zunächst planerische und vorbereitende Tätigkeiten wie die Definition von Zuständigkeiten und das Durchführen und Auswerten einer Recherche. Während und vor allem nach der Erstellung der Anleitung erfolgt die Qualitätssicherung, der ggf. die Übersetzung der Anleitung in eine oder mehrere Sprachen folgt.

3.1 Projektplanung

Eine gute und realistische Projektplanung ist das A und O eines effektiven Dokumentationsprozesses. Natürlich hängt die Projektplanung von den individuellen Gegebenheiten im Unternehmen ab. Der Projektplan sollte zum Projektstart erstellt werden und zumindest folgende Punkte abdecken:

- Dokumentationskonzept
  Bei der Festlegung des Dokumentationskonzeptes gilt es, klare Vorgaben zu entwickeln. Das einmal entwickelte Konzept sollte möglichst auf alle in der Technischen Redaktion erstellten Dokumente anwendbar sein. Das Konzept sollte die folgenden Fragen beantworten:
  - Welcher Anleitungstyp soll erstellt werden (z. B. Bedienungsanleitung, Betriebsanleitung, Montageanleitung, Wartungshandbuch etc.)?
  - In welchem System und in welchem Format soll die Anleitung erstellt werden?
  - Nach welcher Struktur soll die Anleitung erstellt werden?
  - Welches Abbildungskonzept soll in der Anleitung umgesetzt werden?
- Zu erstellende Sprachvarianten
  Bereits bei der Projektplanung sollten die zu erstellenden Sprachvarianten berücksichtigt werden. Übersetzungen nehmen viel Zeit in Anspruch und sollten

L. Kothes, *Grundlagen der Technischen Dokumentation*,
DOI 10.1007/978-3-642-14668-8_3, © Springer-Verlag Berlin Heidelberg 2011

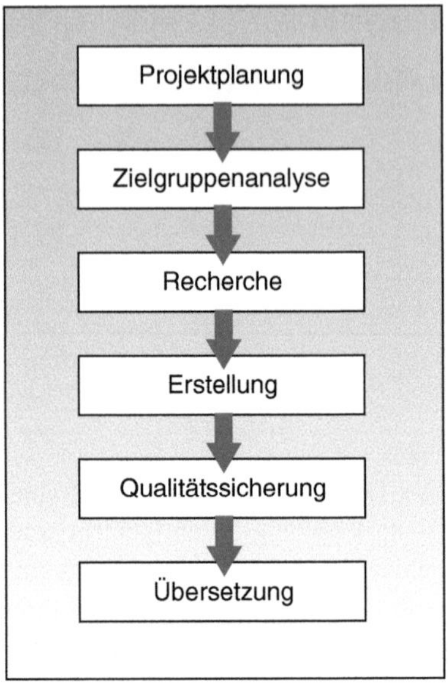

Abb. 3.1 Der Dokumentationsprozess im Überblick

daher in den Projektverlauf eingeplant werden. Dabei müssen auch eventuell notwendige Nachformatierungen der übersetzten Texte berücksichtigt werden, da die verschiedenen Sprachen verschiedene Laufweiten haben und sich daher Texte, Bilder und andere Layout-Elemente in der Anleitung verschieben können.

- Projektbeteiligte/Zuständigkeiten, siehe *Kap. 3.1.1 „Zuständigkeiten*".
- Termine für Projektstart, Meilensteine, Prüfungen und ggf. Übersetzungen, Druck, Versand, Projektende etc.

3.1.1 Zuständigkeiten

Die Vergabe klarer Zuständigkeiten schafft die Grundlage dafür, den geplanten Dokumentationsprozess ohne unnötige Verzögerungen einzuhalten.

In einer Zuständigkeitsmatrix sollte festgelegt werden, welcher der einzelnen Projektbeteiligten für welche Aufgaben zuständig ist. Eine solche Matrix kann z. B. wie in Tab. 3.1 ausgeführt werden.

3.2 Zielgruppenanalyse

Eine anwenderfreundliche und verständliche Anleitung setzt voraus, dass die Zielgruppen bekannt sind. Denn verständlich schreiben kann man nur, wenn man weiß, wer die Anleitung später liest. Daher ist es unumgänglich, vor der Erstellung der

Tab. 3.1 Beispiel für eine Zuständigkeitsmatrix

	Redakteur A	Redakteur B	Konstrukteur	Qualitätsmanager/ Lektor
Kick-Off-Meeting	X	X	X	X
Recherche	X	X	X	
Lieferung von Konstruktionsunterlagen			X	
Erstellung Kap. 1–3	X			
Erstellung Kap. 4–6		X		
Entwurfsprüfung	X	X		X
Zusammenstellung Prüfexemplar	X			
Technische Prüfung			X	
Erstellung Endexemplar	X			
Endprüfung				X

Anleitung eine Zielgruppenanalyse durchzuführen. Je detaillierter diese ausfällt, desto genauer kann die Anleitung an den Kenntnisstand und die Bedürfnisse des Nutzers angepasst werden.

Denn dieser erwartet, dass er mit Hilfe der Anleitung das Produkt ohne fremde Hilfe in kurzer Zeit, fehlerfrei und sicher verwenden kann und dass er die Informationen, die er benötigt, schnell findet. Daher müssen Anleitungen je nach Zielgruppe so aufgebaut sein, dass die zu lösenden Aufgaben und zu erreichenden Ziele jederzeit deutlich sind.

Bei der Zielgruppenbestimmung stehen zwei Hauptaufgaben im Vordergrund:

- Zielgruppensegmentierung
- Zielgruppencharakterisierung

3.2.1 Zielgruppensegmentierung

Bei der Zielgruppensegmentierung werden Antworten auf folgende Fragen gesucht:

Welche Zielgruppe(n) nutzt (nutzen) die Anleitung? Gibt es mehrere, stark unterschiedliche Zielgruppen? In der Anleitung sollten die Inhalte, die für bestimmte Zielgruppen mit unterschiedlichen Qualifikationsniveaus bestimmt sind, deutlich gekennzeichnet werden. Alternativ können die Inhalte in unterschiedlichen Dokumenten zusammengefasst werden, z. B. eine Betriebsanleitung für den Nutzer und ein Wartungshandbuch für das Servicepersonal.

Zur übersichtlichen Darstellung der Zielgruppen hat sich die „Wer-macht-was“-Matrix (Tab. 3.2) etabliert. Dabei werden alle Tätigkeiten über den gesamten Produktlebenszyklus in einer Tabelle erfasst und dann dem typischen ausführenden Personal zugeordnet.

Tab. 3.2 Beispiel „Wer-macht-was"-Matrix

	Bediener	Maschinenführer	Wartungspersonal	Hersteller
Transport				X
Montage				X
Installation/ Erstinbetriebnahme				X
Bedienung	X	X		
Bedienschritt I	X	X		
Bedienschritt II	X	X		
Bedienschritt III		X		
Wartung		X	X	
Wartungsarbeit I		X	X	
Wartungsarbeit II			X	
Wartungsarbeit III				X
Störungsbeseitigung	X	X		X

Auf welchem Zielmarkt/in welchem Land/in welchem Kulturkreis wird die Anleitung eingesetzt? Die Antwort auf diese Frage gibt nicht nur Hinweise auf die zu liefernden Sprachvarianten, sondern lässt Rückschlüsse auf Besonderheiten und Konventionen bezüglich der Struktur und der Darstellung der Anleitung zu.

So wäre es beispielsweise im asiatischen Raum unschicklich, die Bedienung der Fußtasten eines Staubsaugers mit einem Fuß darzustellen, der einen Schuh trägt. Denn in diesem Kulturkreis ist es üblich, im Haus keine Schuhe zu tragen. Daher wäre es hier richtig, die Abbildung so zu gestalten, dass ein Fuß mit Socken oder einem Hausschuh zu sehen ist. Alternativ kann man auch einen Pfeil statt des Fußes verwenden und hat so eine neutrale Variante geschaffen.

Über welchen Bildungsstand/welche Qualifikation/welche Fertigkeiten/welche Fähigkeiten/welche Erfahrungen verfügt die Zielgruppe?

Welcher Kenntnisstand kann dem „dümmsten anzunehmenden Nutzer" zugesprochen werden? Der Detaillierungsgrad der Beschreibungen richtet sich nach den anzunehmenden Qualifikationen der Zielgruppe. Er muss so gewählt werden, dass alle Beschreibungen und Anweisungen für die am geringsten qualifizierten Mitglieder der Zielgruppe nachvollziehbar sind. Auch das Sprachniveau muss entsprechend angepasst werden, indem z. B. auf Fremdwörter oder Fachjargon verzichtet wird oder dieser eben bewusst verwendet wird.

3.2.2 Zielgruppencharakterisierung

Wurde die Zielgruppe durch die Beantwortung dieser Fragen eingegrenzt, kann sie näher charakterisiert werden. Hier hat sich in der Praxis die „Persona-Methode" etabliert.

Bei der Persona-Methode wird für einen typischen Vertreter der Zielgruppe ein möglichst realistisches soziodemographisches und psychographisches Profil erstellt. Dieses Profil beinhaltet beispielsweise Angaben zum Alter, ggf. Geschlecht, zur Familiensituation, dem Bildungsweg, den Hobbys und dem Beruf und beleuchtet darüber hinaus Erwartungen an die Anleitung und typische Verhaltensweisen. Der so charakterisierten fiktiven Person, der Persona, wird dann noch ein Name gegeben.

Diese Methode unterstützt Sie, der vorher identifizierten Zielgruppe charakteristische Merkmale zuzuordnen, um ein klares Bild eines typischen Vertreters dieser Gruppe zu erhalten. So können Sie sich beim Schreiben einfacher und konkreter auf die Zielgruppe einstellen.

3.3 Recherche

Die Recherche stellt einen zentralen Schritt innerhalb des Dokumentationsprozesses dar. Wie intensiv die Recherche ausfällt, hängt von folgenden Faktoren ab:

- Komplexität des zu beschreibenden Produktes
- Erfahrung und Wissensstand des Redakteurs
- bereits bestehende Informationen (z. B. Dokumentation eines sehr ähnlichen Produktes)
- Anforderungen aus Normen und Richtlinien

Eine gute Recherche vermeidet Nachfragen und Wartezeiten während des weiteren Dokumentationsprozesses und ist Grundlage für qualitativ hochwertige und umfassende Anleitungen. Denn nur wenn Ihnen als Redakteur absolut klar ist, wie das Produkt funktioniert und welche Handlungen der Nutzer durchführen soll, sind Sie in der Lage, das auch zu beschreiben.

Leider wird diese Tatsache häufig verkannt, so dass in vielen Fällen zu wenig Zeit für eine intensive Recherche zur Verfügung steht. Dies führt dann meist zu einem längeren Dokumentationsprozess sowie zu einer geringeren Qualität der Anleitung.

Natürlich gestaltet sich eine Recherche an einem komplexeren Produkt, bei der der Redakteur auf die Mithilfe des Konstrukteurs angewiesen ist, weitaus aufwändiger als eine Recherche an einem überschaubaren Produkt, das der Redakteur selbst im eigenen Büro ausprobieren kann. Die folgenden Abschnitte beziehen sich daher eher auf die Recherche für ein komplexes Produkt.

3.3.1 Recherchecheckliste erstellen

Um einen Überblick über die benötigten Informationen zu erhalten und während des Dokumentationsprozesses zu behalten, ist es sinnvoll, im Vorhinein eine detaillierte Recherchecheckliste zu erstellen. Diese muss meist nicht für jedes Projekt neu angefertigt werden. Vielmehr kann eine einmal erstellte Checkliste als Grundlage für viele Anleitungsprojekte dienen und muss nur an ggf. individuell zutreffende Anforderungen angepasst werden.

Diese Checkliste kann beispielsweise folgende Informationen abfragen:

Welche Unterlagen bestehen bereits? Je mehr Informationen vor der Recherche gesammelt werden können, desto zügiger und zielgerichteter kann die Recherche am Produkt durchgeführt werden. Deshalb sollten in der Recherchecheckliste alle möglichen Unterlagen abgefragt werden, wie z. B.:

- Prospekte
- Vertriebsunterlagen
- (alte) Anleitung vom Vorgängermodell oder von einem ähnlichen Produkt
- Technische Datenblätter
- Risikobeurteilung/Zündquellenanalyse
- Pflichtenheft/Lastenheft
- Ersatzteilliste
- Zeichnungen
- Stücklisten
- Pläne/Schemata
- weitere Konstruktionsunterlagen

Welche Anforderungen an die Inhalte der Anleitung ergeben sich aus zutreffenden Normen und Richtlinien? Dieser Teil der Recherchecheckliste ist wohl der umfangreichste. Hier geht es darum, alle zutreffenden Normen und Richtlinien intensiv zu prüfen. Die einzelnen Anforderungen an die Inhalte der Anleitung können dann in der Recherchecheckliste abgefragt werden. Sinnvoll ist dabei eine Aufteilung in die späteren Hauptkapitel der Anleitung. Dies erübrigt eine zeitaufwendige Zuordnung der gesammelten Informationen im Nachhinein. Eine beispielhafte Kapitelstruktur finden Sie in *Kap. 4 „Inhalte der Anleitung“*.

So könnte beispielsweise die Recherchecheckliste für das Kapitel „Sicherheit“ folgende Punkte abfragen:

- Besteht bereits eine Risikobeurteilung für das Produkt?
- Welche Stellen an am Produkt sind kritisch, was die Sicherheit angeht? Wo bestehen welche Restgefahren?
- Ist für die Arbeit am Produkt eine persönliche Schutzausrüstung erforderlich? Welche?
- Wo sind Sicherheitseinrichtungen und Not-Aus-Schalter angebracht?
- Müssen betreiberseitig Sicherheitseinrichtungen nachgerüstet werden? Wenn ja, welche und wo?
- Gibt es umweltschädigende Stoffe im Produkt oder sind solche Stoffe beispielsweise für die Reinigung notwendig?
  Wie ist mit diesen Stoffen umzugehen (Entsorgung)?

- Wofür genau ist das Produkt konstruiert und konzipiert (bestimmungsgemäße Verwendung)?
- Wozu darf das Produkt keinesfalls verwendet werden (vorhersehbarer Fehlgebrauch)?
- Gibt es Beschilderungen am Produkt? Welche? Wo? Gibt es einen Beschilderungsplan?
- Welches Personal darf welche Arbeiten vornehmen?
- Welche Mindestqualifikationen muss das Personal vorweisen können?

Welche Anforderungen ergeben sich aus Vereinbarungen mit dem Kunden? Manchmal werden vertragliche Sondervereinbarungen mit dem Kunden geschlossen, die sich auch auf die Anleitungen beziehen. Dies können beispielsweise Anforderungen an folgende Punkte sein:

- die gewünschten Sprachausgaben
- die Darstellung
- die Struktur
- den Druck und die Bindung
- die Inhalte
- die Einbindung von Zuliefererdokumentation

Welche Abbildungen werden benötigt? Je nachdem, welches Abbildungskonzept in der Anleitung umgesetzt werden soll, kann in der Recherchecheckliste bereits aufgenommen werden, welche Abbildungen benötigt werden, welche bereits vorhanden sind und welche noch erstellt werden müssen. Dies hilft insbesondere dann, wenn Fotos von Handlungen am Produkt selbst erstellt werden müssen. Für deren Erstellung sind ggf. weitere Ressourcen nötig (z. B. Personal zur Vorführung der Handlungen, Werkzeuge, Materialien etc.). Wenn erst während der Recherche überlegt wird, welche Fotos notwendig sind, kann es sein, dass benötigte Ressourcen nicht sofort verfügbar sind, die Ressourcen länger als notwendig gebunden werden oder bestimmte Handlungen gar nicht vorgeführt werden können.

> Nehmen Sie alle nötigen Punkte in die Recherchecheckliste auf und lassen Sie nach jedem Punkt genügend Platz für Kommentare und Einträge.
>
> Aktualisieren Sie die Liste regelmäßig und passen Sie sie an mögliche Änderungen in Normen und Richtlinien an.

3.3.2 Vorhandene Informationen auswerten

Prüfen Sie im nächsten Schritt anhand der Recherchecheckliste, welche Informationen Sie ohne Unterstützung anderer zusammensuchen können und werten Sie die gesammelten Informationen aus. Passen Sie dabei die Recherchecheckliste entsprechend an, indem Sie beispielsweise

- zusätzliche Anforderungen aus beispielsweise Typ-C-Normen ergänzen,
- überflüssige Punkte aus der Recherchecheckliste löschen,
- die für das Dokumentationsprojekt interessanten Informationen direkt in die Recherchecheckliste eintragen bzw. auf den Speicherort der Informationen verweisen,
- konkrete Fragen zu unklaren Sachverhalten und fehlenden Informationen formulieren und mit einem Hinweis versehen, wer die Ansprechpartner zur Klärung der Fragen sind,
- eine detaillierte Liste der zu erstellenden Abbildungen in sinnvoller Reihenfolge erstellen,
- die noch offenen Punkte der Recherchecheckliste mit Hinweisen versehen, wer die entsprechenden Informationen liefern kann.

3.3.3 Recherche vorbereiten

Nun bereiten Sie die eigentliche Recherche vor. Je besser die Recherche vorbereitet ist, desto weniger Zeit müssen Sie für die Durchführung einplanen und desto effizienter wird sie sein.

Vereinbaren Sie vorerst mit den notwendigen Ansprechpartnern einen Termin, bei denen die offenen Fragen besprochen werden. Senden Sie vor dem Termin die angepasste Recherchecheckliste an die Ansprechpartner mit der Bitte darum, die dort aufgeführten Informationen zum vereinbarten Termin mitzubringen und sich auf die Fragen vorzubereiten. Organisieren Sie dann die Recherche am Produkt so, dass

- das Produkt in der zu dokumentierenden Ausführung und Variante als Anschauungs- und Fotografieobjekt zur Verfügung steht,
- jemand zur Verfügung steht, um Handlungsschritte zur Installation, Bedienung, Wartung und Störungsbeseitigung vorzuführen und zu erklären,
- demjenigen, der Handlungsschritte vorführt, die notwendige persönliche Schutzausrüstung zur Verfügung steht,
- alle zur Durchführung der Handlungsschritte notwendigen Werkzeuge und Materialien zur Verfügung stehen,
- ein Besprechungsraum zur Verfügung steht,
- ggf. Ressourcen zur Dokumentation der Handlungsschritte zur Verfügung stehen (Kamera, ggf. Beleuchtung, ggf. Diktiergerät),
- für alle Fragen die zuständigen Ansprechpartner zur Verfügung stehen.

3.3.4 Recherche durchführen

Führen Sie nun am vereinbarten Termin die Recherche durch. Am besten gestalten Sie den Termin so, dass Sie zuerst mit allen Ansprechpartnern zusammen die übergreifenden, offenen Fragen besprechen. Dabei können direkt feste Termine vereinbart werden, zu denen Ihnen alle benötigten Informationen und Materialien von den Ansprechpartnern zur Verfügung gestellt werden müssen.

Gehen Sie nach der Besprechung ans Produkt und führen Sie die Vor-Ort-Recherche durch. Dokumentieren Sie dabei alles so genau wie möglich in Bild und Text. Gehen Sie die einzelnen Handlungsschritte an der Maschine in der vorher festgelegten Reihenfolge durch, so dass Sie Notizen und Fotos im Nachhinein noch klar zuordnen können. Schießen Sie lieber ein paar Fotos mehr als weniger und fotografieren Sie Handlungen aus verschiedenen Perspektiven. So haben Sie hinterher eine größere Auswahl und können das jeweils beste Foto zur Einbindung in die Anleitung wählen.

3.3.5 Recherche auswerten

Werten Sie nun alle bei der Recherche gesammelten Informationen aus. Tragen Sie dabei alles in die Recherchecheckliste ein. So erhalten Sie eine Übersicht, welche Informationen vorhanden sind und wo noch Lücken bestehen. Fertigen Sie dann ein Besprechungsprotokoll an, welches mindestens die Spalten von Tab. 3.3 enthält.

- Information
  Tragen Sie hier die Informationen ein, die noch fehlen, bzw. die Fragen, die noch offen sind.
- Zuständigkeit
  Tragen Sie hier namentlich denjenigen ein, der für die Lieferung der Information zuständig ist.
- zu liefern bis
  Tragen Sie hier den Termin ein, der bei der Recherche-Besprechung für die Lieferung der Information mit dem Ansprechpartner vereinbart wurde.
- Bemerkung
  Tragen Sie hier Bemerkungen zu den Informationen, zum Liefertermin und/oder zum Erfüllungsstand ein. Weiterhin bietet diese Spalte Platz, um Gründe für eventuelle zeitliche Verzögerungen zu dokumentieren.

Senden Sie das Besprechungsprotokoll an alle Ansprechpartner. So haben alle einen Überblick darüber, was genau sie zu welchem Zeitpunkt zu liefern haben. Eventuelle zeitliche Verzögerungen im Dokumentationsprozess aufgrund fehlender Informationen können so präzise einer Zuständigkeit zugeordnet werden.

Tab. 3.3 Beispiel Recherche-Besprechungsprotokoll

Information	Zuständigkeit	zu liefern bis	Bemerkung

3.4 Erstellung

Nachdem der Projektplan erstellt wurde und Sie im Rahmen der Recherche alle notwendigen Informationen zusammengetragen, die Anleitungsstruktur festgelegt und die Zielgruppe identifiziert haben, beginnen Sie nun mit der Erstellung der Anleitung.

3.4.1 Erstellungsprozess

Denken Sie während des Erstellungsprozesses stets daran, dass derjenige das Ziel schneller erreicht, der weiß, was genau das Ziel ist. Das bedeutet, dass Sie festlegen, was Sie schreiben wollen, bevor Sie das erste Wort schreiben.

Lernen Sie zuerst das Produkt genau kennen

- Schauen Sie sich alle Informationen zum Produkt genau an, die Sie in der Recherche gesammelt haben. Verschaffen Sie sich dabei zuerst einen Überblick.
- Zerlegen Sie dann das Produkt in einzelne Baugruppen und verstehen Sie, wie die Baugruppen interagieren.
- Zerlegen Sie darauf hin jede Baugruppe für sich weiter und verstehen Sie, wie die Unterbaugruppen interagieren.
- Erstellen Sie gleichzeitig das Kapitel „Aufbau und Funktion" und halten Sie dabei die gewonnenen Erkenntnisse direkt als „fertige" Beschreibungstexte fest.

Definieren Sie konkrete Handlungen Nachdem Sie sich einen genauen Überblick über das Gesamt-Produkt verschafft haben, werden einzelne beschreibungsbedürftige Handlungen deutlicher. Beschäftigen Sie sich intensiv mit der konkreten Fragestellung „Welche Handlungen muss ich beschreiben?".

Erstellen Sie nun die konkrete Struktur (Gliederung) Vervollständigen Sie in diesem Schritt die in der Recherche bereits entwickelte Struktur um jene Erkenntnisse, die Sie aus Produktanalyse und der Handlungsidentifizierung gewonnen haben, und erstellen Sie die detaillierte Gliederung der Anleitung mit ausformulierten Kapitelüberschriften in hierarchischer Anordnung.

Erstellen Sie die Inhalte Wenn die Gliederung und somit die detaillierte Dokumentstruktur steht, brauchen Sie „nur noch" die Kapitel mit Inhalt zu füllen. Beachten Sie dabei stets die zuvor bestimmte Zielgruppe und passen Sie den Detaillierungsgrad und die Formulierungen Ihrer Texte entsprechend an. Halten Sie alle notwendigen Qualitätssicherungsmaßnahmen (z. B. Prüfphasen) ein.

3.4.2 Tipps für optimale Arbeitsabläufe beim Erstellungsprozess

Häufig sind es Kleinigkeiten, die zu zeitraubenden Unterbrechungen im Arbeitsablauf führen. Im Folgenden sind einige Tipps zur Optimierung des Arbeitsprozesses und zur zeitoptimierten Anleitungserstellung aufgeführt.

Mit großen Umfängen fertig werden Eine große Menge an Informationen, z. B. zu einer großen Anlage, kann einen schon einmal erschlagen. Machen Sie sich bewusst, dass eine Vielzahl an Informationen vom Gehirn nie auf einmal erschlossen werden kann. Teilen Sie deshalb große Informationsmengen in kleine Informationseinheiten auf.

Das Unterbewusstsein nutzen Nur etwa 10 % unserer Gehirnkapazität nutzen wir bewusst. Die anderen 90 % macht das Unterbewusstsein aus. Doch die Kapazität des Unterbewusstseins können Sie sich folgendermaßen zunutze machen, wenn Sie vor einer komplexen Aufgabe stehen:

- Beschäftigen Sie sich intensiv mit einer konkreten Fragestellung, z. B. „Welche Handlungen muss ich beschreiben?".
- Wenden Sie sich jetzt einer anderen Aufgabe zu und vermeiden Sie es bewusst, über die eigentliche Fragestellung weiter nachzudenken.
- Setzten Sie sich am nächsten Tag hin, um die Handlungen zu beschreiben. Sie werden sehen, dass es Ihnen jetzt viel leichter fällt.

Für den redaktionellen Alltag bedeutet dies:

- Arbeiten Sie möglichst an mehreren Projekten parallel, damit Sie Ihre Gedanken bewusst von dem einen Hauptprojekt, das Sie fordert, ablenken können.
- Nehmen Sie sich vor dem eigentlichen Beginn einer Aufgabe/eines Projektes Zeit, um sich schon einmal mit den Fragestellungen, die dort auftauchen, zu beschäftigen.
- Wenn Sie bei einer Aufgabe nicht weiterkommen, bohren Sie sich nicht darin fest, sondern unterbrechen Sie die Arbeit bewusst und machen Sie etwas anderes.

Den eigenen Biorhythmus beachten Jeder Mensch hat zu verschiedenen Tageszeiten eine unterschiedliche Leistungsfähigkeit, die von seinem Biorhythmus bestimmt wird. Spätestens wenn Sie ein und denselben Satz mehrmals lesen oder schreiben müssen, um den Inhalt korrekt zu erfassen, wird klar, dass Ihre Konzentration auf dem Tiefpunkt ist. Aber niemand kann 100 % Leistung über einen ganzen Tag bringen.

Kämpfen Sie daher nicht gegen Ihren Biorhythmus an. Nutzen Sie Ihre Aktivzeiten für komplexe Aufgaben und erledigen Sie einfache und weniger anspruchsvolle Tätigkeiten in den Zeiten, in denen Sie matter und weniger leistungsfähig sind. Machen Sie möglichst nicht den ganzen Tag das Gleiche, sondern teilen Sie den Tag z. B. auf 2 Projekte auf oder nehmen Sie sich verschiedene Abschnitte einer Anleitung vor. So bleibt Ihr Geist wach und aktiv. Wenden Sie sich einer anderen Aufgabe zu, wenn Sie keine Lust mehr auf das haben, was Sie gerade machen. Machen Sie Pausen, um sich abzulenken und auszuruhen.

Ablenkungen reduzieren Am produktivsten arbeiten Sie, wenn Sie sich voll auf Ihre Aufgabe konzentrieren können und durch nichts abgelenkt werden. Insbesondere das Arbeitsumfeld nimmt großen Einfluss auf Ihr Befinden und somit auf Ihre Konzentrationsfähigkeit. Räumen Sie daher regelmäßig Ihren Schreibtisch auf und organisieren Sie Ihre Unterlagen so, dass Sie sie vom Schreibtisch nehmen können, wenn Sie nicht daran arbeiten. So haben Sie nur die für die Erfüllung der aktuellen Aufgabe notwendigen Unterlagen auf dem Schreibtisch.

Schalten Sie Störquellen ab, wenn Sie komplexe Aufgaben lösen. Stellen Sie sicher, dass Sie weder durch Telefonanrufe, E-Mails oder Besucher abgelenkt werden können.

Unnötige Nacharbeiten vermeiden Unnötige Nacharbeiten verschlingen viel Zeit und verhindern häufig, dass Sie Anleitungen pünktlich fertig stellen und sich dann auf Neues konzentrieren können.

Erstellen Sie daher die Anleitung gleich richtig. Recherchieren Sie umfassend und effizient, siehe *Kap. 3.3 „Recherche“*. Erstellen Sie die Inhalte der Anleitung möglichst nur auf Basis gesicherter Erkenntnisse.

Markieren Sie Sachverhalte, bei denen Sie unsicher sind, und übernehmen Sie diese direkt in einen Fragenkatalog.

Wissen nutzen und erweitern Wissen bedeutet: Ich weiß, wie ich zum Ziel komme. Wichtig ist jedoch, Wissen nicht nur zu haben, sondern es auch anwenden zu können. Erkennen Sie daher Ihre Stärken und auch Schwächen und bauen Sie Ihr Wissen permanent aus. Prüfen Sie, ob Sie Ihr Wissen auch wirklich einsetzen (können), und versuchen Sie stets, den Einsatz Ihres Wissens zu optimieren. Beobachten Sie, an welchen Stellen es hakt, und nutzen Sie Misserfolge, um Wissenslücken aufzudecken.

Zusammenarbeit mit Fachabteilungen optimieren Häufig stellen Missverständnisse oder unklare Zuständigkeitsverhältnisse Stolpersteine im Dokumentationsprozess dar. Das liegt in vielen Fällen an dem Stellenwert, den die Technische Redaktion innerhalb eines Unternehmens einnimmt. Vielfach haben die Redakteure dann das Gefühl, gegen Windmühlen zu kämpfen. Das führt oft dazu, dass Sie als Redakteur Überzeugungsarbeit leisten müssen. Das heißt, dass Sie in der Zusammenarbeit mit den verschiedenen Fachabteilungen (Konstruktion, Fertigung, Einkauf, Vertrieb etc.) selbstbewusst auftreten müssen, um Ihrer Verantwortung nachzukommen.

Deshalb liegt es an Ihnen, mit den Projektbeteiligten aus den anderen Fachabteilungen klar zu kommunizieren, Zielvorgaben abzusprechen, verbindliche Termine zu vereinbaren und deren Einhaltung zu kontrollieren und bei Unsicherheiten klare Vorgaben zu machen. Denn nur so können Sie vermeiden, dass Zeitpläne dadurch gesprengt werden, dass Anleitungen umfangreicher werden als anfangs geplant, Varianten beschrieben werden müssen, die anfangs nicht erwähnt wurden, und umfangreiche Korrekturen notwendig werden.

3.5 Qualitätssicherung

Gemäß GPSG sind Produktinformationen wie z. B. die Anleitung Produktbestandteil. Demnach sind Fehler in der Anleitung gleichzusetzen mit Fehlern am Produkt selbst. Darüber hinaus steht der Hersteller auch in einer Verantwortung, denn der

Kunde muss das Produkt sicher verwenden können. Nicht zu vernachlässigen sind auch die After-Sales-Aspekte: Die Produktinformationen sind die „letzten" und dauerhaftesten Informationen, die der Kunde vom Hersteller bekommt. Dementsprechend sollte die Qualitätssicherung sich nicht nur mit der Qualität des Produktes, sondern auch mit der Qualität der Anleitung befassen. Im folgenden Kapitel zeigen wir auf, wie das gehen kann.

3.5.1 Welche Faktoren bestimmen die Qualität von Technischen Dokumentationen?

Die Qualität von Anleitungen wird hauptsächlich von vier Faktoren beeinflusst:

- Vollständigkeit
- Richtigkeit
- Einheitlichkeit
- Pünktlichkeit

Vollständigkeit Fehlende Informationen können zu Gefahren für den Nutzer oder das Produkt führen und den fehlerfreien Umgang mit dem Produkt erschweren oder verhindern. Daher ist es wichtig, die Vollständigkeit der Anleitung sicherzustellen. Die notwendigen Inhalte einer Betriebsanleitung ergeben sich aus

- den Anforderungen aus Gesetzen, Richtlinien und Normen, siehe *Kap. 2 „Gesetze, Richtlinien und Normen*"
- den notwendigen Informationen, die sich aus den Produktlebenszyklen ergeben
- den Anforderungen, die die Zielgruppe an die Anleitung stellt
- dem, was der Nutzer zur sicheren, fehlerfreien und gefahrlosen Nutzung des Produktes an Informationen benötigt.

Richtigkeit Falsche Informationen in der Anleitung können ebenfalls zu Gefahren für den Nutzer führen. Daher muss die Richtigkeit aller in der Anleitung befindlichen Informationen sichergestellt werden. Ob Informationen richtig und plausibel sind, hängt hauptsächlich von der fachlichen Kompetenz des Redakteurs ab. Denn nur wer zumindest ein technisches Grundverständnis und redaktionelles Wissen hat, kann technische Zusammenhänge und Abfolgen erkennen, Informationen richtig aufbereiten und vermitteln und Fehler identifizieren.

Weiterhin ist eine gute und reibungslose Kommunikation zwischen Technischer Redaktion und Produktentwicklung wichtig. Denn diejenigen, die ein Produkt konzipieren, kennen es am besten und können dem Technischen Redakteur fachliche Auskünfte und Antworten auf seine Fragen liefern.

Die sprachliche Richtigkeit muss ebenfalls sichergestellt sein. Meist wird vor dem Druck der endgültigen Anleitung kein professionelles Lektorat durchgeführt. Eine korrekte Rechtschreibung, Grammatik, Zeichensetzung und Silbentrennung ist jedoch unabdingbar für eine hochwertige Anleitung. Darüber hinaus prüft ein Lektor die Anleitung auch auf inhaltliche Logik, Einhaltung der Vorgaben aus dem

Redaktionsleitfaden, einheitliche Terminologie, korrekte Verweise etc. So wird vermieden, dass durch sprachliche Fehler verursachte Missverständnisse zu Fehlbedienung oder Übersetzungsfehlern und dadurch zu weiteren Kosten führen.

Einheitlichkeit Die Technische Dokumentation ist eine eigene Kommunikationsdisziplin innerhalb eines Unternehmens. Es ist notwendig, für diesen Bereich gesonderte Anforderungen an das Corporate Design und die Corporate Communication zu definieren. Durch einen hohen Grad an Vereinheitlichung wird nämlich nicht nur eine stimmige und wiedererkennbare Unternehmenserscheinung bezweckt, vielmehr können dadurch Fehler reduziert und Kosten gesenkt werden.

Die redakteur- und produktübergreifende Vereinheitlichung in der Technischen Dokumentation sollte sich auf folgende Bereiche beziehen:

- Layout und Format
- Schreibstil und Terminologie
- Formatierung
- Abbildungskonzept
- Struktur
- etc.

Pünktlichkeit Ein weiteres Qualitätskriterium ist die Pünktlichkeit. In der Praxis passiert es immer noch viel zu häufig, dass die Anleitung nicht zum erforderlichen Zeitpunkt bereitsteht. In einigen Fällen kann es sogar sein, dass eine Anleitung ausgeliefert wird, obwohl sie eigentlich noch gar nicht fertig ist. Damit ist sie zwar pünktlich, hilft dem Nutzer aber auch nicht.

Um eine Anleitung pünktlich und qualitativ hochwertig fertig stellen zu können, muss der Dokumentationsprozess ebenso wie der Konstruktions- und Fertigungsprozess des Produktes geplant werden. Dabei gilt es, von Anfang an eine realistische Zeitplanung zu erstellen, zu festgelegten Terminen den Bearbeitungsstand zu prüfen, mit der Zeitplanung abzugleichen und eventuell zu intervenieren, falls es zu einem Bearbeitungsverzug kommt. Nur so kann eine pünktliche Lieferung qualitativ hochwertiger Anleitungen gewährleistet werden.

3.5.2 Durch welche Prozesse und Systeme kann die Qualität sichergestellt werden?

Bei der Erstellung von Anleitungen hilft die Implementierung verschiedener Prozesse und/oder Systeme. Vorrangig dabei ist grundsätzlich die personelle Besetzung des Qualitätsmanagements in der Technischen Redaktion. Dies kann durch interne oder externe personelle Ressourcen erfolgen. Das Qualitätsmanagement sollte zumindest durch einen Qualitätsmanager und einen Lektor besetzt werden. In kleinen Redaktionen können diese Aufgaben im Zweifelsfall auch Redakteure übernehmen.

Der Qualitätsmanager sollte Erfahrungen in der Erstellung Technischer Dokumentationen sowie in redaktionellen Abläufen haben. Er hat folgende Aufgaben:

- Erarbeitung und Implementierung von einzuhaltenden Qualitätskriterien (Vollständigkeit, Richtigkeit, Einheitlichkeit, Pünktlichkeit) und Standards in der Technischen Redaktion (dazu weiter unten mehr)
- Erarbeitung sinnvoller Dokumentationsprozesse mit festen Meilensteinen und Prüfphasen
- Prüfung aller erstellten Anleitungen auf Plausibilität sowie die Einhaltung der Qualitätskriterien und Standards.

Der Lektor muss die Regeln der Quellsprache sicher beherrschen und in der Lage sein, ein Korrektorat durchzuführen. Er übernimmt folgende Aufgaben:

- Korrektorat der Anleitung, d. h. Prüfung der Rechtschreibung, Grammatik, Zeichensetzung und Silbentrennung
- Prüfung der Anleitung auf terminologische Einheitlichkeit und Einhaltung der Vorgaben des Redaktionsleitfadens hinsichtlich der Formulierungsregeln
- Prüfung der Anleitung auf Plausibilität und Nachvollziehbarkeit

Neben der personellen Besetzung des Qualitätsmanagements kann die Qualität von Anleitungen durch den Einsatz sinnvoller Systeme gefördert und unterstützt werden. Das sind einerseits klassische Redaktionssysteme (siehe *Kap. 9 „Anleitungen modular erstellen“*) und andererseits spezielle Sprachprüfsysteme. Diese Systeme basieren auf linguistischer Software, die Texte mit vordefinierten Sprachregeln abgleicht. Hierdurch bekommen Sie neben der verbreiteten automatischen Rechtschreibprüfung eine weitere Hilfe, um einheitliche Formulierungsregeln, wie sie in *Kap. 5 „Anleitungen formulieren“* beschrieben sind, leichter einhalten zu können.

Vollständigkeit sicherstellen Um die Anleitungen auf Vollständigkeit zu prüfen, ist es notwendig, im Vorhinein die notwendigen Inhalte zu definieren. Dabei hilft eine Checkliste, in der die notwendigen Inhalte bei der Prüfung nur noch „abgehakt“ werden müssen. Sie erhalten gleichzeitig eine vollständige Liste noch fehlender Inhalte, die vom Redakteur abgearbeitet werden kann. Bei der Erstellung einer solchen Checkliste müssen alle Lebensphasen des Produktes betrachtet, alle relevanten Normen und Richtlinien sowie die Recherchecheckliste, die Risikobeurteilung bzw. Zündquellenanalyse auswertet werden.

Weiterhin helfen klare Vorgaben wie beispielsweise Standardtexte und festgelegte Kapitelstrukturen dabei, die Anleitung auf Vollständigkeit zu prüfen. Diese Vorgaben können entweder direkt im System implementiert werden (z. B. in Form von Standardmodulen oder Kapitelstrukturen als Kopiervorlagen) oder beispielsweise im Redaktionsleitfaden festgehalten werden.

Richtigkeit sicherstellen Um die Richtigkeit der Anleitung zu prüfen, werden zunächst Prüfphasen festgelegt. Die folgenden Prüfphasen stellen das Optimum in der Qualitätssicherung von Anleitungen dar:

- Entwurfsprüfung
  Die Entwurfsprüfung findet statt, wenn der Redakteur die vollständige Kapitelstruktur, das Kapitel „Aufbau und Funktion“ sowie ein handlungsorientiertes Kapitel (z. B. ein Unterkapitel des Hauptkapitels „Betrieb“ oder „Wartung“) erstellt hat. Durch die Entwurfsprüfung können insbesondere Fehler in der Kapitel-

struktur oder fehlende Kapitel frühzeitig identifiziert sowie eventuell bestehende Unklarheiten besprochen werden. Mögliche notwendige Änderungen können in dieser Dokumentationsphase noch ohne hohen Aufwand umgesetzt werden.
Der Entwurfsprüfung durch den Qualitätsmanager folgt ein persönliches Gespräch mit dem zuständigen Redakteur, in dem die einzelnen Punkte besprochen werden. Eventuell ist es darüber hinaus notwendig, die Konstruktion bei einzelnen Fragen hinzuzuziehen, um alle Unklarheiten auszuräumen.

- Zwischenprüfung
  Die Zwischenprüfung dient dazu, den aktuellen Stand der Anleitung zu erfassen und einen Abgleich mit der Zeitplanung durchzuführen. Sie ist optional und empfiehlt sich vor allem bei umfangreichen Anleitungen. In dieser Phase können noch Änderungen eingefügt und ggf. offene Fragen geklärt werden.
- Technische Prüfung
  Die Prüfung der Anleitung durch Zuständige aus der Produktentwicklung ist hinsichtlich der technischen Richtigkeit besonders wichtig. Hierbei geht es jedoch nur darum, die technischen Beschreibungen in der Anleitung auf Richtigkeit zu prüfen. Redaktionelle Aspekte oder bestimmte Formulierungen in Handlungsbeschreibungen spielen hierbei keine Rolle.
  Dies stellt häufig ein Problem dar, da in vielen Fällen die Zuständigen aus der Produktentwicklung bestimmte Formulierungen oder Strukturen kommentieren und korrigieren, da sie es selbst anders formuliert oder dargestellt hätten. Doch die Formulierung und Strukturierung der Anleitung liegt klar in der Hand des Redakteurs. Bei der technischen Prüfung muss daher der Blick ausschließlich auf die Richtigkeit der Beschreibung technischer Sachverhalte und Abfolgen gerichtet sein.
- Endprüfung und Lektorat
  Wurden alle Änderungen, die sich in den vorangegangenen Prüfphasen ergeben haben, eingearbeitet, erfolgt die Endprüfung der Anleitung durch den Qualitätsmanager sowie das anschließende Endlektorat. Dabei sollte die Anleitung erst ins Lektorat gegeben werden, wenn keinerlei inhaltliche Änderungen mehr anstehen. Nach dem Lektorat setzt der Redakteur selbst die Korrekturen aus dem Lektorat um. Dies hat zwei Gründe: Zum einen gibt sich der Redakteur bereits bei der Erstellung der Texte mehr Mühe hinsichtlich sprachlicher Korrektheit und Präzision, um einen hohen Korrekturaufwand zu verhindern, zum anderen lernt der Redakteur so bei jeder Korrektur, was sich wiederum positiv auf die folgenden Dokumentationsprojekte auswirkt.

Die Prüfphasen können effektiver gestaltet werden, wenn man sie in einem System automatisiert. So können beispielsweise in einigen Redaktionssystemen

- Prüfstatus vergeben werden, anhand derer jederzeit erkennbar ist, in welcher Dokumentationsphase sich das Projekt aktuell befindet;
- Prüfroutinen mit Kommentarservice im System integriert werden, so dass auch abteilungsübergreifende oder parallele Prüfungen möglich sind;
- Freigabeprozesse im System ermöglicht werden, so dass beispielsweise Prüfungen nur bei gleichzeitiger Bearbeitungssperre durchgeführt werden können und die Freigabe erst nach durchgeführter Prüfung erfolgt.

Einheitlichkeit sicherstellen Die Einheitlichkeit lässt sich nur prüfen, wenn im Vorhinein definiert wurde, was einheitlich sein soll. Dabei hilft die Erstellung eines Redaktionsleitfadens, siehe *Kap. 10 „Redaktionsleitfaden“*. Weiterhin können schon im System Strukturen vorgegeben werden, etwa durch

- Textbausteine/Vorlagen (z. B. für Sicherheitshinweise)
- Standardtexte
- XML-Strukturen (DTD)
- Authoring Memory (Vorschläge ähnlicher oder identischer Inhalte während des Schreibens)

Durch einen hohen Grad an Vereinheitlichung auch redakteurübergreifend können Fehler, Prüfaufwand sowie Übersetzungskosten reduziert werden.

Als weiterer wichtiger Punkt sei an dieser Stelle die einheitliche Terminologie genannt. In vielen Unternehmen haben sich in verschiedenen Abteilungen unterschiedliche Benennungen für Bauteile ergeben, die dann wiederum nicht mit denen in Stücklisten oder Ersatzteilkatalogen übereinstimmen. Dies führt häufig zu Verwirrungen und zu unnötig erhöhten Übersetzungskosten. Daher ist es wichtig, die Terminologie unternehmensweit zu vereinheitlichen. Dies ist meist mit einem immensen Aufwand verbunden, der meist neben dem Tagesgeschäft bewerkstelligt werden muss. Unterstützung bei diesem Unterfangen bieten beispielsweise Terminologie-Tools, in denen die vereinheitlichten Begriffe eingetragen werden und dann abteilungs- und redakteurübergreifend abrufbar sind.

Pünktlichkeit sicherstellen Um eine pünktliche Fertigstellung der Anleitung zu erzielen und unnötige Verzögerungen im Dokumentationsprozess zu vermeiden, bedarf es einer konsequenten und vor allen Dingen realistischen Projektplanung. Dabei müssen neben den terminlichen Projektgrenzen (Start- und Auslieferungstermin) die zeitlichen und personellen Aufwände der Qualitätsprüfungen sowie für eventuell notwendige Übersetzungen in den Projektablauf aufgenommen werden.

Hilfreich ist es, ein Kick-Off-Meeting zum Projektstart mit allen an dem Projekt Beteiligten (z. B. aus den Bereichen Konstruktion, Fertigung, Dokumentation, Planung, Einkauf etc.) durchzuführen und bei diesem Meeting den gesamten Projektplan aufzustellen. So können alle Ressourcen realistisch eingeplant werden. Darüber hinaus sind alle am Projekt Beteiligten gleichermaßen über den Ablauf informiert und können ihre Arbeitsabläufe entsprechend ausrichten. Regelmäßige Meetings während des Projektverlaufes dienen dann zum Abgleich des Projektplans mit dem Ist-Stand.

3.6 Übersetzung

Wie bereits erwähnt muss die Anleitung in der oder den Sprachen des Verwenderlandes ausgeliefert werden. Übersetzungen bilden daher einen wichtigen Schritt im Dokumentationsprozess und müssen bereits bei der Projektplanung zeitlich realistisch eingeplant werden. Für die Planung sind folgende Schritte zu beachten:

- Vorbereitung der Übersetzung
  Die zu übersetzenden Dateien müssen für den Übersetzungsprozess zusammengestellt werden.
- Übersetzung
  Die Texte müssen in die benötigte(n) Sprache(n) übersetzt werden.
- Prüfung der Übersetzung
  Die Übersetzung muss auf Vollständigkeit und Plausibilität geprüft werden.
- Formatierung der Übersetzung
  Die übersetzten Anleitungen müssen in der Regel nachformatiert werden, da die Texte in den Fremdsprachen häufig andere Laufweiten haben. So muss mindestens der Seitenumbruch überarbeitet werden. Weiterhin müssen eventuell sprachabhängige Abbildungen noch im bereits übersetzten Dokument ausgetauscht und Textbezüge auf Inhalte dieser Abbildungen angepasst werden.

Übersetzungen von Anleitungen sollten stets von technisch versierten Muttersprachlern vorgenommen werden. Besonders im technischen Bereich werden häufig spezielle Fachtermini verwendet, die Nicht-Muttersprachler meist nicht kennen.

Doch nicht nur die fachlich korrekte Übersetzung der erstellten Texte selbst, sondern auch die terminologische Vorarbeit des Redakteurs bei der Erstellung des Quelltextes ist von größter Bedeutung. Durch eine klare Terminologie im Quelltext werden nicht nur Redaktions- und Übersetzungskosten durch Wiederverwendung reduziert und Mehraufwände wegen Fehlern und Missverständnissen vermieden, vielmehr werden dadurch auch eine Steigerung der Qualität durch Einheitlichkeit und Zuverlässigkeit erzielt sowie Haftungsrisiken minimiert, siehe *Kap. 5.8 „Übersetzungsgerecht schreiben“*.

Weiterhin muss bei der Erstellung der Quelltexte darauf geachtet werden, dass möglicherweise textlastige Abbildungen (z. B. Screenshots, Abbildungen von Menüs) Einfluss auf die Übersetzungen haben.

Daher sollte die Übersetzung einer Technischen Dokumentation erst angestoßen werden, wenn der Quelltext fertiggestellt und freigegeben ist. Nur so können zeitintensive nachträgliche Beauftragungen zusätzlicher Übersetzungsarbeiten vermieden werden.

Viele Systeme unterstützen auch den Übersetzungsprozess, siehe *Kap. 9.3.6 „Übersetzungsmanagement“*.

3.7 Stolpersteine

Häufig läuft ein Dokumentationsprozess nicht optimal, so dass es entweder zu Verzögerungen des Liefertermins oder zu Einbußen bei der Qualität kommt. Es gibt zahlreiche Stolpersteine, die während des Dokumentationsprozesses auftreten können:

- Unrealistische Projektplanung
  Die Projektplanung entscheidet bereits zum Projektstart über ein Gelingen oder Scheitern eines Dokumentationsprozesses. Werden die Zeiten für die

einzelnen Prozessschritte unrealistisch vergeben, führt das nicht nur zu zeitlichen und qualitativen Problemen, vielmehr frustriert es auch die Dokumentationsbeteiligten, wenn sie den zeitlichen Anforderungen nicht gerecht werden können.

- Unklare Zuständigkeiten
  Werden Zuständigkeiten nicht klar vergeben, kann der gesamte Projektplan ins Wanken geraten. Wer sich nicht zuständig fühlt, wird Arbeiten auch nicht übernehmen. Nur durch klare Aufgabenverteilungen und feste Zuständigkeiten kann ein Projektplan effizient eingehalten werden.
- Problematische Kommunikation
  In vielen Unternehmen ist es immer noch so, dass die Technische Redaktion nur einen geringen Stellenwert einnimmt. Dies spiegelt sich häufig in einer problematischen Kommunikation zwischen verschiedenen Fachabteilungen wider (z. B. Technische Redaktion – Marketing, Technische Redaktion – Konstruktion). Um hier eine gleichberechtigte Kommunikation zu ermöglichen, muss (auch und gerade von der Unternehmensleitung) kommuniziert werden, dass die Technische Redaktion niemandem mehr Arbeit verschafft, sondern im Gegenteil Arbeit abnimmt.
- Fehlendes Wissen
  Häufig ist die Technische Redaktion in einem Unternehmen mit Personen besetzt, die keine Ausbildung in diesem Bereich haben. Aufgrund von fehlendem Fachwissen kommt es dann dazu, dass die Anleitungen die gesetzlichen, normativen und qualitativen Anforderungen nicht erfüllen. Daher ist es notwendig, fachlich gut ausgebildete Personen in der Technischen Redaktion zu beschäftigen bzw. den Redakteuren die Freiräume und Mittel zur Verfügung zu stellen, um sich fachlich weiterzubilden.

Wichtig ist es, die Stolpersteine zu erkennen und nach Optimierungslösungen zu suchen. Dabei empfiehlt es sich, nach jedem Projekt, das nicht optimal gelaufen ist, die Ursachen zu erforschen.

3.8 Prozesse optimieren

Wurden Stolpersteine im Dokumentationsprozess entdeckt oder wurde Optimierungspotential in den bisherigen Prozessen erkannt, geht es darum, die Prozesse möglichst zeitnah zu optimieren.

Viele Prozesse lassen sich mit Hilfe von Automatisierungstechniken standardisieren und verbessern, siehe *Kap. 12.4.2 „Automatisierung“*. Weiterhin können durch feste Vorgaben beispielsweise in Form von einem Redaktionsleitfaden, siehe *Kap. 10 „Redaktionsleitfaden“*, Unklarheiten vermieden und Missverständnissen vorgebeugt werden.

Im Fokus der Prozessoptimierung sollten messbare und nachvollziehbare Ziele stehen. Dies lässt sich im Hinblick auf die Projektplanung beispielsweise anhand konkreter Werte bei der zeitlichen Einhaltung des Projektplans entwickeln. Dadurch bekommt man einen Überblick darüber, ob bestimmte Optimierungsmaßnahmen tatsächlichen Einfluss auf die Bearbeitungszeiten eines Dokumentationsprojektes haben. Im Bereich der Qualitätssicherung ist es sinnvoll, Korrektur- und Nacharbeitungszeiten zu erfassen, um auch in diesem Bereich positive Einflüsse von Optimierungsmaßnahmen nachvollziehen zu können.

Kapitel 4
Inhalte der Anleitung

In diesem Abschnitt werden anhand einer Beispiel-Kapitelstruktur die Inhalte einer Anleitung aufgezeigt, erläutert und mit Beispielen versehen. Die Struktur ist aufgrund der Anforderungen aus den in Kap. 2 genannten Gesetzen, Richtlinien und Normen entstanden. Je nach Produkt und Zielgruppe kann es sein, dass einige Abschnitte nicht zutreffen und entfallen oder neue Abschnitte hinzukommen. Ebenso ist die Reihenfolge der Kapitel nicht dogmatisch zu sehen. Hier können Änderungen je nach Anwendungsfall durchaus sinnvoll sein.

Abhängig vom Produkt ist auch vorstellbar, dass bestimmte Inhalte stark verkürzt wiedergegeben werden, z. B. weil die Verpackung des Produktes nur eine extrem kompakte Anleitung zulässt. Wichtig sind in jedem Fall die kritische Betrachtung der Inhalte und die Adaption der Standardstruktur auf das betreffende Produkt.

> Bei den im Folgenden beschriebenen Inhalten entstammen die meisten den Forderungen aus EG-Richtlinien oder Normen. Einige wenige stehen dort, weil sie sinnvoll sind, aber in keinem Regelwerk explizit genannt werden. Diese „freiwilligen" Forderungen sind mit einem * gekennzeichnet.

4.1 Deckblatt

Eigentlich würde man denken, dass man beim Deckblatt nicht viel falsch machen kann. Doch hier gibt es einige Mindestangaben, die man beachten sollte.

Bezeichnung der Anleitung* Zunächst einmal sollte die Bezeichnung des Dokumentes, also z. B. „Bedienungsanleitung", hier stehen. Nur so ist jedem klar, was er von dem Dokument erwarten sollte. Je nach Branche haben sich hier unterschiedliche Begriffe etabliert, siehe Tabelle in *Kap. 1.2 „Arten von Technischer Dokumentation"*.

Vermerk „Originalbetriebsanleitung" Die Maschinenrichtlinie fordert zusätzlich die Kennzeichnung der Anleitung mit dem Begriff „Originalbetriebsanleitung", wenn es sich um die sprachliche Urfassung handelt, bzw. bei der Übersetzung „Übersetzung der Originalbetriebsanleitung". Ich persönlich bevorzuge es, diese

L. Kothes, *Grundlagen der Technischen Dokumentation*,
DOI 10.1007/978-3-642-14668-8_4, © Springer-Verlag Berlin Heidelberg 2011

Kennzeichnung nicht mit dem Titel gleichzusetzen und stattdessen klein z. B. im Impressum auf der 2. Seite zu bringen.

Produktbezeichnung Hier soll die möglichst allgemeinverständliche Bezeichnung des Produktes stehen, z. B. „Drehmaschine“. Nicht so gut finde ich es, wenn das Produkt einen schicken Markennamen hat, der keine Rückschlüsse auf die Art des Gerätes zulässt. Wenn z. B. auf dem Deckblatt nur „Heinzelmann“ steht, weiß niemand, dass das die Anleitung für einen Staubsauger ist. Besser wäre es also, „Bodenstaubsauger Heinzelmann“ zu schreiben.

Typenkennzeichnung Neben der Bezeichnung gibt es bei den meisten Produkten eine Typenkennzeichnung, die z. B. unterschiedliche Varianten einer Produktreihe voneinander abgrenzt. Diese sollte ebenfalls auf dem Deckblatt zu finden sein. Wenn die Anleitung mehrere Typen abdeckt, sollte eindeutig erkennbar sein, für welche Typen die Anleitung gilt, z. B. „XY001 bis XY005“.

Eine Anleitung für mehrere Typen Wenn eine Anleitung gleichzeitig führ mehrere Ausführungen gilt, ist dies immer kritisch, denn es besteht die Gefahr, dass der Nutzer von den verschiedenen Optionen erschlagen wird und nicht mehr in der Lage ist festzustellen, welche Teile der Anleitung für ihn relevant sind und welche nicht. Man sollte also versuchen, gar keine oder nur wenige Varianten in einer Anleitung zusammenzufassen. Außerdem müssen die variantenabhängigen Inhalte klar erkennbar sein. Sie müssen so gekennzeichnet werden, z. B. mit Fußnoten (obwohl ich Fußnoten in einer Anleitung hasse!), dass eine Zuordnung zu der betreffenden Variante möglich ist.

Eine Möglichkeit, den Variantenwust in der Anleitung zu vermeiden, kann das Publizieren variantenabhängiger Anleitungen mittels Redaktionssystem sein, siehe *Kap. 9.1.4 „Redaktionssysteme“*.

Herstellerangabe* Wichtig zur Identifizierung der Anleitung ist auch die Angabe des Herstellers, entweder in Textform oder mit Firmenlogo. Das macht auch aus Marketingsicht Sinn.

Produktabbildung* Es ist keine normative Forderung, das Produkt auf dem Deckblatt abzubilden. Ich finde es aber deshalb gut, weil es hilft, die Anleitung wiederzuerkennen und schneller zu finden.

Weitere Angaben* Neben den oben genannten Pflichtangaben können ggf. noch weitere Informationen auf dem Deckblatt untergebracht werden. So können z. B. bestimmte Qualitätszeichen oder Prüfsiegel dargestellt werden oder eine Aufforderung, die Anleitung vor Beginn der Arbeiten zu lesen. Dies sollte aber sparsam erfolgen, um das Deckblatt nicht mit Informationen zu überfrachten.

Anleitungen ohne Deckblatt* Falls eine Anleitung besonders kompakt sein soll, kann man das Deckblatt auch weglassen. Dann müssen die oben genannten Angaben aber dennoch erscheinen, z. B. in der Kopfzeile.

4.2 Impressum

Eigentlich benötigt eine Anleitung nicht unbedingt ein Impressum, wie es bei einem Buch der Fall ist. Dennoch plädiere ich dafür, bestimmte „Metadaten" zur Anleitung entweder unten auf dem Deckblatt oder ganz weit vorne in der Anleitung z. B. auf S. 2 zusammenzufassen. Das Impressum sollte folgende Informationen enthalten:

Hersteller Wichtig ist die Angabe der vollständigen Herstelleranschrift, die idealerweise um Telefonnummer, Fax, E-Mail- und Internetadresse ergänzt wird.

Hotline, Kundendienst Wenn es neben der Herstelleradresse zusätzliche Service-Adressen oder Telefonnummern gibt, sollten diese ebenfalls angegeben werden.

Datum/Stand der Dokumentation* Hier geht es darum, unterschiedliche Versionsstände eindeutig voneinander unterscheiden zu können. Das kann bei Reklamationen helfen, aber auch die interne Kommunikation vereinfachen.

Dokumentennummer* In vielen Firmen bekommt die Anleitung eine Bestellnummer oder eine von irgendeinem System vergebene Dokumentennummer. Diese sollte hier auftauchen.

4.3 Inhaltsverzeichnis

Nahezu jede Anleitung benötigt ein Inhaltsverzeichnis. Dieses sollte nur dann wegfallen, wenn die Anleitung lediglich ein paar Seiten umfasst und von sich aus schon überschaubar ist.

Auflösung* Das Inhaltsverzeichnis sollte möglichst alle Überschriften beinhalten, die in der Anleitung vorkommen. Anders als z. B. bei wissenschaftlichen Werken macht es in den meisten Fällen keinen Sinn, das Inhaltsverzeichnis nur bis zu einer bestimmten Überschriftenebene aufzulösen. Es ist schließlich zu erwarten, dass ein Nutzer in der Anleitung nach genau diesen Detailinformationen suchen wird.

Automatische Generierung In den Normen findet man die Forderung, dass Überschriften und Seitenzahlen im Inhaltsverzeichnis mit denen in der Anleitung übereinstimmen. Das sollte dank automatischer Generierung kein Problem darstellen. Andersherum ist völlig klar, dass es nicht sinnvoll ist, ein Inhaltsverzeichnis von Hand zu erstellen. Der Pflegeaufwand wäre einfach zu hoch.

4.4 Allgemeines

Zu Beginn der eigentlichen Anleitung sollte es ein Kapitel geben, in dem der Nutzer die relevanten Informationen zur vorliegenden Anleitung finden kann. Wir haben es „Allgemeines" genannt. Es könnte aber auch „Vorwort" oder „Über diese Anleitung" heißen. Wichtig ist lediglich, dass man die folgenden Informationen am Anfang, also vor dem eigentlichen Inhalt der Anleitung, finden kann.

4.4.1 *Informationen zu dieser Anleitung*

Dieser Abschnitt stellt die eigentliche Einleitung dar und dient dazu, die folgenden Grundlagen klarzustellen:

Verwendung der Anleitung Hier sollte der Nutzer zunächst einmal darauf hingewiesen werden, wozu die Anleitung überhaupt dient, z. B.: „Diese Anleitung ermöglicht den sicheren und effizienten Umgang mit der Maschine."

Weiterhin sollte die Zielgruppe festgelegt werden, z. B.: „Das Personal muss diese Anleitung vor Beginn aller Arbeiten sorgfältig durchgelesen und verstanden haben."

Außerdem kann man noch die Wichtigkeit der sicherheitsrelevanten Informationen hervorheben, z. B.: „Grundvoraussetzung für sicheres Arbeiten ist die Einhaltung aller angegebenen Sicherheitshinweise."

Aufbewahrungsort der Anleitung Es muss auch klar festgelegt werden, wo die Anleitung aufbewahrt werden muss, damit der Zugang für alle relevanten Nutzerkreise möglich ist. Wenn es ein spezielles Fach für die Anleitung gibt, dann sollte es an dieser Stelle erwähnt werden. Falls nicht, hilft auch ein allgemeiner Hinweis, wie z. B.: „Die Anleitung ist Bestandteil der Maschine und muss in unmittelbarer Nähe der Maschine für das Personal jederzeit zugänglich aufbewahrt werden."

Unfallverhütungsvorschriften Bei technischen Arbeitsmitteln kann man zusätzlich auf die nationalen Unfallverhütungsvorschriften hinweisen. Hier haben wir die Situation, dass das Recht der Produktsicherheit in der EU harmonisiert ist und somit ein einheitlicher Standard existiert, dies aber beim Arbeitsschutz nicht der Fall ist. Deshalb kann man hier nur auf die nationalen Regelungen verweisen. Es ist also die Aufgabe des Nutzers oder seines Vorgesetzten, sich über diese Regelungen zu informieren. Bei zurzeit 27 Mitgliedstaaten der EU ist es für den Technischen Redakteur jedenfalls kaum möglich, sich in die jeweiligen Arbeitsschutzgesetze des Ziellandes einzuarbeiten. Hier könnte demnach folgender Hinweis stehen: „Es gelten zusätzlich zu den Hinweisen in dieser Anleitung die örtlichen Unfallverhütungsvorschriften und die nationalen Arbeitsschutzbestimmungen."

Weitere Hinweise* Falls der Aufbau oder die Darbietung der Anleitung es erfordern, ist hier ein guter Platz, um weitere Informationen loszuwerden. So könnte z. B. hier stehen, dass die Anleitung ein Teil von 3 Bänden ist und nur in Verbindung mit den beiden anderen Bänden gilt.

4.4.2 *Symbolerklärung*

Da man nicht von selbsterklärenden Symbolen ausgehen kann, sollten die in der Anleitung zugrundeliegenden gestalterischen Konventionen an dieser Stelle erläutert werden.

Sicherheitshinweise Sicherheitshinweise sollen typografisch hervorgehoben und ggf. mit Symbolen versehen werden. Dementsprechend sollte an dieser Stelle

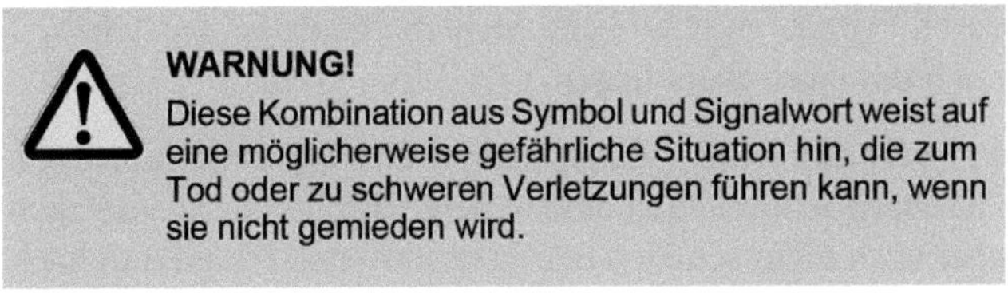

Abb. 4.1 Beispiel für die Erklärung von Sicherheitshinweis und Signalwort

beschrieben werden, woran man einen Sicherheitshinweis erkennt und was die verschiedenen Warnsymbole bedeuten.

Die Sicherheitshinweise werden üblicherweise mit bestimmten Signalworten eingeleitet, anhand derer der Nutzer die Intensität der Gefährdung einschätzen kann. Die Bedeutung dieser Signalworte muss ebenfalls erklärt werden (Abb. 4.1).

Weitere typografische Konventionen* In der Anleitung sollten bestimmte Arten von Inhalten auch immer gleich formatiert sein. Damit der Nutzer nachschlagen kann, was ein bestimmtes Stilelement bedeutet, sollten hier die wichtigsten erläutert werden. Die können z. B. sein:

- Handlungsanweisungen
- Tipps und Zusatzinformationen
- Tastenbezeichnungen
- Menüpfade
- Querverweise

*4.4.3 Haftungsbeschränkung**

Eigentlich sind die Fronten klar: Der Hersteller haftet für alles, was er in die Anleitung schreibt oder was er fälschlicherweise vergessen hat in die Anleitung zu schreiben, und der Nutzer haftet für die Missachtung der Hinweise des Herstellers.

Ich finde es aber fair, wenn man diese Tatsache in der Anleitung noch einmal klarstellt. So weiß der Nutzer, woran er ist, und kann im Zweifel nicht behaupten, man hätte ihn darüber nicht aufgeklärt.

Dabei ist mir aber wichtig, dass man hier nicht eine Unmenge juristisch formulierten Textes vorfindet, sondern wirklich nur einen kurzen Hinweis.

Was man ausschließen sollte* Hier eine Liste von Punkten, die aus der Haftung des Herstellers ausgeschlossen werden sollten:

- Nichtbeachtung dieser Anleitung
- Nichtbestimmungsgemäße Verwendung
- Einsatz von nicht ausgebildetem Personal
- Verwendung nicht zugelassener Ersatzteile

Eigenmächtige Umbauten Was hier auf keinen Fall fehlen darf, ist das Verbot jeglicher technischer Veränderungen am Produkt durch den Nutzer. Schließlich können durch Umbauten erhebliche Sicherheitsmängel entstehen, die nicht im Einflussbereich des Herstellers liegen.

Verweis auf AGB* Es ist nicht unbedingt erforderlich, hier auf die Allgemeinen Geschäftsbedingungen oder andere vertragliche Grundlagen zu verweisen. Es kann aber auch nicht schaden und in bestimmten Fällen durchaus nützlich sein.

Unwirksame Klauseln unterlassen In einigen Anleitungen findet man in diesem Zusammenhang Klauseln wie diese: „Wir haben uns bei der Erstellung dieses Handbuchs große Mühe gegeben, übernehmen aber keinerlei Haftung für Schäden, die sich aus fehlerhaften Inhalten ergeben."

Lassen Sie solche Sätze lieber ganz weg. Sie haben keinerlei rechtliche Relevanz, denn natürlich haftet der Hersteller für Instruktionsmängel, siehe auch *Kap. 2.3 „Produkthaftung"*. Ich finde es auch nicht gut, auf diese Art zu vermitteln, dass man sich entgegen der Behauptung eben keine Mühe mit der Anleitung gegeben hat. Auf einige Nutzer kann dieser Satz sogar einschüchternd wirken. Und das will ja sicher keiner.

4.4.4 Urheberschutz

Anleitungen unterliegen dem Urheberschutz. Das ist an sich selbstverständlich. Man sollte die Nutzer aber darauf hinweisen. Der Urheberschutz in Bezug auf Texte schützt übrigens nur den genauen Wortlaut eines Werkes. Sie haben also keine Möglichkeit, einen Wettbewerber daran zu hindern, Ihre Kapitelstruktur und Handlungsfolgen zu übernehmen, es sei denn, er schreibt wirklich Wort für Wort ab. Dann greift der Urheberschutz.

Einfacher Copyright-Vermerk In jeder Anleitung sollte zumindest ein einfacher Copyright-Vermerk stehen, z. B.: „© Hersteller GmbH 2010".

Zusätzliche Erläuterungen* Bei umfangreicheren Anleitungen sollte es noch die eine oder andere Erklärung zum Urheberschutz geben, z. B.:

„Die Überlassung dieser Anleitung an Dritte, Vervielfältigungen in jeglicher Art und Form – auch auszugsweise – sowie die Verwertung und/oder Mitteilung des Inhaltes sind ohne schriftliche Genehmigung nicht gestattet."

Lockerung der Urheberschutzes* Manchmal kann es sinnvoll sein, den oben recht streng formulierten Urheberschutz zu lockern. So könnte man die innerbetriebliche Vervielfältigung der Anleitung z. B. zu Schulungszwecken erlauben. Das wäre der Sicherheit zuträglich und hätte keine negativen Auswirkungen.

4.4.5 Garantie und Gewährleistung

Es ist eine klare normative Forderung, in der Anleitung Aussagen zu den Garantiebestimmungen zu machen. Man muss hier übrigens zwischen der gesetzlich vorgegebenen Gewährleistungszeit und der darüber hinausgehend freiwillig vom Hersteller gegebenen Garantie unterscheiden. Beides sollte in dem Abschnitt behandelt werden, den wir im Folgenden „Garantiebestimmungen" nennen.

Hier sollte man grundsätzlich zwischen Verbraucherprodukten und industriell eingesetzten Produkten (technische Arbeitsmittel) unterscheiden.

Garantiebestimmungen sollten übrigens grundsätzlich von einem Spezialisten (in der Regel Fachanwalt) formuliert werden. Ein Technischer Redakteur ist hiermit in jedem Fall überfordert, da er die juristischen Konsequenzen nicht abschätzen kann.

Gewährleistungs- und Garantiebestimmungen für Verbraucherprodukte Bei Verbraucherprodukten stehen die Nutzer im Garantiefall recht allein da und müssen sich selbst um die Durchsetzung ihrer Garantieansprüche kümmern. Daher ist hier sehr wichtig, dass die Anleitungen Informationen zu den Garantieleistungen bzw. zu den Rahmenbedingungen zum Erhalt der gesetzlich festgelegten Gewährleistung enthalten. Natürlich kann es auch ein separates Blatt mit den Garantiebestimmungen geben. Auf dieses sollte dann verwiesen werden.

Gewährleistungs- und Garantiebestimmungen für technische Arbeitsmittel Bei industriell eingesetzten Produkten ist der Nutzer in der Regel nicht derjenige, der das Produkt angeschafft hat. Im Garantiefall wird er sich an eine übergeordnete Abteilung wenden. Außerdem sind die Garantiebedingungen oft Teil der Verhandlung. Deshalb ist es hier nicht unbedingt erforderlich, den Garantietext in die Anleitung aufzunehmen. Gut ist aber, wenn hier steht, wo die Bestimmungen nachzulesen sind, also z. B. in den Verkaufsunterlagen.

4.5 Sicherheit

Das Kapitel „Sicherheit" hat eine zentrale Bedeutung in der Anleitung. Hier wird der Nutzer mit allen sicherheitsrelevanten Informationen versorgt, die er grundsätzlich benötigt, um mit dem Produkt umzugehen. Dabei ist zu beachten, dass auch in den weiteren, insbesondere handlungsbezogenen Kapiteln sicherheitsrelevante Informationen enthalten sind. Man muss also immer gut überlegen, welche sicherheitsrelevanten Inhalte in das Sicherheitskapitel kommen und welche in den Handlungskapiteln erscheinen. Besonders kritisch sind dabei redundante, also mehrfach vorkommende, Hinweise.

Grundsätzlich sollte man sich bemühen, Redundanzen zu vermeiden und die Handlungen nicht mit Sicherheitshinweisen zu erdrücken. Andererseits ist es auch nicht ausreichend, ausschließlich im Sicherheitskapitel auf Gefahren hinzuweisen und in den Handlungen völlig darauf zu verzichten. Die Lösung liegt wie so oft in der Mitte. Man braucht ein wenig Gefühl dafür, die richtige Aufteilung zu treffen.

Wichtig ist zu wissen, dass im Sicherheitskapitel die grundlegenden Informationen stehen sollen, die über alle Lebensphasen und in allen Situationen zu beachten sind. Nicht ins Sicherheitskapitel gehören Hinweise, die nur eine bestimmte Lebensphase (z. B. den Transport) betreffen oder die nur in einer bestimmten Bediensituation zu beachten sind. Wenn man sich z. B. beim Herausnehmen eines Filters die Finger klemmen kann, sollte das als Hinweis in der Handlungsanweisung stehen. Im Sicherheitskapitel hat diese Information nichts zu suchen. Sie geht viel zu sehr ins Detail.

Dementsprechend wäre es auch falsch, im Sicherheitskapitel alle Sicherheitshinweise, die in der Anleitung vorkommen, noch einmal zu wiederholen. Stattdessen sollte das Kapitel „Sicherheit" aus den im Folgenden vorgestellten Unterkapiteln bestehen.

4.5.1 Bestimmungsgemäße Verwendung

Definition des Verwendungsbereiches In diesem Abschnitt wird genau definiert, wozu das Produkt nach der Vorstellung des Herstellers bestimmungsgemäß eingesetzt werden soll. Hierbei kommt es darauf an, den Einsatzbereich möglichst eng einzugrenzen. Es sollte auch klargestellt werden, dass die bestimmungsgemäße Verwendung grundsätzlich nur bei Einhaltung der Anleitung gegeben ist.

Vorhersehbare Fehlanwendung Neben der Definition des Verwendungsbereichs gehört in diesen Abschnitt auch die Aufklärung über mögliche Fehlanwendungen. Hier geht es nicht um die berühmte Katze in der Mikrowelle. Diese wäre wohl unter Missbrauch und nicht unter Fehlanwendung zu sehen. Es geht aber in diese Richtung. Mit der vorhersehbaren Fehlanwendung sind Nutzungsarten gemeint, die sich aus der Art oder den Eigenschaften des Produktes ergeben, die aber zu unsicheren Situationen führen. Das Entscheidende dabei ist, dass man bei solchen Fehlanwendungen davon ausgehen muss, dass der Nutzer aufgrund seines Vorwissens diese nicht als gefährlich oder schädlich einstufen würde.

Ein Beispiel:

Bei einem Staubsauger ist das Aufsaugen von Tonerstaub eines Laserdruckers eine vorhersehbare Fehlanwendung. Sie und ich würden sicher zum Staubsauger greifen, wenn uns eine Tonerkartusche heruntergefallen ist. Was wir aber nicht wissen, ist, dass es bei einer kleinen Undichtigkeit im Staubfilter aufgrund der elektrischen Leitfähigkeit des Toners zu einer Stichflamme im Motor kommen kann. Diese Information gehört also unter der Überschrift „vorhersehbare Fehlanwendung" in die Anleitung des Staubsaugers, z. B. so:

„Verboten ist insbesondere:

- Das Saugen von Tonerstaub (für Laserdrucker, Kopierer etc.). Es besteht Brand- und Explosionsgefahr.
- …"

4.5.2 Allgemeine Gefahrenquellen

In diesem Abschnitt werden Sicherheitshinweise zu den grundlegenden Gefahren des Produktes gegeben. Wie oben schon erwähnt sind das die Gefahren, die dem Nutzer in allen oder den meisten Lebensphasen des Produktes begegnen. So könnten z. B. folgende Gefahrenarten bei einer einfachen Drehmaschine aufgeführt werden:

- elektrischer Strom
- pneumatische Energien
- drehende Spindel
- Gesundheitsgefahr durch Kühlschmiermittel

Dahingegen würden folgende Gefahren nicht hier, sondern ausschließlich weiter hinten in der Anleitung vorkommen:

- Herabfallen beim Transport
  Sollte im Kapitel „Transport" stehen.
- Klemmen an der Türe beim Schließen
  Sollte in der Handlungsanweisung stehen, in der das Schließen der Türe beschrieben ist.
- Gefahr des Herausschleuderns, wenn das Spannfutter nicht richtig gespannt wurde
  Sollte in der Handlungsanweisung stehen, in der das Spannen der Werkstücke beschrieben ist.

Inhalt der Hinweise Die Sicherheitshinweise im Kapitel „Sicherheit" sollen über die Gefahren aufklären und generelle Verhaltensregeln in Bezug auf diese Gefährdungen aufzeigen.

Zunächst sollte also die Art der Gefährdung beschrieben werden, z. B.:

„Bei Berührung mit spannungsführenden Teilen besteht unmittelbare Lebensgefahr durch Stromschlag."

Auch hier geht es nicht darum, spezifische Verhaltensregeln aufzuzählen. Diese würden das Sicherheitskapitel unnötig überfrachten. Zu Gefahren durch elektrischen Strom könnten z. B. folgende Maßnahmen/Verhaltensregeln im Abschnitt „Allgemeine Gefahrenquellen" stehen:

- Bei Beschädigungen der Isolation Spannungsversorgung sofort abschalten und Reparatur veranlassen.
- Vor allen Arbeiten an der elektrischen Anlage sowie vor Wartungs-, Reinigungs- und Reparaturarbeiten die elektrische Anlage vollständig spannungslos schalten.
- Niemals Sicherungen überbrücken oder außer Betrieb setzen.
- Feuchtigkeit von spannungsführenden Teilen fernhalten.
- …

Sicherheitshinweise nicht als Kompensation von Konstruktionsmängeln einsetzen Ein wichtiger Grundsatz bei der Reduzierung der Gefahren mittels Risikobeurteilung ist die 3-Stufen-Methode (siehe *Kap. 2.7 „Die Risikobeurteilung – Grundlage der Betriebsanleitung"*). Hieraus geht hervor, dass das Anbringen von Warnungen (also auch die in der Anleitung) immer das letzte Mittel sein muss. Das heißt, Warnungen sollen erst dann erfolgen, wenn die technischen Mittel nicht ausreichen, die Gefahren zu eliminieren oder mittels Sicherheitseinrichtung abzuschirmen. Sicherheitshinweise dürfen also niemals als (billiger) Ersatz für technische Maßnahmen herhalten. Wenn Sie also einen Sicherheitshinweis formulieren, stellen Sie sicher, dass vorher alle möglichen technischen Maßnahmen ergriffen wurden. In der Regel erfolgen Sicherheitshinweise als Ergänzung zu technischen Maßnahmen.

Sortierung der Hinweise* Die Hinweise sollten möglichst in sinnvollen Gruppen zusammengefasst werden. Häufig findet man in der Praxis ellenlange Listen mit Ge- und Verboten. Diese werden alleine aufgrund der mangelnden Strukturierung kaum gelesen. Schon die Untergliederung sorgt dafür, dass die Informationen eher gelesen und schneller erfasst werden können. Als Sortierungskriterium können z. B. die Gefahrenarten dienen, z. B.:

- Gefahren durch elektrischen Strom
- Gefahren durch pneumatische Energie
- Gefahren durch chemische Stoffe
- Gefahren für Kinder

Innerhalb der Gruppe sollten die einzelnen Hinweise nach der Schwere der Gefährdung sortiert werden: zuerst die Hinweise zu hohen Gefährdungspotenzialen, zuletzt die zu den geringsten Gefahren.

Gestaltung der Hinweise* Generell ist es nicht erforderlich, dass die Sicherheitshinweise im Kapitel „Sicherheit" genauso gestaltet werden wie die Sicherheitshinweise im weiteren Verlauf der Anleitung. Hier kann man auch auf die besondere Auszeichnung der Hinweise verzichten. Dies kann dann sinnvoll sein, wenn die Anleitung besonders kompakt sein soll. Wenn man genug Platz hat, z. B. bei Anleitungen für Maschinen und Anlagen, finde ich es allerdings besser und übersichtlicher, wenn die Sicherheitshinweise durchgängig gleich gestaltet werden.

In beiden Fällen gilt es, die Regeln zur Formulierung von Sicherheitshinweisen einzuhalten, siehe *Kap. 7 „Sicherheitshinweise gestalten und formulieren*".

Gefahren für bestimmte Personengruppen Je nach Produkt kann es sein, dass bestimmte Personengruppen (z. B. Kinder, Personen mit Behinderungen, ältere Menschen etc.) einer größeren Gefahr ausgesetzt sind als andere. Diese Gefahren sollten in einem extra Abschnitt innerhalb des Kapitels „Allgemeine Gefahrenquellen" untergebracht werden, z. B. unter der Überschrift „Besondere Gefahren für Kinder".

*4.5.3 Verantwortung des Betreibers**

In *Kap. 4.4.1 „Informationen zu dieser Anleitung → Unfallverhütungsvorschriften*" hatten wir bereits erwähnt, dass die Regelungen zum Arbeitsschutz in den einzelnen Ländern unterschiedlich sind. Dort haben wir nur kurz darauf hingewiesen, dass man sich über die Arbeitsschutzbestimmungen informieren soll. Dieses Thema kommt bei der Verantwortung des Betreibers nochmals zum Tragen.

Ziel dabei ist es, bestimmte Mindeststandards für den Arbeitsschutz aufzulisten und den Betreiber an seine gesetzlichen Pflichten zu erinnern. Dieser Abschnitt dient auch zur Absicherung des Herstellers, insbesondere dann, wenn die lokalen Anforderungen weniger streng sind, als es für den sicheren Betrieb des Produktes erforderlich ist.

Selbstverständlich gehört der Abschnitt „Verantwortung des Betreibers" nur dann in die Anleitung, wenn es sich um ein technisches Arbeitsmittel handelt. Bei Verbraucherprodukten gibt es ja keinen Betreiber.

Definition des Begriffes „Betreiber"* Damit keine Missverständnisse aufkommen, sollte man vorab den Begriff „Betreiber" definieren, z. B. so:

„Betreiber ist diejenige Person, die die Maschine zu gewerblichen oder wirtschaftlichen Zwecken selbst betreibt oder einem Dritten zur Nutzung/Anwendung überlässt und während des Betriebs die rechtliche Produktverantwortung für den Schutz des Benutzers, des Personals oder Dritter trägt."

Betreiberpflichten* Anschließend sollten die konkreten Betreiberpflichten aufgeführt werden. Diese sind natürlich von der Art des Produktes und der Branche abhängig. Hier kann man sich auch grob an den Vorschriften der deutschen Berufsgenossenschaften orientieren. Es ist aber nicht empfehlenswert, sich direkt auf diese zu beziehen oder deren Namen zu nennen. Schließlich schreiben wir ja in der Regel für einen internationalen Markt. Es könnte also nur ein kleiner Teil der Nutzer etwas mit den Vorschriften anfangen.

Die folgenden Pflichten obliegen üblicherweise dem Betreiber und sollten hier aufgelistet werden:

- die geltenden Arbeitsschutzbestimmungen kennen und umsetzen
- in einer Gefährdungsbeurteilung Gefahren ermitteln, die sich durch die Arbeitsbedingungen am Einsatzort ergeben
- Betriebsanweisungen für den Betrieb des Produktes erstellen
- regelmäßig prüfen, ob die Betriebsanweisungen dem aktuellen Stand der Regelwerke entsprechen
- die Zuständigkeiten für Installation, Bedienung, Störungsbeseitigung, Wartung und Reinigung eindeutig regeln und festlegen
- dafür sorgen, dass alle Mitarbeiter die Anleitung gelesen und verstanden haben
- das Personal in regelmäßigen Abständen schulen und über die Gefahren informieren
- dem Personal die erforderliche Schutzausrüstung bereitstellen

4.5.4 Personalqualifikation

Aus der Anleitung soll klar hervorgehen, welche Qualifikation das Personal für bestimmte Arbeiten haben muss. Daher empfehlen wir, vor jede Handlungsanweisung zu schreiben, welche Art von Personal diese Arbeiten ausführen darf. Leider ist die Qualifikation von Facharbeitern oder anderen Personen im Betrieb international nicht normiert. Das bedeutet, dass z. B. eine Pneumatikfachkraft in einzelnen Ländern durchaus unterschiedliches Wissen haben kann. Deshalb wird in diesem Abschnitt die Qualifikation der einzelnen Personalgruppen definiert.

Umfang der Definition Es ist wohl kaum möglich, in der Anleitung einen Ausbildungsplan für jede Personalgruppe abzudrucken, um diese zu definieren. Praktischerweise kann man sich hier an den Formulierungen der Berufsgenossenschaften orientieren. So könnte z. B. eine Definition für die Pneumatikfachkraft in Anlehnung an die Formulierung der Berufsgenossenschaft aussehen:

> „Die Pneumatikfachkraft ist für den speziellen Aufgabenbereich, in dem sie tätig ist, ausgebildet und kennt die relevanten Normen und Bestimmungen.
>
> Die Pneumatikfachkraft kann aufgrund ihrer fachlichen Ausbildung und Erfahrung Arbeiten an pneumatischen Anlagen ausführen und mögliche Gefahren selbstständig erkennen und vermeiden."

In manchen Fällen kann es sein, dass die „offiziellen" Definitionen durch individuelle zusätzliche Anforderungen ergänzt werden müssen. Dies kann z. B. dann der Fall sein, wenn eine besondere Ausbildung beim Hersteller gefordert wird.

Weitere Eingrenzung des Personals In vielen Fällen gibt es noch zusätzliche weitere Anforderungen, die generell für das Personal gelten. Diese sollten hier ebenfalls aufgeführt werden, z. B.:

- Mindestalter
- Körperliche Anforderungen (z. B. bestimmte Behinderungen)
- Keine Beeinflussung der Reaktionsfähigkeit, z. B. durch Drogen, Alkohol oder Medikamente

Ausschluss unbefugter Personen Bei bestimmten Produkten sollten sich zur sicheren Nutzung nur bestimmte Personen in der Nähe aufhalten, z. B. beim Bagger nur der Fahrer und ein Einweiser. Auf diesen Umstand sollte hier hingewiesen werden. Dabei gilt es auch, die Folgen bei Nichtbeachtung zu schildern, z. B. beim Bagger, dass Personen durch Unachtsamkeit von der Schaufel erfasst werden können.

4.5.5 Sicherheitskennzeichnung

Auf den Produkten befinden sich in der Regel zahlreiche Hinweisschilder und Aufkleber mit Piktogrammen, die vor Gefahren warnen. Es gibt zwei Gründe, warum diese in der Anleitung auftauchen sollten.

Lageplan* Zum einen kann es so möglich gemacht werden, verloren gegangene oder nicht mehr erkennbare Schilder wieder zu ersetzen. Dazu benötigt man dann einen Lageplan, der genau angibt, wo welches Schild verbaut ist.

Abb. 4.2 Warnschild zur elektrischen Spannung

Erläuterung Zum anderen ist es so, dass die Piktogramme nicht immer selbsterklärend sind.

Deshalb ist es wichtig, diese zu erläutern, damit beim Nutzer keine Zweifel hinsichtlich ihrer Bedeutung aufkommen, z. B. so für das Warnschild zur elektrischen Spannung in Abb. 4.2:

> „In dem so gekennzeichneten Arbeitsraum dürfen nur Elektrofachkräfte arbeiten.
>
> Unbefugte dürfen die gekennzeichneten Arbeitsplätze nicht betreten oder den gekennzeichneten Schrank nicht öffnen."

Strukturierung* Wenn man ein komplexes Produkt mit vielen unterschiedlichen Schildern beschreibt, ist es sinnvoll, die Erläuterungen noch einmal zu gruppieren, z. B. nach Art der Beschilderung:

- Gebotszeichen
- Verbotszeichen
- Warnschilder etc.

Normen für die Beschilderung Die meisten Schilder für den europäischen Raum sind in den folgenden Normen zu finden:

- DIN 4844-1
  Graphische Symbole – Sicherheitsfarben und Sicherheitszeichen –
  Teil 1: Gestaltungsgrundlagen für Sicherheitszeichen zur Anwendung in Arbeitsstätten und in öffentlichen Bereichen
  Mai 2005
- DIN 4844-2
  Sicherheitskennzeichnung
  Teil 2: Darstellung von Sicherheitszeichen
  Februar 2001

4.5.6 Schutzausrüstung

Für viele Arbeiten ist eine persönliche Schutzausrüstung erforderlich, die den Nutzer vor bestimmten Gefahren schützt. Ähnlich wie bei der Personalqualifikation vertreten wir hier die Auffassung, dass man idealerweise für jede Handlungsanweisung festlegt, welche Schutzausrüstung hierzu erforderlich ist. So kommen keine Missverständnisse auf. Dementsprechend werden die verschiedenen Typen von Schutzausrüstungen in diesem Abschnitt nur noch definiert und aufgelistet. Hier einige Beispiele für persönliche Schutzausrüstung:

Abb. 4.3 Symbol Schutzbrille

- Arbeitsschutzkleidung
- Schutzbrille
- Schutzhelm
- Sicherheitsschuhe
- etc.

Alternativ zur Auflistung vor jeder Handlungsanweisung könnte man im Sicherheitskapitel einige Schutzausrüstungen generell vorschreiben. Das spart ein wenig Platz in den Handlungsanweisungen, sorgt aber auch für ein geringeres Maß an Sicherheit.

Mahnung zur Benutzung der Schutzausrüstung Im einleitenden Teil dieses Abschnitts sollte der Nutzer auf die Wichtigkeit der persönlichen Schutzausrüstung hingewiesen und vor den Gefahren bei Nichteinhaltung gewarnt werden.

Benötigte Schutzausrüstung Jede Art von Schutzausrüstung, die in der Anleitung erwähnt wird, sollte in diesem Abschnitt auch beschrieben werden. So schafft man eine für den Betreiber praktische Übersicht, an der er auf einen Blick erkennen kann, welche Arten von Schutzausrüstung er bereitstellen muss.

Erläuterung Zu jeder Schutzausrüstung sollte es eine kleine Erläuterung geben, aus der hervorgeht, worin der Zweck des Ausrüstungsgegenstandes liegt, also vor welcher Gefahr das Teil schützt. Zusätzlich kann hier das passende Piktogramm oder ein Foto des Ausrüstungsgegenstandes abgebildet werden. Hier ein Beispiel für die Erläuterung der Schutzbrille in Abb. 4.3:

„Die Schutzbrille dient zum Schutz der Augen vor umherfliegenden Teilen und Flüssigkeitsspritzern."

4.5.7 Sicherheitseinrichtungen

Sicherheitseinrichtungen schützen den Nutzer eines Produktes davor, sich den vorhandenen Gefährdungen auszusetzen. Es handelt sich also um Barrieren (trennende Schutzeinrichtungen) oder andere technische Maßnahmen, mit denen verhindert wird, dass sich der Nutzer einer Gefahr aussetzt, oder die die Gefahrenquelle in bestimmten Situationen abschaltet bzw. die Gefahr reduziert.

Die Maschinenrichtlinie beinhaltet in Anhang IV eine Liste von typischen Sicherheitsbauteilen. Diese und viele weitere zählen zu den in der Anleitung zu beschreibenden Sicherheitseinrichtungen. Hier einige konkrete Beispiele:

- Schutzeinrichtungen zur Personendetektion
  (z. B. ein Lichtvorhang)

- feststehende trennende Schutzeinrichtungen
  (z. B. Schutzzäune)
- bewegliche trennende Schutzeinrichtungen
  (z. B. eine Türe; diese muss mit einem Endschalter oder einer Zuhaltung gesichert werden)
- Not-Halt-Befehlsgeräte
  (z. B. ein Not-Halt-Taster)
- etc.

Lage der Sicherheitseinrichtungen Wichtig ist, dass sich der Nutzer einen Überblick darüber verschaffen kann, welche Sicherheitseinrichtungen in dem Produkt verbaut sind. Hierzu kann man z. B. eine Übersichtszeichnung des Produktes verwenden, in der man die Lage der Sicherheitseinrichtungen mit Positionsnummern einzeichnet. Die Bildlegende gibt dann Aufschluss darüber, um welche Teile es sich handelt. Alternativ kann man auch mit Symbolen arbeiten, um z. B. die Lage der Not-Halt-Taster in einer großen Anlage zu dokumentieren.

Beschreibung der Sicherheitseinrichtungen Weiter gilt es, die einzelnen Sicherheitseinrichtungen zu beschreiben. Ziel dabei ist es, dass der Nutzer über die grundsätzliche Funktionsweise der Sicherheitseinrichtung aufgeklärt wird. So bekommt er ein Verständnis für die Wirkungsweise und für die Gefahren, die sich aus der Umgehung der Sicherheitseinrichtung ergeben.

Abbildung 4.4 zeigt, wie z. B. die Beschreibung eines Not-Halt-Tasters aussehen könnte.

Diagramme zur Darstellung von Sicherheitsfunktionen Bei sehr komplexen Produkten, wie z. B. verfahrenstechnischen Anlagen, können auch Sicherheitsfunktionen sehr komplex sein. So können bestimmte Prozessschritte nur dann gestartet

Not-Aus-Taster

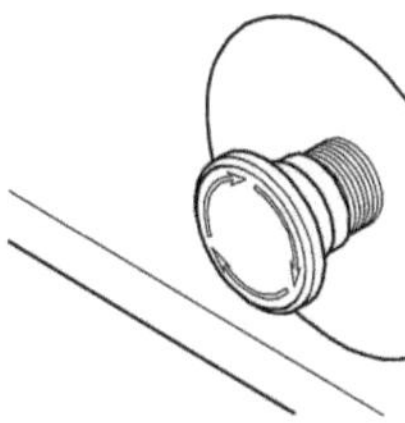

Abb. 3: Not-Aus-Taster

Durch Druck auf den Not-Aus-Taster wird ein Not-Stopp ausgelöst:

- Sämtliche Bewegungen der Maschine stoppen sofort.
- Die Steuerspannung wird ausgeschaltet.

Nachdem ein Not-Aus-Taster gedrückt wurde, muss dieser durch Drehen entriegelt werden, damit ein Wiedereinschalten möglich ist.

⚠ **WARNUNG!**

Lebensgefahr durch unkontrolliertes Wiedereinschalten!

Unkontrolliertes Wiedereinschalten kann zu schweren Verletzungen bis hin zum Tod führen.

– Vor dem Wiedereinschalten sicherstellen, dass die Ursache für den Not-Stopp beseitigt wurde, alle Sicherheitseinrichtungen montiert und funktionstüchtig sind.
– Den Not-Aus-Taster erst entriegeln, wenn keine Gefahr mehr besteht.

Abb. 4.4 Beispiel für die Beschreibung eines Not-Halt-Tasters

werden, wenn genau definierte Voraussetzungen geschaffen wurden. Diese werden über die Steuerung abgefragt. Um diese komplexen Zusammenhänge verständlich darzustellen, sollten entsprechende Diagramme (z. B. Verriegelungspläne) in die Anleitung mit aufgenommen werden.

4.5.8 Sichern gegen Wiedereinschalten

Die Maschinenrichtlinie verlangt in bestimmten Fällen, dass Maschinen z. B. bei Wartungsarbeiten gegen Wiedereinschalten gesichert werden. Das ist insbesondere dann wichtig, wenn die Maschine sehr groß ist und deshalb von der Stelle, an der sich der Hauptschalter befindet, nicht komplett überblickt werden kann.

In der Anleitung muss nun beschrieben werden, dass diese Sicherung erforderlich ist und wie sie ausgeführt werden soll.

Warnung von unbefugtem Wiedereinschalten Zu Beginn des Abschnitts sollte der Nutzer über die Gefahren durch unbefugtes Wiedereinschalten gewarnt werden. Hierbei kommt es in der Praxis tatsächlich immer wieder zu Unfällen, bei denen auch Menschen ums Leben gekommen sind. Daher kann diese Warnung nicht eindringlich genug formuliert werden.

Handlungsschritte zum Sichern und Wiedereinschalten Nach der Warnung sollten in einer Handlungsfolge die Schritte zum Sichern gegen das Wiedereinschalten und zum sicheren Wiedereinschalten beschreiben werden. Wie das konkret erfolgt, hängt natürlich von der technischen Umsetzung der Sicherungsmaßnahmen ab. Wichtig ist, dass Sie eine Prozedur finden, die sicherstellt, dass vor dem Wiedereinschalten alle Personen die Gefahrenbereiche der Maschine oder Anlage verlassen haben, z. B. über das Schild in Abb. 4.5.

4.5.9 Verhalten im Gefahrenfall

Wenn es doch einmal zu einer gefährlichen Situation kommt, sollte dem Nutzer klar sein, was zu tun ist. Je nach Produkt können das ganz einfache Tätigkeiten sein, z. B. bei einem Staubsauger:

Schalter mit Schloss gesichert
am: .... um ...... Uhr.
NICHT EINSCHALTEN
Das Schloss darf nur
durch: ....
entfernt werden, nachdem sichergestellt ist, dass sich keine Personen im Gefahrenbereich aufhalten.

Abb. 4.5 Schild „Schalter mit Schloss gesichert"

„Ziehen Sie im Notfall sofort den Netzstecker.“

Bei anderen Produkten können komplexere Verhaltensmaßnahmen erforderlich sein, etwa bis hin zur Evakuierung eines Anlagenbereiches. In diesem Fall sollte es eine oder mehrere Handlungsanweisungen geben, in denen das Vorgehen beschrieben wird.

Vorbeugende Maßnahmen* Zusätzlich zu den Verhaltensweisen im Gefahrenfall könnte man an dieser Stelle auch noch vorbeugende Maßnahmen aufführen, die dafür sorgen, dass es im Ernstfall reibungslos abläuft, z. B.:

- Erste-Hilfe-Einrichtungen (Verbandkasten, Decken usw.) und Feuerlöscher funktionstüchtig und griffbereit aufbewahren.
- Zufahrtswege für Rettungsfahrzeuge frei halten.
- etc.

4.5.10 Umweltschutz

Auch in der Anleitung spielt der Umweltschutz eine große Rolle. Schließlich kann der Nutzer nur umweltgerecht handeln, wenn er über die umweltgefährdenden Substanzen oder Handlungen, die sich im Umgang mit dem Produkt ergeben, aufgeklärt wird.

Warnung vor umweltgefährdendem Verhalten Zu Beginn dieses Abschnitts sollte der Nutzer über die Gefahren, die sich durch sein Verhalten für die Umwelt ergeben können, informiert werden. Weiter sollte er ermahnt werden, im Sinne des Umweltschutzes zu handeln und sich insbesondere an die Vorgaben in der Anleitung zu halten.

Umweltgefährdende Stoffe Anschließend sollten die umweltgefährdenden Stoffe aufgelistet und beschrieben werden. Dabei geht es darum, die Art der Umweltgefährdung darzulegen und die notwendigen Maßnahmen zum Schutz der Umwelt vorzugeben.

Hier ein Beispiel für die Beschreibung von Batterien:

„Batterien enthalten giftige Schwermetalle. Sie unterliegen der Sondermüllbehandlung und müssen bei kommunalen Sammelstellen abgegeben werden oder durch einen Fachbetrieb entsorgt werden.“

Zusätzlich zu den allgemeinen Hinweisen an dieser Stelle sollte innerhalb der Handlungsanweisungen bei Bedarf noch einmal auf mögliche Umweltschäden hingewiesen werden, z. B. beim Ölwechsel:

„Verschmutztes Öl umweltgerecht entsorgen.“

4.6 Technische Daten

Es ist ganz erstaunlich, wie viele Details zum Thema Technische Daten in den Regelwerken vorgegeben werden. Von den im Folgenden aufgelisteten Daten müssen selbstverständlich nur die zutreffenden angegeben werden. Es kann auch durchaus sein, dass noch weitere erforderlich sind. Diese sollten dann auch in die Anleitung aufgenommen werden.

*4.6.1 Darstellung der Technischen Daten**

Die Technischen Daten sollten möglichst übersichtlich in Tabellenform dargeboten werden. Längere Texte haben in diesem Kapitel nichts verloren. Bei umfangreicheren Daten sollten diese in verschiedenen Unterkapiteln gruppiert werden, damit sie leichter auffindbar sind, z. B.:

- Anschlusswerte
- Betriebsbedingungen
- Leistungswerte
- Betriebsstoffe
- etc.

4.6.2 Technische Daten im Einzelnen

Die folgenden Technischen Daten stellen Mindestangaben dar, die in den Regelwerken gefordert werden:

Gewicht Hiermit ist das Gesamtgewicht des Produktes gemeint. Bei einigen Produkten ist die Angabe nicht immer sinnvoll zu leisten, z. B. bei großen verfahrenstechnischen Anlagen. In diesem Fall kann man deshalb auf die Angabe verzichten, weil man im Vorfeld mit dem Kunden zahlreiche Informationen über den Aufstellort und die Bedingungen ausgetauscht hat (z. B. Fundamentpläne etc.).

Abmessungen, Maßblatt Die Angabe der Abmessungen sollte nur bei wirklich einfachen Produkten in Textform (Breite x Höhe x Tiefe) erfolgen. Ansonsten ist eine Zeichnung (Maßblatt), in der die Abmaße eingetragen sind, deutlich besser.

Anschlüsse Hier geht es darum, die angeschlossenen Energiequellen und Medien zu spezifizieren (Verbrauch, Qualitätsanforderungen etc.). Dabei sollten auch die Anschlusselemente (Stecker, Kupplungen) festgelegt werden.

Betriebsbedingungen Die Betriebsbedingungen geben an, welche äußeren Voraussetzungen vorhanden sein müssen, damit das Produkt sicher betrieben werden kann, z. B.:

- maximale und minimale Umgebungstemperaturen
- Luftfeuchte
- Vermeidung direkter Sonneneinstrahlung
- etc.

Leistungsdaten, Leistungsgrenzen Hier geht es um die Gesamt-Leistungsdaten des Produktes. Besteht das Produkt aus mehreren Komponenten, reicht es hier nicht aus, die Angaben nur für die Komponenten zu machen, stattdessen sollen diese zum jeweiligen Gesamtwert zusammengerechnet werden. Leistungsdaten können sein:

- elektrische Leistungsaufnahme
- maximal erreichbare Geschwindigkeiten oder Drehzahlen
- maximale Produktionsleistung
- etc.

Lärmemission Hier soll der Lärmpegel, der von dem Produkt im Betrieb ausgeht, angegeben werden. Die Maschinenrichtlinie fordert außerdem noch die Angabe des angewandten Lärm-Messverfahrens.

Wichtig: Laut Richtlinie 2003/10/EG „Mindestvorschriften zum Schutz von Sicherheit und Gesundheit der Arbeitnehmer vor der Gefährdung durch physikalische Einwirkungen (Lärm)“ vom 6. Februar 2003 muss Gehörschutz ab einem Schallpegel von 80 dB(A) verfügbar sein. Ab 85 dB(A) muss der Gehörschutz verpflichtend getragen werden.

Weitere Emissionen Gibt es weitere Emissionen, müssen diese inklusive Angeben zu ihrer Qualität und Menge angegeben werden. Emissionen können z. B. sein:

- Schwingungen
- Strahlungen
- Gase
- Dämpfe
- Stäube

Die Regelwerke erheben übrigens die klare Forderung, dass Angaben in Verkaufsprospekten die gleichen Angaben zu Emissionen enthalten müssen wie die Anleitung. Hier sollte man also nicht zwecks vermeintlicher Verkaufsförderung mogeln.

Lebensdauer Einige Produkte haben nur eine beschränkte Lebensdauer, die z. B. durch Materialermüdungen, wie Kriechen, Ermüdung, Korrosion, bedingt ist. In diesem Fall soll die Anleitung Angaben über die maximale Lebensdauer beinhalten.

Baujahr Einige Richtlinien (Maschinenrichtlinie, Druckgeräterichtlinie, ATEX etc.) legen fest, dass in der Anleitung auch das Baujahr des Produktes angegeben werden soll. Das ist immer dann ganz einfach, wenn es sich um Produkte in Einzelfertigung handelt. Wenn es sich um Serienprodukte handelt, muss man wegen dieser Kleinigkeit jedes Jahr eine neue Anleitung erstellen. Die Alternative dazu wäre, einfach auf das Typenschild zu verweisen. Das ist zwar nicht ganz regelkonform, aber dennoch praktikabel.

Typenschild Zunächst sollte angegeben werden, wo sich das Typenschild befindet, bei größeren Produkten idealerweise anhand eines Lageplans. Zusätzlich fordern einige Richtlinien (z. B. ATEX, Druckgeräterichtlinie) die Wiederholung aller Inhalte des Typenschilds in der Anleitung. Es soll also in der Anleitung nicht nur angegeben werden, welche Angaben man grundsätzlich auf dem Typenschild findet, sondern auch der genaue Wert der Angabe muss in die Anleitung aufgenommen werden. Dann funktioniert natürlich der oben angesprochene Verweis bezüglich des Baujahrs nicht mehr.

Weitere Angaben für spezielle Produkte Neben den oben aufgeführten allgemeinen Angaben können für bestimmte Produkte auch noch weitere Angaben in den Technischen Daten gefordert werden. Hier hilft nur das Studium der zutreffenden Normen und Richtlinien. Beispielhaft haben wir hier noch unkommentiert die zusätzlichen Forderungen für spezielle Produkte nach Maschinenrichtlinie aufgeführt:

- bei gehaltenen bzw. von Hand geführten Maschinen und solchen, von denen aufgrund ihrer Beweglichkeit Gefahren ausgehen
  - Schwingungsgesamtwert, dem die oberen Körpergliedmaßen ausgesetzt sind, falls der ermittelte Wert über 2,5 m/s^2 liegt, sowie angewandtes Messverfahren [oder die Angabe, dass dieser Wert nicht mehr als 2,5 m/s^2 beträgt]
  - Höchster Effektivwert der gewichteten Beschleunigung, dem der Körper (Füße bzw. Sitzfläche) ausgesetzt ist, falls der ermittelte Wert über 0,5 m/s^2 liegt, sowie angewandtes Messverfahren und Betriebsbedingungen bei der Messung [oder die Angabe, dass dieser Wert nicht mehr als 0,5 m/s^2 beträgt]
  - Messunsicherheiten
- bei Maschinen zum Heben von Lasten
  - Belastungen an den Auflagern oder Verankerungen und ggf. Kenndaten der Laufbahnen
  - Angaben zu Ballastmassen und Mittel zu ihrer Anbringung
  - Maximale Tragfähigkeit
  - Für die statische Prüfung verwendeter Koeffizient
  - Ggf. Prüfbericht, in dem die vom Hersteller oder seinem Bevollmächtigten durchgeführten statischen Prüfungen im Einzelnen beschrieben sind
- bei tragbaren Befestigungs- oder anderen Schussgeräten
  - Angaben zu passenden Befestigungs- oder anderen Einschlagteilen und ggf. zu passenden Magazinen

4.6.3 Alternative Darreichungsformen

Bei einigen Produkten variieren die Technischen Daten bei jeder Auslieferung. Dabei müsste auch jedes Mal die Anleitung geändert werden, was unter Umständen wirtschaftlich nicht vertretbar ist. In diesem Fall könnte man die Technischen Daten oder nur den variablen Anteil auch auf ein separates Technisches Datenblatt auslagern, auf das in der Anleitung verwiesen wird.

4.7 Aufbau und Funktion

Das Kapitel „Aufbau und Funktion“ dient dazu, das Produkt vorzustellen, damit der Nutzer einen Überblick über dessen technischen Aufbau und die Funktionen bekommt. Es ist das einzige Kapitel, in dem sich beschreibende Texte befinden. In den folgenden Kapiteln finden sich dagegen ausschließlich Handlungsanweisungen.

Diese strikte Trennung zwischen Beschreibung und Handlung dient dazu, die Handlungsanweisungen möglichst schlank zu gestalten. Hier sollen wirklich nur die Informationen stehen, die zum Durchführen einer Handlung erforderlich sind. Erfahrungen haben gezeigt, dass die Handlungsanweisungen auf diese Weise viel verständlicher und besser nachvollziehbar sind, als wenn sie zusätzlich mit erklärendem Text angereichert sind. Wenn ein Nutzer mehr über die Zusammenhänge und Funktionsweisen erfahren möchte, kann er sich im Kapitel „Aufbau und Funktion“ informieren.

*4.7.1 Kurzbeschreibung**

Für die Nutzer, die sich nur einmal schnell darüber informieren möchten, worum es sich bei dem Produkt handelt, sollte zu Beginn des Kapitels „Aufbau und Funktion“ eine Kurzbeschreibung abgefasst werden. Diese ist nicht zu verwechseln mit der Beschreibung der bestimmungsgemäßen Verwendung (*Kap. 4.5.1 „Bestimmungsgemäße Verwendung“*). Diese ist ja eher eine juristische Definition, in der unter anderem der Fehlgebrauch einen wesentlichen Raum einnimmt. Die Kurzbeschreibung ist ausschließlich dafür da, den Nutzen des Produktes darzustellen und dem Nutzer die Möglichkeiten aufzuzeigen, die das Produkt bietet, z. B. so:

„Die Maschine bearbeitet Kunststoff-Brillengläser mithilfe von nacheinander ablaufenden Fräs- und Drehprozessen. Dabei kann sie je nach Anforderung verschiedene Oberflächen erzeugen [...].“

Dieser Text könnte also durchaus aus einem Katalog oder Prospekttext abgeleitet werden. Man sollte lediglich darauf achten, dass in der Anleitung keine werbenden Texte auftauchen. Diese haben in der Anleitung nichts zu suchen und würden diese nur unnötig überfrachten. Schließlich hat der Kunde das Produkt ja schon gekauft.

4.7.2 Übersicht

Die Übersicht dient dazu, die Komponenten, aus denen das Produkt besteht, auf einen Blick vorzustellen.

Übersichtsbild Hierbei spielt das Übersichtsbild eine zentrale Rolle. Je nach Produkt kann das Bild ein Foto, eine perspektivische Darstellung oder ein 2-D-Übersichtsplan sein. In jedem Fall sollten in dem Bild oder in den Bildern die

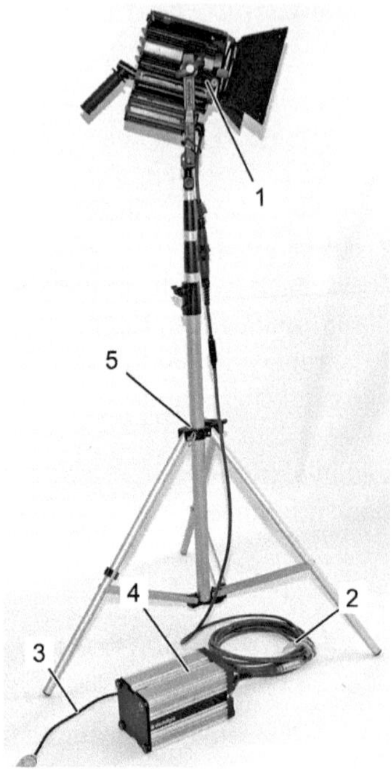

Abb. 4.6 Übersichtsbild mittels Foto für einen Scheinwerfer. (Quelle: Dedotec)

Komponenten sichtbar sein und mit Positionsnummern, wie in Abb. 4.6, versehen werden.

Komponenten, die hier Positionsnummern erhalten, können z. B. sein:

- Baugruppen
- Bedienelemente, ggf. zu Gruppen zusammengefasst, die später weiter erläutert werden
- wichtige Funktionsteile
- etc.

Falls das Produkt es nicht erlaubt, alles in einem Bild darzustellen, kann man natürlich auch mehrere Abbildungen verwenden, z. B.:

- Vorderansicht
- Seitenansicht
- Innenansicht

Besonders elegant ist es allerdings, wenn man es schafft, die verschiedenen Ansichten zu einer Übersichtsgrafik zu vereinen. Wie z. B. bei der Abbildung eines Staubsaugers in Abb. 4.7.

Bildlegende Die Positionsnummern in der Abbildung müssen natürlich noch erläutert werden. Im einfachsten Fall werden die Komponenten einfach aufgeführt. Zusätzlich könnte je Komponente noch ein Querverweis zu dem Kapitel angegeben werden, in dem man weiterführende Informationen zu der Komponente findet.

Man kann an dieser Stelle auch schon eine kurze Beschreibung der Komponente anbringen, z. B. dann, wenn bei einem einfachen Produkt gar keine weiterführen-

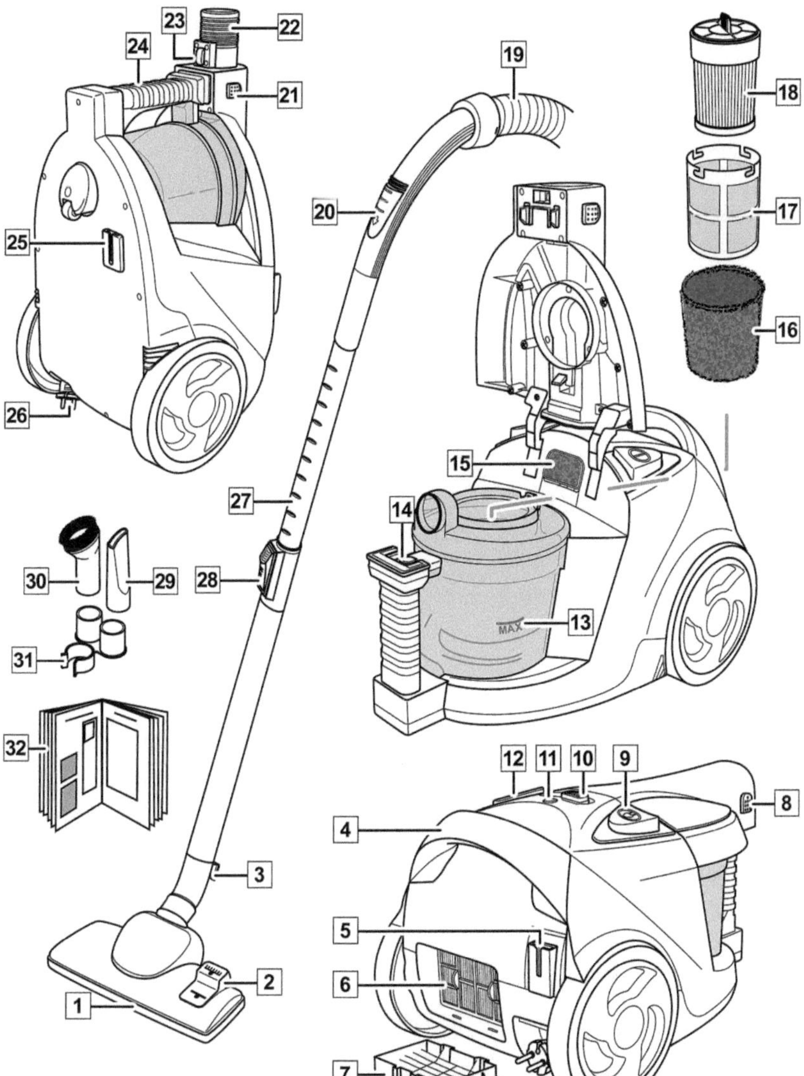

Abb. 4.7 Beispiel für die Übersichtsgrafik eines Staubsaugers mittels Strichzeichnung. (Quelle: Royal)

den Beschreibungen existieren. Hier ein Beispiel für die Positionsnummer 30 des Staubsaugers:

> „30 – Kombibürste
> Benutzen Sie diese, um Staub von Gegenständen zu saugen, die empfindliche Oberflächen haben (z. B. Schränke, Tische).“

*4.7.3 Lieferumfang**

Aus der Anleitung soll klar hervorgehen, was mit dem Produkt alles ausgeliefert wurde – wobei diese Forderung bei Verbraucherprodukten sicher höher zu bewerten ist als bei technischen Arbeitsmitteln. Meiner Meinung nach kann man immer dann auf diesen Abschnitt verzichten, wenn der Hersteller die Installation und Erstinbetriebnahme übernimmt. Er ist jedoch unverzichtbar, wenn der Nutzer das Produkt alleine auspackt und zusammenbaut.

Umfang der Beschreibung Wenn der Lieferumfang in der Anleitung erscheint, sollte er auch tatsächlich alle Einzelteile beinhalten, die in der Lieferung enthalten sind. Nur so kann man sicherstellen, dass später bei einer Reklamation oder beim Weiterverkauf des Produktes für den Nutzer nachvollziehbar ist, was alles dazugehört.

Aufbau des Kapitels „Lieferumfang“ Im einfachsten Fall handelt es sich hierbei um eine Liste mit Teilen des Lieferumfangs. Hierbei sollte jedoch mindestens die jeweilige Anzahl angegeben werden. Etwas mehr Nutzen bietet eine zusätzliche Abbildung der Einzelteile. Die sollte immer dann erfolgen, wenn die Teile aufgrund ihrer Benennung nicht eindeutig vom Nutzer zu identifizieren sind, wie z. B. in Abb. 4.8.

4.7.4 Prozess- oder Funktionsbeschreibung

Bei komplexen Produkten oder bei neuen Technologien ist die Technik an sich oft nicht selbsterklärend. Dann ist es sinnvoll, zunächst die technologischen Grundlagen bzw. den grundsätzlichen Prozessablauf zu erläutern. Das soll dazu dienen, ein grundlegendes Verständnis beim Nutzer aufzubauen, damit er die nachfolgenden Beschreibungen z. B. vom Baugruppen besser oder überhaupt erst verstehen kann.

Visualisierung der technischen Grundlagen Hier sollte auf jeden Fall mit Abbildungen gearbeitet werden, die den Prozess oder die Technologie verdeutlichen. Das können z. B. sein:

- Schnittbilder
- Schematische Darstellungen
- Ablaufdiagramme
- Prozessschaubilder (Abb. 4.9)
- etc.

Sinnvolle Reihenfolge in der Beschreibung Die Reihenfolge der Prozessbeschreibung sollte möglichst dem Materialfluss folgen. Falls es Haupt- und Nebenprozesse gibt, sollten diese durch Unterteilung in Unterkapitel abgegrenzt werden. In diesem Fall sollte vorweg eine Übersicht über die Verzahnung der unterschiedlichen Prozesse erfolgen.

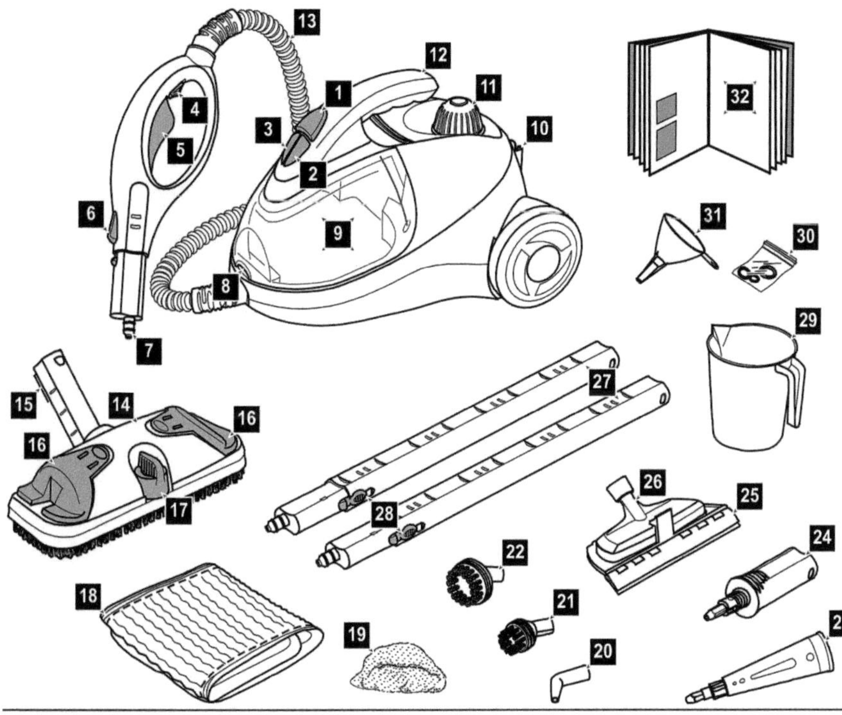

1 Ein-/Aus-Schalter
2 Stromkontrollleuchte
3 Dampfbereitschaftsanzeige
4 Kindersicherung/Verriegelung
5 Dampfschalter
6 Entriegelung an der Dampfpistole
7 Anschlussstutzen der Dampfpistole
8 Eingriff zum Öffnen des Zubehörfachs
9 Zubehörfach mit transparentem Visier
10 Parkhalterung
11 Wassertankverschluss
12 Tragegriff
13 Dampfschlauch
14 umschaltbare Bodendüse
15 Verbindungsstück mit Parkhaken
16 Haltklammern für Bodentuch
17 Umschalter „mit/ohne Bürstkranz"
18 Bodentuch
19 Baumwollüberzug
20 Jet-Düse
21 Kunststoffbürste
22 Drahtbürste
23 Punktstrahldüse
24 Zubehöradapter
25 Abzieher des 2in1-Kombiaufsatzes
26 Dampffuß des 2in1-Kombiaufsatzes
27 Verlängerungsrohre
28 Entriegelungen der Verlängerungsrohre
29 Nachfüllbehälter
30 Ersatz-Dichtringe
31 Trichter
32 Bedienungsanleitung

Abb. 4.8 Beispiel für einen Lieferumfang. (Quelle: Royal)

*4.7.5 Beschreibung der Baugruppen**

Bei komplexeren Produkten sollten die einzelnen Baugruppen separat beschrieben werden. Bei einfachen Produkten kann man hierauf sicher verzichten.

Inhalt der Beschreibung* Zielsetzung ist es, dem Nutzer die für ihn relevanten Dinge innerhalb der Baugruppe vorzustellen. Dabei geht es im Wesentlichen darum zu erläutern, was wie und warum in der Baugruppe passiert, also um die Funktionen.

Oft wird hier der Fehler gemacht, anstelle der Funktion die Konstruktion zu beschreiben, z. B. die Materialart und die besonders passgenaue Verbindung zu

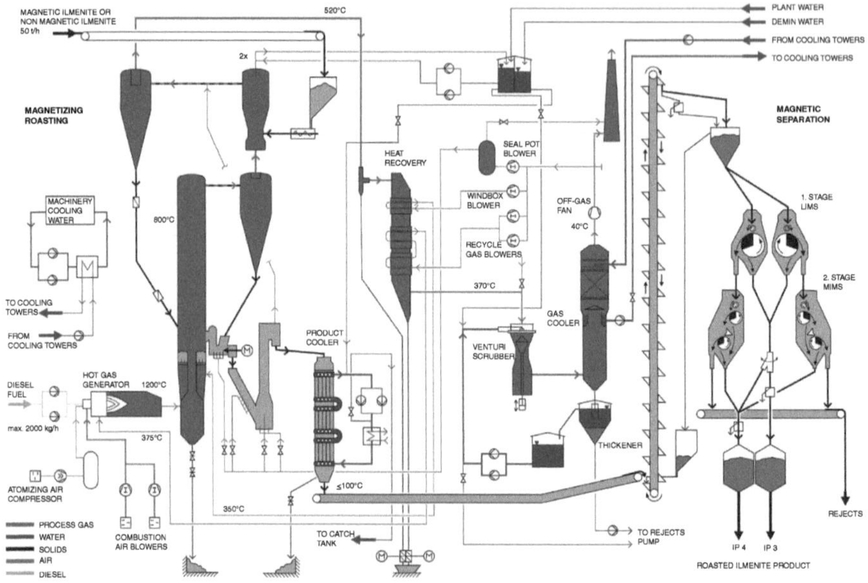

Abb. 4.9 Beispiel für ein Schaubild in einer Betriebsanleitung für eine verfahrenstechnische Anlage. (Quelle: Outotec)

Bauteil XY. Diese Informationen sind aber für den Benutzer in der Regel völlig uninteressant. Er interessiert sich dafür, wie das Produkt funktioniert und nicht, warum es funktioniert. Dieser Fehler begegnet mir übrigens dann besonders häufig, wenn solche Texte von Konstrukteuren geschrieben wurden. Diese haben eben einen anderen Blick auf ihr Produkt und verfehlen, weil sie zu viel über das Produkt wissen, oft die Ansprüche des Nutzers.

Aufbau der Beschreibungen* Zur Beschreibung der Baugruppe sollte diese zunächst abgebildet werden. Wie auch bei der Übersicht sollten die wesentlichen Elemente mit Positionsnummern versehen werden, um sie dann im beschreibenden Text zu erläutern. Bei Bedarf kann auch eine Bildlegende vorgesehen werden. Der Text sollte jedenfalls möglichst kurz sein und sich wie schon oben angesprochen auf die Beschreibung der Funktionen beschränken.

4.7.6 Anschlüsse

Hier gilt es, alle Anschlüsse des Produktes zu beschreiben. Dazu gehören diejenigen, die für den normalen Betrieb erforderlich sind, aber auch die, die nur in bestimmten Betriebssituationen benötigt werden. Anschlüsse können z. B. sein:

- Stromanschluss
- Wasseranschluss

- Anschluss für eine Absaugung
- Steuerungs-Anschlussbuchsen für Zubehör
- etc.

Idealerweise gibt es hier ein Übersichtsbild oder eine Abbildung für jeden einzelnen Anschluss. Aus Abbildung und Text sollte hervorgehen, wo sich der Anschluss befindet. Außerdem sollten im Text die Aufgabe des Anschlusses und zu beachtende Besonderheiten beschrieben werden, z. B.:

> „Anschluss der Absaugeinheit
> Die Absaugeinheit ist optional erhältlich. Sie saugt die während des Bearbeitungsprozesses entstehenden Dämpfe aus dem Inneren der Maschine ab. Der Anschluss befindet sich in der Maschine oberhalb der X-Achse. Der Absaugschlauch wird durch eine Öffnung im Gehäuse der Maschine nach außen verlegt."

4.7.7 Anzeigen und Bedienelemente

Im Abschnitt „Anzeigen und Bedienelemente" werden alle für den Nutzer relevanten Anzeigen und Bedienelemente beschrieben. Dies können sein:

- Anzeigen
  - Leuchtmelder
  - Warnlampen
  - Signalgeber für akustische Warnsignale
  - Displays
  - etc.
- Bedienelemente
  - Tasten
  - Schalter
  - Hebel
  - Ventile
  - etc.

Dieser Abschnitt ist für den Nutzer besonders wichtig, denn hier kann er nachschauen, wenn er die Funktion eines Bedienelementes nicht mehr weiß.

Strukturierung Bei komplexen Produkten sollten die Bedienelemente in Gruppen zusammengefasst werden. Bei vielen Produkten ist das ohnehin der Fall, z. B. verschiedene Bedienstellen in Anlagen. Es sollte anhand der gewählten Struktur leicht möglich sein, die Informationen zu einem gewünschten Bedienelement zu finden.

Art und Umfang der Beschreibung Wie bei den Anschlüssen sollte es auch hier eine Abbildung und erklärenden Text geben. Wichtig ist, dass die Lage und die Funktion der Bedienelemente klar werden. Bei den Anzeigen sollte auch die Bedeutung verschiedener Anzeigenzustände beschrieben werden, z. B.:

> „Netzschalter
> Dient zum Ein- und Ausschalten der Spannungsversorgung des elektronischen Vorschaltgeräts. Der Netzschalter leuchtet nach dem Einschalten rot.“

Auch hier sind Querverweise, z. B. zu den Kapiteln, in denen die Handlungsanweisungen zu dem Bedienelement stehen, sinnvoll.

4.7.8 Bediensoftware

Falls das Produkt über eine komplexe Bediensoftware verfügt (z. B. eine Visualisierungssoftware im Anlagenbau), sollte hierfür ein eigenes Unterkapitel vorgesehen werden.

Software-Referenz Im Rahmen des Kapitels „Aufbau und Funktion“ sollte eine Software-Referenz erstellt werden. Darin werden die einzelnen Bildschirmmasken und die Funktionen der Schaltflächen beschrieben. Die Software-Referenz enthält keine Handlungsanweisungen. Diese findet man dann in den folgenden Handlungskapiteln. Je nach Geschmack kann die Referenz auch im Kapitel „Bedienung“ untergebracht werden.

Strukturierung der Referenz Bei komplexen Menüstrukturen sollte die Referenz mit einem Überblick über die Menüstruktur eingeleitet werden. Dann sollten die übergreifenden Navigationsmechanismen und die ständig sichtbaren Schaltflächen beschrieben werden. Falls es bestimmte Konventionen gibt, die generell gelten, z. B. bestimmte Symbole, die an mehreren Stelle in der Software auftauchen, sollten auch diese vorweg erläutert werden. Erst dann kann es mit der Beschreibung der einzelnen Bildschirme losgehen.

Hier ist es gut, wenn man sich ein immer gleiches Raster überlegt, nach dem jeder einzelne Bildschirm beschrieben wird, z. B.:

- Menüpfad zum Aufrufen des Bildschirms
  ist besonders wichtig, wenn die Beschreibung als einzelne Hilfeseite aufgerufen werden kann. Sonst hätte der Nutzer bei einer umfangreichen Software kaum eine Chance, den Bildschirm aufzurufen.
- Screenshot
  zum Abgleich, ob man hier auch richtig ist
- Funktionsbeschreibung,

Schaltfläche	Funktion
OK	Schließen des Dialogfensters und Übernahme der Auswahl "X-Correction", "Y-Correction" oder "OFF"
Cancel	Schließen des Dialogfensters ohne Übernahme der eingegebenen Daten

Abb. 4.10 Beschreibung von Schaltflächen. (Quelle: Schneider)

aus der hervorgeht, was man hier machen kann

- Beschreibung der Schaltflächen
- Beschreibung der Dialoge,
  die von dem Bildschirm aus aufgerufen werden können

Screenshots Zum besseren Verständnis der Beschreibungen sollten Screenshots in die Anleitung aufgenommen werden. Da diese in den Übersetzungen immer ausgetauscht werden müssen, sollten sie möglichst nicht mit Positionsnummern versehen werden. Das spart Arbeit im Übersetzungsprozess. Stattdessen kann man die zu beschreibenden Bildschirmelemente ausschneiden und als kleine Abbildung neben den beschreibenden Text setzen. Auch eine tabellarische Darstellung, wie in Abb. 4.10, kann hier gute Dienste leisten.

Separate Anleitung für die Bediensoftware* Für die Bediensoftware für Maschinen und Anlagen findet man in der Praxis häufig separate Anleitungen, die als Ergänzung zur eigentlichen Anleitung des Produktes beigelegt werden. Dieser Lösung ist meistens nicht ideal, insbesondere dann, wenn das Handbuch für die Software vom Softwareentwickler selbst verfasst wurde.

Das Problem ist, dass hierbei meist die Tatsache verkannt wird, dass Maschine und Software eine Einheit bilden und man weder Maschine noch Software unabhängig voneinander bedienen kann. Handlungen in der Software müssen also zwangsweise innerhalb der Handlungsanweisungen für die Maschine vorkommen. Andersherum erfordern Handlungen an der Maschine auch die Bedienung der Software.

Es ist also das Beste, wenn die Anleitung der Software in die Maschinenanleitung integriert wird. Nur so wird der Nutzer wirklich in die Lage versetzt, das Produkt bedienen zu können.

4.7.9 Arbeitsplätze und Gefahrenbereiche

Gefahrenbereiche Bei größeren Produkten, wie Maschinen und Anlagen, gibt es oft verschiedene Gefahrenbereiche, die während der Benutzung nicht betreten werden dürfen oder durch Sicherheitseinrichtungen unzugänglich gemacht werden.

Arbeitsplätze In solchen Fällen gibt es oft auch mehrere Arbeitsplätze. Das sind Bereiche, an denen sich während der Nutzung Personen aufhalten dürfen oder müssen.

Darstellung Es bietet sich an, beide Bereiche in einer Übersichtszeichnung darzustellen und z. B. durch unterschiedlich eingefärbte Flächen zu kennzeichnen, z. B. wie in Abb. 4.11. Im dazugehörigen Text sollten die Flächen beschrieben und Regeln für deren Betreten oder Verlassen festgelegt werden.

4.7.10 Betriebsarten

Wenn ein Produkt mehrere Betriebsarten hat, sollten diese hier beschrieben werden. Damit soll dem Nutzer vermittelt werden, wie sich die einzelnen Betriebsarten auf das Betriebsverhalten des Produktes auswirken. Betriebsarten können z. B. sein:

- manueller Betrieb
- Automatikbetrieb
- Tippbetrieb
- etc.

Neben der Beschreibung der Betriebsarten sollte aus diesem Abschnitt auch hervorgehen, woran man erkennen kann, in welcher Betriebsart sich das Produkt gerade befindet. Außerdem sollte aufgeführt werden, wie man grundsätzlich zwischen den Betriebsarten umschalten kann.

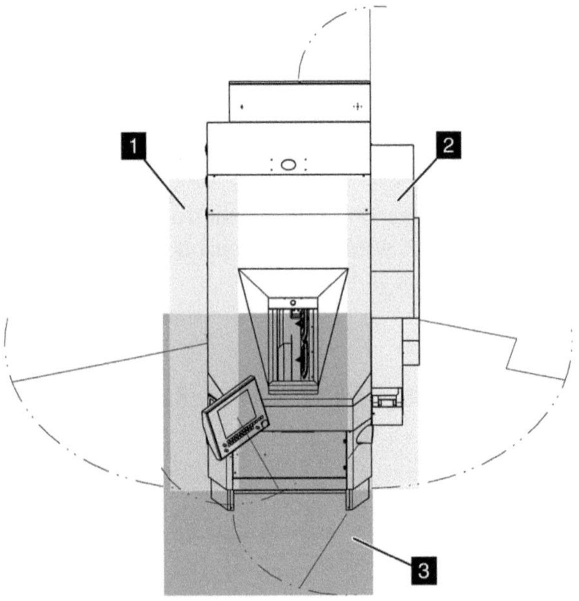

Abb. 4.11 Beispiel für die Darstellung von Arbeits- und Gefahrenbereichen. (Quelle: Schneider)

4.7.11 Zubehör, Werkzeuge

Einige Produkte besitzen optionales Zubehör oder können mit verschiedenen Werkzeugen betrieben werden. Beides muss nicht unbedingt detailliert in der Anleitung aufgeführt werden. Schaden kann es aber aus Sicht des Marketings sicher nicht.

Besondere Anforderungen Falls es besondere Anforderungen gibt, müssen diese hier detailliert beschrieben werden. Dies können z. B. Größenangaben für Werkzeugaufnahmen sein oder Typenangaben für Zubehörteile (z. B. die Filtergröße bei einer Kaffeemaschine).

Originalteile Hier wäre auch eine gute Gelegenheit, darauf hinzuweisen, dass nur Zubehöre einer bestimmten Marke oder einer bestimmten Qualität verwendet werden dürfen. Im Zweifel kann hier auch ein Hinweis darauf stehen, dass nur Originalzubehöre oder Werkzeuge des Herstellers verwendet werden dürfen.

4.8 Transport

Das Kapitel „Transport" ist das erste an einer Lebensphase orientierte Kapitel in der Anleitung. Mit dem Transport fängt in vielen Fällen die Übergabe an den Nutzer an. Bei einigen Produkten kann es erforderlich sein, das Kapitel „Transport" oder Auszüge daraus zusätzlich als separates Dokument bereitzustellen. Diese kann den Kunden vorab als Transportdokumentation zugesandt werden. Schließlich bekommt er die Anleitung in der Regel erst, wenn er das Produkt hat. Je nach Komplexität des Transports kämen sonst wichtige Informationen zu spät.

In den meisten Fällen wird es jedoch ausreichen, die wichtigsten Restriktionen für den Transport durch Anbringen von Symbolen und Hinweisen auf der Verpackung zu vermitteln.

4.8.1 Sicherheit

Gefahren in der Lebensphase „Transport" Im Sicherheitskapitel zum Transport sollte auf die Gefahren hingewiesen werden, die sich speziell beim Transport ergeben. Das können z. B. sein:

- Gefahren durch schwebende Lasten
- Kippgefahr durch außermittigen Schwerpunkt
- Gefahren durch hohes Eigengewicht
- Gefahren bei falscher Handhabung
  - Bruchgefahr
  - Beschädigung der Verpackung oder des Inhalts

Transport durch den Hersteller Sie können sich auch dafür entscheiden, dass der Transport ausschließlich durch den Hersteller erfolgen darf. Das kann z. B. dann sinnvoll sein, wenn es sich um ein sehr empfindliches oder nur schwierig zu transportierendes Produkt handelt.

In diesem Fall ist es aber wichtig, dass Sie den eigenmächtigen Transport untersagen und dabei über die möglichen Folgen aufklären, z. B. so:

„Sachschäden bei eigenmächtigem Transport!

Bei eigenmächtigem Transport können durch unsachgemäße Handhabung Sachschäden in erheblicher Höhe entstehen.

- Das Abladen der Transportstücke bei Anlieferung sowie den innerbetrieblichen Transport nur von Mitarbeitern des Herstellers ausführen lassen.
- Jedes eigenmächtige Transportieren oder Anbringen/Entfernen von Transporthilfen unterlassen.
- Verpackungen nicht eigenmächtig entfernen."

Zusätzlich sollten Sie in der Anleitung detaillierte Hinweise zum Transport auslassen, sonst käme der Nutzer noch in Versuchung, trotz Ihres Verbotes zu transportieren.

*4.8.2 Transportinspektion**

Mit der Transportinspektion nimmt der Nutzer die Leistung des Transportunternehmens ab. Bei Verbraucherprodukten kann das z. B. der Paketdienst sein, bei Maschinen oder Anlagen eine Spedition. Der Nutzer soll aufgetretene Transportschäden möglichst früh erkennen und beim Transportunternehmen geltend machen. Man will also verhindern, dass der Hersteller für Transportschäden aufkommen muss, die er gar nicht zu verantworten hat.

Transportinspektion vorschreiben* In der Anleitung sollte der Nutzer dazu aufgefordert werden, eine Transportinspektion durchzuführen. Dabei sollte er auch erfahren, auf welche Punkte er besonders achten muss.

Ich habe z. B. einmal eine Anleitung für eine Bierzapfanlage geschrieben, die nur senkrecht gelagert werden darf. In der Anleitung findet sich die Beschreibung eines Kippindikators, anhand dessen man feststellen kann, ob die Verpackung falsch gelagert wurde. Im Rahmen der Transportinspektion muss in diesem Fall die Einfärbung des Kippindikators geprüft werden.

Meldefrist* Für das Melden von Transportschäden gibt es oft Fristen, die vom Transportversicherer vorgegeben werden. Über diese Fristen sollte der Nutzer in der Anleitung aufgeklärt werden, damit er im Zweifel schnell genug reagieren kann.

Was tun, wenn ein Schaden gefunden ist?* Selbstverständlich sollte aus dem Abschnitt auch hervorgehen, was zu tun ist, wenn tatsächlich ein Schaden aufgetreten ist. Hier wird es je nach Produkt und Hersteller sicher sehr unterschiedliche Vorgehensweisen geben, z. B.:

- Lieferung nicht oder nur unter Vorbehalt entgegennehmen.
- Schadensumfang auf den Transportunterlagen oder auf dem Lieferschein des Transporteurs vermerken.
- Schäden umgehend dem Hersteller melden.
- etc.

*4.8.3 Symbole auf der Verpackung**

Nicht nur auf der Maschine, sondern auch auf der Verpackung können Symbole angebracht sein, die grundsätzlich nicht als selbsterklärend angesehen werden können. Daher müssen diese ähnlich wie die Beschilderung der Maschine beschrieben werden. Allerdings kann hier auf den Lageplan verzichtet werden.

Abbildung 4.12 zeigt ein Beispiel für eine solche Symbolerklärung.

4.8.4 Verpackung

In diesem Abschnitt geht es darum, Besonderheiten der Verpackung zu erläutern.

Art der Verpackung Bei besonders empfindlichen Produkten ist es sinnvoll, die ab Werk vorhandenen Elemente der Verpackung genau zu definieren und ggf. abzubilden. Zudem könnte man z. B. in einer Explosionszeichnung darstellen, wie genau das Produkt mit dem Material verpackt ist. So kann sichergestellt werden, dass z. B. beim erneuten Versand des Produktes richtig verpackt wird.

Bei den meisten Produkten kommt es aber nicht darauf an, hinsichtlich der Verpackung so ins Detail zu gehen. Dann kann sich dieser Abschnitt nur auf die wichtigsten Hinweise beschränken oder eine grobe Beschreibung geben.

Umgang mit Verpackungsmaterialien und Entsorgung Hier sollte ein Hinweis über die Entsorgung der Verpackung insbesondere in Hinblick auf den Umwelt-

Gewicht, angeschlagene Last
Kennzeichnet das Gewicht von Packstücken.
Das gekennzeichnete Packstück entsprechend seinem Gewicht handhaben.

Abb. 4.12 Beispiel für eine Symbolerklärung

schutz abgefasst werden. Der Nutzer sollte über die Umweltverschmutzung durch mangelhafte Entsorgung aufgeklärt werden und animiert werden, sich über die Umweltvorschriften/Entsorgungsprozeduren in seinem Land zu informieren, z. B. so:

> „Gefahr für die Umwelt durch falsche Entsorgung!
>
> Verpackungsmaterialien sind wertvolle Rohstoffe und können in vielen Fällen weiter genutzt oder aufbereitet und wiederverwertet werden. Durch falsche Entsorgung von Verpackungsmaterialien können Gefahren für die Umwelt entstehen.
>
> - Verpackungsmaterialien umweltgerecht entsorgen.
> - Die örtlich geltenden Entsorgungsvorschriften beachten. Gegebenenfalls einen Fachbetrieb mit der Entsorgung beauftragen."

Falls Sie als Hersteller Verpackungen zurücknehmen oder es besondere Prozeduren gibt (z. B. Tausch der Verpackung bei Gasflaschen), sollten diese beschrieben werden.

Aufbewahren der Verpackung* In vielen Anleitungen wird der Nutzer aufgefordert, die Originalverpackung aufzubewahren, um das Produkt z. B. im Garantiefall darin versenden zu können. Die Idee ist generell gut, aber in vielen Fällen nicht praktikabel. Es ist wohl keinem Endverbraucher zuzumuten, die Verpackung seines gesamten Hausrates aufzubewahren. Auch in Industriebetrieben ist es wohl nicht möglich, die Verpackungen aller Maschinen aufzubewahren.

Dennoch ist die Forderung berechtigt, dass das Produkt nur in ausreichender Verpackung transportiert oder versandt werden darf. Hier wäre es sinnvoll, die Verpackung quasi wie ein Ersatzteil bereitzuhalten und nachbestellbar zu machen. Falls das so ist, sollte das hier in der Anleitung beschrieben werden.

Transportsicherungen Einige Produkte verfügen über Transportsicherungen. Diese sollten hier textlich und bildlich aufgeführt werden. Bei den Transportsicherungen kann man auch ruhigen Gewissens deren Aufbewahrung fordern, da diese in der Regel deutlich weniger Platz beanspruchen als die Verpackung.

Schwerpunkt Falls die Packstücke einen hoch liegenden oder außermittigen Schwerpunkt haben, besteht Kippgefahr. Deshalb muss auf diesen Umstand hingewiesen werden. Das ist besonders wichtig, wenn das Produkt sehr schwer oder zerbrechlich ist.

Anschlagpunkte Anschlagpunkte sind vom Hersteller vorgesehene Stellen, an denen eine Verpackung oder ein Produkt selbst an ein Hebezeug (z. B. Kran) angeschlagen werden kann. Falls es besondere Anschlagpunkte für den Transport gibt, müssen diese hier beschrieben und möglichst in einer Abbildung dargestellt werden. Dadurch werden Unfälle durch falsches Anschlagen vermieden, bei denen das Produkt beschädigt und Menschen zu Schaden kommen können.

Falls es unter der folgenden Überschrift „Transport“ eine Handlungsanweisung für das Vorbereiten zum Transport gibt, könnten die Anschlagpunkte auch dort aufgeführt werden.

4.8.5 Transport

Nun geht es an die Beschreibung des eigentlichen Transports. Dies kann bei einfachen Produkten in kurzen Hinweisen erfolgen. Bei komplexeren Verfahrensweisen sollte dies zwingend in Form von Handlungsanweisungen erfolgen.

Verladen Unter dieser Überschrift sollten alle Hinweise zum Verladen des noch verpackten Produktes untergebracht werden. Unter Umständen können hier auch mehrere Transportarten beschrieben werden, z. B. Transport mit:

- Kran (Abb. 4.13)
- Gabelstapler
- Hubwagen
- etc.

Bei den Beschreibungen kommt es darauf an, die Sicherheitsaspekte herauszuarbeiten. Die eigentlichen Tätigkeiten sind ja in der Regel nicht sehr aufwändig.

Auspacken Nach dem Transport soll das Produkt ausgepackt werden. Bei kleinen Produkten ist das mit einem Satz erledigt:

„Nehmen Sie das Produkt aus der Verpackung.“

Bei anderen Produkten, insbesondere wenn diese groß und schwer sind, können hier umfassende Handlungsanweisungen erforderlich sein.

Transport zum Aufstellort Bei Maschinen ist es häufig so, dass diese nach dem Entfernen der Verpackung quasi unverpackt zum Aufstellort transportiert werden müssen.

Anschlagen

Schutzausrüstung: ■ Schutzhelm

1. Seile, Gurte oder Mehrpunktgehänge entsprechend Abb. 24 anschlagen.
2. Sicherstellen, dass das Transportstück gerade hängt, gegebenenfalls außermittigen Schwerpunkt beachten.
3. Transport beginnen.

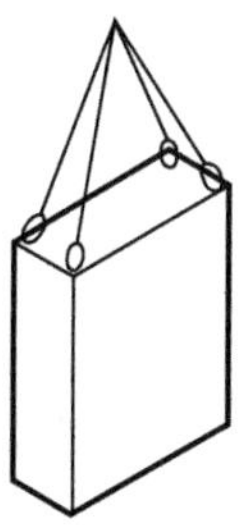

Abb. 24: Transport mit dem Kran

Abb. 4.13 Beispiel für eine einfache Verladeanweisung mit dem Kran

Dieses läuft unter Umständen ganz anders ab als der Transport mit Verpackung und muss daher auch wieder in Form einer Handlungsanweisung beschrieben werden.

Entfernen der Transportsicherungen oder Transporthilfen Falls Transportsicherungen oder Transporthilfen vorhanden sind, muss das Entfernen derselben in einer Handlungsanweisung beschrieben werden.

Vorbereiten des erneuten Transports Soll ein einmal verwendetes Produkt nochmals transportiert werden, sind ggf. einige Vorbereitungen notwendig, z. B.:

- Abtrennen der Energieversorgung
- Anbringen von Transportsicherungen oder Transporthilfen
- Demontieren bestimmter Bauteile
- etc.

Dieses Prozedere sollte in Form einer Handlungsanweisung beschrieben werden.

4.8.6 Lagerung

Gerade bei technischen Arbeitsmitteln kann es vorkommen, dass diese vor der eigentlichen Nutzung recht lange gelagert werden. Bei Anlieferung an eine Baustelle sind die Lagerbedingungen manchmal nicht sehr gut. Niedrige Temperaturen, Regen oder Salzwasser können zu Korrosion oder sonstigen Beschädigungen führen. Um Reklamationen aufgrund falscher Lagerung vorzubeugen, sollten die Bedingungen der Lagerung in der Anleitung klar definiert werden.

Lagerbedingungen Die folgenden Lagerbedingungen sollten z. B. in tabellarischer Form oder als einfache Liste in die Anleitung aufgenommen werden:

- Nicht im Freien aufbewahren.
- Trocken und staubfrei lagern.
- Keinen aggressiven Medien aussetzen.
- Vor Sonneneinstrahlung schützen.
- Mechanische Erschütterungen vermeiden.
- Lagertemperatur: xx bis yy °C.
- Relative Luftfeuchtigkeit: max. xx %.

Konservierung Manche Produkte erfordern bei längerer Lagerung eine besondere Konservierung. Falls die erforderlich ist, sollten hier die Schritte zur Konservierung und zur Entfernung derselben aufgeführt werden.

4.9 Installation und Erstinbetriebnahme

Nach der im Kapitel „Transport“ beschriebenen Anlieferung und dem Auspacken beginnen die eng miteinander verknüpften Lebensphasen Installation und Erstinbetriebnahme, denen das nächste Hauptkapitel der Anleitung gewidmet wird. Falls die Tätigkeiten von unterschiedlichen Personen durchgeführt werden (z. B. die Installation durch den Hersteller und die Erstinbetriebnahme durch den Kunden), kann es von Vorteil sein, für jede Lebensphase ein eigenes Kapitel zu erstellen. Sonst bevorzuge ich die hier gewählte Zusammenfassung.

Begriff „Erstinbetriebnahme" Ich verwende hier bewusst den Begriff „Erstinbetriebnahme" und nicht das allgemeinere Wort „Inbetriebnahme". Es ist wichtig, in der Anleitung sauber zwischen der ersten Inbetriebnahme nach der Installation und der täglichen Inbetriebnahme z. B. zur Benutzung des Produktes zu unterscheiden. Wenn man nur „Inbetriebnahme" sagt, kann man die beiden unterschiedlichen Fälle nicht voneinander unterscheiden, und das führt zu Missverständnissen. Ich benutze daher am liebsten „Erstinbetriebnahme" und „Einschalten" oder „Vorbereiten der Produktion". So können erst gar keine Missverständnisse auftreten.

In der Praxis sind die Tätigkeiten zur Erstinbetriebnahme oft viel umfangreicher als die zum täglichen „Einschalten". Daher ist es auf jeden Fall wichtig, die beiden Handlungen getrennt voneinander zu beschreiben, auch wenn sich das Einschalten ausschließlich aus Schritten zusammensetzt, die auch bei der Erstinbetriebnahme vorkommen. Alles andere wäre für den Nutzer nicht nachvollziehbar und würde zu Verwirrungen führen.

Installation und Erstinbetriebnahme durch den Hersteller Bei komplexeren Produkten kommt es oft vor, dass Installation und Erstinbetriebnahme durch den Hersteller erfolgen. In diesem Fall sind Sie mit diesem Kapitel recht schnell fertig, denn Sie sollten die Tätigkeiten, die hier erforderlich sind, schlichtweg nicht beschreiben.

Falls nämlich eine Beschreibung vorliegt, könnte der Nutzer auf die Idee kommen, trotzdem selbst zu montieren, was wir aber nicht wollen und was zu gefährlichen Situationen führen kann. Für das Vorenthalten dieser Informationen brauchen wir einen guten Grund. So könnte z. B. zu erwarten sein, dass der Nutzer auch bei ausreichender Beschreibung nicht in der Lage ist, die Arbeiten fehlerfrei und sicher ausführen. Der Grund dafür könnte in der Komplexität des Vorgangs liegen, der Erfahrungen und Fachkenntnisse verlangt, die der Nutzer nicht hat.

In diesem Fall müssen wir dem Nutzer die eigenmächtige Installation und Erstinbetriebnahme untersagen, z. B. so:

„Die Installation und Erstinbetriebnahme erfolgt ausschließlich durch Mitarbeiter des Herstellers oder durch von ihm autorisierte Personen.

WARNUNG!

Lebensgefahr durch fehlerhafte Installation und Erstinbetriebnahme!

Fehler bei der Installation oder Erstinbetriebnahme können zu lebensgefährlichen Situationen führen und erhebliche Sachschäden verursachen.

- Installation und Erstinbetriebnahme ausschließlich durch Mitarbeiter des Herstellers oder durch von ihm autorisierte Personen ausführen lassen.
- Auch bei nachträglichen Ortsveränderungen den Hersteller hinzuziehen.
- Eigenmächtige Installation und Ortsveränderungen unterlassen."

Installation und Erstinbetriebnahme durch den Nutzer Falls nun die Installation und Erstinbetriebnahme durch den Nutzer erfolgt, müssen alle erforderlichen Tätigkeiten ausführlich in Handlungsanweisungen beschrieben werden. Idealerweise erfolgt dies nach der unten beschriebenen Gliederung.

Verbraucherprodukte Bei Verbraucherprodukten ist die Installation meist weniger komplex als bei technischen Arbeitsmitteln. Außerdem werden selten Fachleute unterschiedlicher Disziplinen benötigt. Daher können bei Anleitungen für Verbraucherprodukte viele der hier aufgeführten Sicherheitshinweise und Tätigkeiten entfallen. Dafür müssen die wenigen Arbeiten wirklich gut und ausführlich beschrieben werden, damit bei der Installation nichts schiefgeht, wie z. B. in Abb. 4.14. Durch gute Bebilderung kann unter Umständen sogar weitgehend auf Text verzichtet werden.

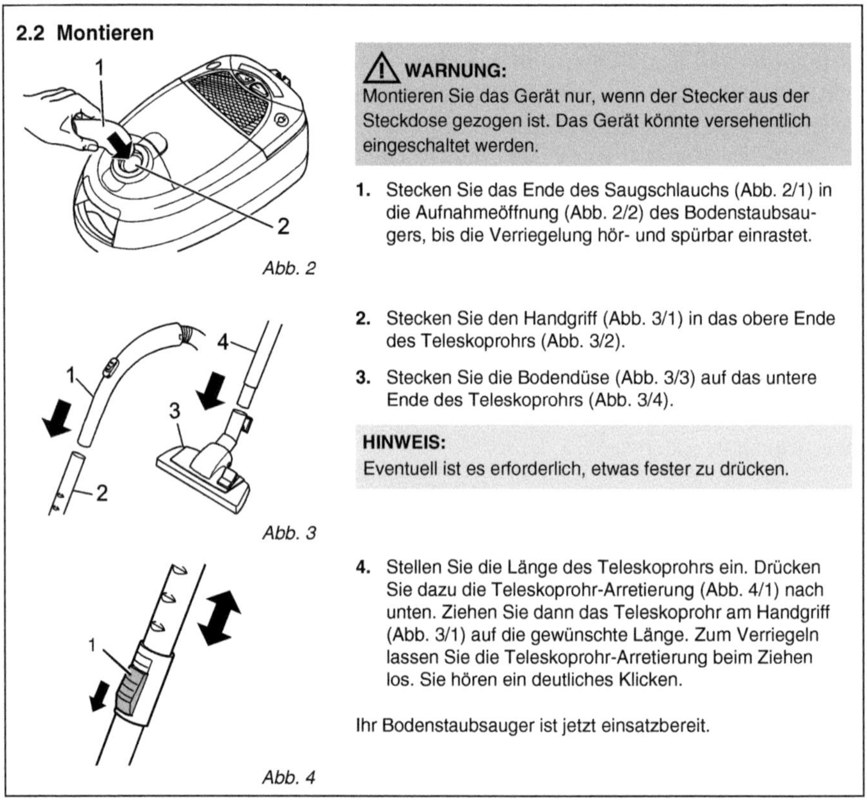
2.2 Montieren

⚠ **WARNUNG:**
Montieren Sie das Gerät nur, wenn der Stecker aus der Steckdose gezogen ist. Das Gerät könnte versehentlich eingeschaltet werden.

1. Stecken Sie das Ende des Saugschlauchs (Abb. 2/1) in die Aufnahmeöffnung (Abb. 2/2) des Bodenstaubsaugers, bis die Verriegelung hör- und spürbar einrastet.

Abb. 2

2. Stecken Sie den Handgriff (Abb. 3/1) in das obere Ende des Teleskoprohrs (Abb. 3/2).
3. Stecken Sie die Bodendüse (Abb. 3/3) auf das untere Ende des Teleskoprohrs (Abb. 3/4).

HINWEIS:
Eventuell ist es erforderlich, etwas fester zu drücken.

Abb. 3

4. Stellen Sie die Länge des Teleskoprohrs ein. Drücken Sie dazu die Teleskoprohr-Arretierung (Abb. 4/1) nach unten. Ziehen Sie dann das Teleskoprohr am Handgriff (Abb. 3/1) auf die gewünschte Länge. Zum Verriegeln lassen Sie die Teleskoprohr-Arretierung beim Ziehen los. Sie hören ein deutliches Klicken.

Ihr Bodenstaubsauger ist jetzt einsatzbereit.

Abb. 4

Abb. 4.14 Montageanleitung für einen Bodenstaubsauger. (Quelle: Royal)

4.9.1 Sicherheit

Hier sollten die für die Lebensphasen Installation und Erstinbetriebnahme relevanten, übergreifenden Sicherheitshinweise formuliert werden. Dies können z. B. folgende Themen sein:

- Arbeiten an der elektrischen Anlage
- unbefugtes Wiedereinschalten
- Folgen für den späteren Betrieb bei fehlerhafter Ausführung der Arbeiten
- Gefahren durch mangelnde Ordnung und Sauberkeit
- Gefahren durch Einrichtbetrieb bei fehlenden Schutzeinrichtungen
- etc.

Bei großen Produkten, die schwer zu überblicken sind, sollte hier auch noch einmal auf die Prozeduren zum Sichern gegen unbefugtes Wiedereinschalten hingewiesen werden.

Generell sind die Sicherheitshinweise, die hier erforderlich sind, stark von dem Umfang der Arbeiten und der „Gefährlichkeit“ des Produktes abhängig.

4.9.2 Anforderungen an den Aufstellort

Oft muss der Ort, an dem das Produkt aufgestellt wird, bestimmten Anforderungen genügen. Das können z. B. sein:

- Platz um das Produkt herum zur ausreichenden Belüftung, oder um Zugang zu bestimmten Bauteilen zu haben
- bei größeren Produkten: Anforderungen an Tragfähigkeit des Bodens oder Fundamentvorgaben
- Anforderungen an die Anschlüsse (Energieversorgung)
- weitere Anschlüsse, wie Absaugung, Abwasser etc.
- klimatische Bedingungen, wie Temperatur, Luftfeuchte
- Anforderungen an die Beleuchtung

Diese Anforderungen sollten in der Anleitung aufgelistet sein. Zur Darstellung des Platzbedarfs ist auch eine Übersichtszeichnung mit Maßangaben sinnvoll. Diese könnte zusätzlich um die erforderlichen Positionen der Versorgungsanschlüsse ergänzt werden.

Verweis auf die Technischen Daten Es kann sein, dass einige der hier benötigten Angaben bereits im Kapitel „Technische Daten“ vorhanden sind. Für diese Angaben kann auf das Kapitel verwiesen werden, um eine Dopplung der Informationen in der Anleitung zu vermeiden. Das verbessert die Pflegbarkeit.

4.9.3 Vorbereitungen

Es kann sein, dass vor der Installation bestimmte Vorbereitungen zu treffen sind, z. B.:

- Reinigen der Halle
- Installieren einer Filteranlage
- Anbringen von Haltern
- etc.

Einfache Bedingungen können als Forderungen in Form einer Liste abgefasst werden. Sind Handlungen erforderlich, sollten diese auch als Handlungsanweisungen formuliert werden.

4.9.4 Installation

Ein eigentliche Installation, also das Aufstellen von Einzelteilen und die Montage zum fertigen Produkt, müssen zwingend als Handlungsanweisungen abgefasst werden. Bei umfangreichen Tätigkeiten sollten logische Einheiten gebildet werden, damit nicht eine lange, unübersichtliche Handlungsfolge entsteht.

Die Beschreibung muss so ausführlich sein, dass der Nutzer die Arbeiten entsprechend seiner Qualifikation ohne Rückfrage ausführen kann. Idealerweise führt man die Arbeiten selbst einmal durch, um genau zu wissen, was zu tun ist.

Schwerpunkt auf knifflige Aufgaben legen Was mir in diesem Zusammenhang immer wieder begegnet, sind Beschreibungen, die Banales recht ausführlich beschreiben und dann, wenn es wirklich kompliziert wird, oberflächlich werden. Ein Beispiel:

Motor demontieren

1. Drücken Sie die Entriegelungstaste der Motorhaube.
2. Öffnen Sie die Motorhaube.
3. Führen Sie das Hebegeschirr mit einem Kran über den Motorraum.
4. Befestigen Sie die Haken des Hebegeschirrs an den Anschlagösen des Motors.
5. Heben Sie den Kranhaken so weit an, dass die Ketten des Hebegeschirrs unter Spannung stehen.
6. Entfernen Sie alle Schläuche, Kabel und Schrauben.
7. Heben Sie den Motor aus dem Motorraum.

Ist Ihnen etwas aufgefallen? Niemand wäre in der Lage, den Motor auszubauen, weil ich unter Punkt 6 wahrscheinlich 50 Handlungsschritte, die sehr komplex sind, zusammengefasst habe. Und das, obwohl die Handlungsanweisung vorbildlich formuliert und anfangs auch gut nachvollziehbar ist. Wichtig ist also: Gerade dann, wenn es so kompliziert wird, dass Sie nicht mehr wissen, wie Sie es beschreiben sollen, müssen Sie es unbedingt genauestens beschreiben. Sonst steht der Nutzer im Regen.

Befestigung Falls das Produkt irgendwo befestigt wird, z. B. an der Wand angeschraubt, muss der Vorgang der Befestigung natürlich auch beschrieben werden. Zusätzlich müssen in der Anleitung aber auch die Befestigungsmittel (z. B. Schrauben oder Wandhalter) spezifiziert werden, wenn sie dem Produkt nicht beiliegen. Dadurch wird vermieden, dass sich Gefahren aufgrund der unzureichenden Befestigung ergeben.

Bei Produkten, die beim Betrieb Schwingungen erzeugen, kann es bei der Befestigung erforderlich sein, Schwingungsdämpfer vorzusehen. Auch dies muss aus der Anleitung hervorgehen.

Zusätzliche Schutzeinrichtungen Manchmal werden Produkte (insbesondere Maschinen und Anlagen) ohne ausreichende Schutzeinrichtungen ausgeliefert (z. B. fehlende Schutzzäune). In diesem Fall muss in der Anleitung beschrieben werden, welche zusätzlichen Schutzeinrichtungen der Nutzer noch anbringen muss und wie genau das zu tun ist. Nur so ist sichergestellt, dass das Produkt nachher sicher verwendet wird.

Bewegte Bauteile Wenn der Nutzer während der Installation mit bewegten Bauteilen in Berührung kommt, kann es sein, dass er sich durch deren Bewegungen einer Gefahr aussetzt. Das ist insbesondere dann der Fall, wenn er die Bewegungsrichtung des betreffenden Bauteils nicht kennt.

Beispiel: Nach dem Anschließen der Druckluft schwenkt ein druckluftbetriebener Arm aus. Wenn nun durch die Kenntnis der Bewegungsrichtung das Verletzungsrisiko vermindert werden könnte, so soll der Nutzer in der Anleitung über diese aufgeklärt werden.

So könnte für den oben genannten Fall ein Bild des Armes mit Pfeilen, die die Bewegungsrichtung andeuten, in die Anleitung aufgenommen werden. Dazu könnte noch der Hinweis stehen:

> „VORSICHT
> Verletzungsgefahr durch Schwenkarm!
> Der Schwenkarm kann beim Einschalten der Druckluft in die Endlage schwenken.
>
> - Bewegungsbereich frei halten.
> - Schwenkarm vor dem Einschalten in die Endlage bringen."

Lärm vermindern Bei sehr lauten Produkten, die fest installiert werden, kann es sein, dass die Art der Montage Einfluss auf die Geräuschentwicklung hat. In diesem Fall sollte die Anleitung Hinweise auf die notwendigen Maßnahmen zur Geräuschdämmung enthalten (z. B. Verwendung von Geräuschdämpfern, Art und Gewicht des Sockels usw.).

4.9.5 Anschließen

Nachdem nun die Installation/Montage erfolgt ist, sollte das Produkt mit der Energieversorgung und sonstigen Anschlüssen verbunden werden. Idealerweise erhält jeder Anschluss sein eigenes Unterkapitel mit der entsprechenden Handlungsanweisung.

Auf Personalqualifikationen achten Gerade bei den Anschlussarbeiten sind oft unterschiedliche Fachdisziplinen gefragt. Achten Sie darauf, dass bei jeder Beschreibung auch die passende Personalqualifikation vorgeschrieben wird.

Viele begehen hier allerdings den Fehler, dass sie dem Fachpersonal zu viel zutrauen. Es reicht üblicherweise nicht aus, nur zu schreiben:

„Strom durch Elektriker anschließen lassen."

Hier fehlen einige Informationen, z. B.:

- Welche Bedingungen muss er vor dem Anschließen prüfen?
- Wo ist der Anschlusskasten?
- An welche Klemmen muss er anschließen?
- Muss er anschließend die Drehrichtung von Antrieben prüfen? Wie genau geht das?
- Woran kann er erkennen, ob er alles richtig gemacht hat?

Also auch für Fachkräfte sauber und in Handlungsschritten dokumentieren!

4.9.6 Erstinbetriebnahme

Nun können die Schritte zur Erstinbetriebnahme stattfinden. Dabei werden in der Regel irgendwelche Einstellungen geprüft und korrigiert, Testläufe gefahren etc. Auch hier sollte zwingend mit Handlungsanweisungen gearbeitet werden.

Protokoll der Erstinbetriebnahme Zur Erstinbetriebnahme gehören oft auch Überprüfungen und Messungen, anhand derer festgestellt werden soll, ob die richtigen Parameter eingestellt sind und die Montage und Installation korrekt erfolgt ist. Hier bietet es sich an, den Erfolg der Prüfungen in einem Protokoll vom Nutzer dokumentieren zu lassen.

Das Protokoll kann eine einfache Tabelle sein, die in der Anleitung steht. Bei komplexeren Tätigkeiten kann man diese auch als Kopiervorlage in den Anhang setzen oder als separates Dokument mitgeben. In diesem Fall sollte in der Anleitung darauf verwiesen werden.

Es gibt auch Produkte, bei denen bestimmte Prüfungen und deren Dokumentation vorgeschrieben sind, z. B. Krane.

4.10 Bedienung, Betrieb

Das Kapitel „Bedienung" ist sicher der Dreh- und Angelpunkt der meisten Anleitungen; schließlich will der Nutzer das Produkt hauptsächlich benutzen. Alle anderen Tätigkeiten dienen im Wesentlichen dazu, dass das Benutzen überhaupt oder z. B. nach einer Störung wieder möglich wird.

Betrieb Es gibt aber auch Produkte, bei denen es kaum etwas zu bedienen gibt, z. B. Komponenten, die in Anlagen eingebaut werden. Dennoch müssen bestimmte Punkte beim Betrieb dieser Produkte beachtet werden. In solchen Fällen empfehle ich, das Kapitel „Bedienung“ in „Betrieb“ umzubenennen.

4.10.1 Sicherheit

In den meisten Fällen wird es für das Kapitel „Bedienung“ nur wenige übergreifende Sicherheitshinweise geben. Denn die meisten davon werden schon in den allgemeinen Sicherheitshinweisen des Kapitels „Sicherheit“ vorhanden sein.

Gedoppelte Warnungen Wenn es bei der Bedienung bestimmte Dinge zu beachten gibt, deren Missachtung erhebliche Risiken mit sich bringen, so sollten diese hier wiederholt werden – auch dann, wenn sie bereits im Kapitel „Sicherheit“ enthalten sind. Bitte aber darauf achten, dass nicht Banales wiederholt wird.

4.10.2 Tätigkeiten vor Gebrauch

Meist ist es erforderlich, dass vor der Verwendung des Produktes bestimmte Vorbereitungen zu treffen sind. Das können z. B. sein:

- Sicherstellen, dass bestimmte Einstellungen vorgenommen wurden
- Sicherstellen, dass sich keine Personen in den Sicherheitsbereichen aufhalten
- Material oder Verbrauchstoffe einfüllen
- Sicherheitseinrichtungen prüfen
- etc.

In der Anleitung sollten die Tätigkeiten natürlich nicht nur aufgelistet werden, sondern als Handlungsanweisungen ausformuliert werden.

Besondere Bedingungen Bei sehr sicherheitsempfindlichen Produkten, z. B. Medizinprodukten, oder solchen, die in explosionsgefährdeten Bereichen eingesetzt werden, sind unter Umständen bestimmte Bedingungen erforderlich. Diese müssen erfüllt sein, damit das Produkt überhaupt betrieben werden darf, z. B.:

- Medizinprodukte:
  Anforderungen an den Zustand des Patienten
- Explosionsgefährdung:
  Anforderungen an die umgebende Atmosphäre
- etc.

Auf solche Bedingungen muss in der Anleitung unbedingt hingewiesen werden.

4.10.3 Ein- und Ausschalten

Üblicherweise werden die Tätigkeiten im Kapitel „Bedienung" entsprechend der Reihenfolge, in der sie vorkommen, dokumentiert. Der Abschnitt „Ein- und Ausschalten" sollte hier jedoch eine Ausnahme bilden. Denn streng genommen müsste das Einschalten ganz am Anfang des Kapitels „Bedienung" stehen und das Ausschalten ganz am Ende. Das hat aber den Nachteil, dass der Nutzer, nachdem er das Produkt eingeschaltet hat, ziemlich lange suchen muss, bis er die Stelle findet, an der beschrieben ist, wie er es wieder ausschalten kann. Das ist insbesondere beim Thema „Ausschalten im Notfall" ungünstig. Deshalb ist es besser, das Ein- und Ausschalten in einem Kapitel zusammenzufassen.

Einschalten Das Einschalten kann im einfachsten Fall durch das Umlegen eines Schalters erfolgen. Dann ist es eben eine Ein-Schritt-Handlungsanweisung. Es gibt aber auch komplexere Fälle, bei denen viele Handlungsschritte erforderlich sind. Bei komplexen Anlagen kann es sogar erforderlich sein, zwischen dem eigentlichen Einschalten, also dem Betätigen des Hauptschalters, und dem Anfahren der Anlage zu unterscheiden.

Falls sich gleich nach dem Einschalten etwas bewegt, z. B. bei einer Kreissäge, muss eine Handlungsfolge gefunden werden, bei der das Produkt zuvor in einen sicheren Zustand versetzt wird. Das Ganze sollte zusätzlich mit einem entsprechenden Sicherheitshinweis versehen werden.

Beispiel für die Beschreibung des Einschaltens einer Kreissäge:

Warnung!
Verletzungsgefahr durch anlaufendes Sägeblatt.

1. Stellen Sie sicher, dass der Sägeblattschutz geschlossen ist.
2. Setzen Sie das Vorderteil der Säge auf dem zu schneidenden Brett ab.
3. Halten Sie die Säge mit beiden Händen fest.
4. Schalten Sie die Säge am Ein-/Ausschalter ein.
   → Der Motor läuft an.

Ausschalten Hiermit ist das ganz normale Ausschalten nach der Benutzung des Produktes gemeint. Falls nach dem Ausschalten noch irgendwelche Gefahren bestehen, z. B. Nachlaufen des Sägeblatts nach dem Ausschalten, sollte darauf hingewiesen werden.

Es kann auch sein, dass zum Ausschalten bestimmte Bedingungen geschaffen werden müssen (z. B. Leerfahren einer Anlage); diese sollten in die Handlungsfolge mit eingearbeitet werden.

Ausschalten im Notfall Bei einigen Produkten unterscheidet sich das Ausschalten im Notfall nicht von dem normalen Ausschalten z. B. bei der oben schon genannten Kreissäge. Für diese Produkte reicht ein einfacher Satz, wie z. B.:

„Schalten Sie die Kreissäge im Notfall sofort ab und ziehen sie den Netzstecker."

Bei anderen Produkten kann das deutlich komplizierter sein. In der Regel verfügen diese Produkte über einen Not-Halt-Taster. Wichtig ist, dass auch beschrieben wird, was genau passiert, wenn dieser betätigt wird. In vielen Fällen wird nämlich nicht nur einfach der Strom abgestellt, sondern es werden nur Bewegungen gestoppt, da bestimmte Aggregate weiter mit Strom versorgt werden müssen, z. B. eine Lüftung.

Bei noch größeren Produkten kann es erforderlich sein, Evakuierungsmaßnahmen oder bestimmte Prozeduren für die Rettung von Personen zu beschreiben.

Wiedereinschalten nach dem Not-Halt Oft sollte das Produkt, nachdem der Not-Halt gedrückt wurde, nicht einfach wiedereingeschaltet werden. Hier können z. B. bestimmte Prüfungen oder andere Maßnahmen erforderlich sein. Insbesondere muss sichergestellt werden, dass die Ursache für den Not-Halt eliminiert wurde. Die dafür vorgesehenen Handlungen sollten ebenfalls in der Anleitung stehen.

4.10.4 Normalbetrieb

Nach dem Einschalten sollte der Normalbetrieb untergliedert in einzelne Handlungsfolgen beschrieben werden. Für jede Aufgabe, die der Nutzer im Normalbetrieb ausführen kann oder muss, sollte es eine Handlungsfolge geben. Jede Handlungsfolge sollte ein Unterkapitel darstellen.

Aufgaben, die der Nutzer im Normalbetrieb ausführt, können z. B. sein:

- Vorbereitungen treffen
- Verbrauchsstoffe nachfüllen
- Automatikbetrieb starten/beenden
- Überwachungsaufgaben
- etc.

4.10.5 Besondere Handlungen

Neben dem Normalbetrieb gibt es oft eine Reihe von Aufgaben, die nicht so häufig und ggf. nur durch bestimmtes Personal ausgeführt werden dürfen. Diese besonderen Handlungen sollten erst nach dem Normalbetrieb beschrieben werden. Hier gilt der Grundsatz: vom Allgemeinen zum Besonderen.

Besondere Handlungen können z. B. sein:

- Einstellen
- Einrichten
- Umrüsten
- Wechseln von Werkzeugen
- etc.

4.10.6 Tätigkeiten nach der Benutzung

Auch nachdem die Verwendung eines Produktes abgeschlossen ist, können bestimmte Arbeiten erforderlich sein. Diese werden vom Nutzer gerne vernachlässigt und müssen daher unbedingt beschrieben werden. Diese Tätigkeiten können z. B. sein:

- Ausleeren von Behältern
- Durchführen von Prüfungen
- Reinigung
- Wegstellen und Verstauen des Produktes
- etc.

4.10.7 Reinigung, Desinfektion, Sterilisation

Bei Produkten in den Bereichen Lebensmittelverarbeitung und Medizintechnik kommt der Hygiene eine besondere Bedeutung zu. Hier muss genau beschrieben werden, wann und wie das Produkt zu reinigen ist. Hierzu gehört auch die Vorgabe der zu verwendenden Mittel zur Reinigung und Desinfektion.

In der Medizintechnik müssen Teile, die mit dem Patienten in Berührung kommen, zudem noch sterilisiert werden. Auch dieser Vorgang muss genau beschrieben werden. Hier kommt es auch auf die erforderlichen Einwirkzeiten an.

4.11 Wartung

Bei nahezu allen Produkten sind regelmäßige Arbeiten zur Erhaltung der Sicherheit und der Leistungsfähigkeit erforderlich. Lediglich die Umfänge der Arbeiten unterscheiden sich stark.

Reinigung und Pflege Bei vielen Verbraucherprodukten ist es gar nicht vorgesehen, dass der Nutzer umfangreiche Wartungsarbeiten vornimmt. Die einzig nötigen Arbeiten können ein Filterwechsel sein, eine gründliche Reinigung oder das Entkalken. Hier wäre die Überschrift „Wartung" etwas übertrieben und würde die Nutzer abschrecken. Deshalb nenne ich das Kapitel dann lieber „Reinigung und Pflege" oder wähle eine andere passende Überschrift.

Wartung durch den Hersteller Bei anderen Produkten muss die Wartung oder zumindest ein Teil der Wartung vom Hersteller durchgeführt werden. Dann ist es wichtig, dass der Nutzer erfährt, an wen er sich wenden soll, wenn eine Wartung ansteht. Außerdem muss er natürlich erfahren, in welchen Intervallen die Wartungen stattfinden sollen.

Für die vom Hersteller durchzuführenden Arbeiten sollte möglichst keine Beschreibung in der Anleitung stehen. Sonst kommt der Nutzer noch auf die Idee, er könne es doch selbst machen. Ich finde es aber zweckmäßig, zumindest anzugeben, welche Tätigkeiten vom Hersteller ausgeführt werden. Das erhöht ggf. auch die Einsicht, die Wartungsintervalle einzuhalten.

4.11.1 Sicherheit

Das Thema Sicherheit ist bei der Wartung natürlich besonders wichtig. Oft passieren hier Unfälle und unbedachtes oder unachtsames Handeln. Darauf sollte der Nutzer hingewiesen werden z. B. so:

> „WARNUNG!
> Verletzungsgefahr durch unsachgemäß ausgeführte Wartungsarbeiten!
> Unsachgemäße Wartung kann zu schweren Verletzungen und erheblichen Sachschäden führen.
>
> - Vor Beginn der Arbeiten für ausreichende Montagefreiheit sorgen.
> - Auf Ordnung und Sauberkeit am Montageplatz achten! Lose aufeinander- oder umherliegende Bauteile und Werkzeuge sind Unfallquellen.
> - Wenn Bauteile entfernt wurden, auf richtige Montage achten, alle Befestigungselemente wieder einbauen.
> - Vor der Wiederinbetriebnahme sicherstellen, dass
>   - alle Wartungsarbeiten durchgeführt und abgeschlossen wurden.
>   - sich keine Personen im Gefahrenbereich aufhalten.
>   - alle Abdeckungen und Sicherheitseinrichtungen installiert sind und ordnungsgemäß funktionieren.“

Außerdem muss hier insbesondere vor solchen Gefahren gewarnt werden, die sich ausschließlich bei Wartungsarbeiten ergeben, z. B. durch Arbeiten bei geöffneten Schutzabdeckungen.

4.11.2 Wartungsplan

Der Wartungsplan ist das Herzstück des Kapitels „Wartung“. Er enthält eine Übersicht über die auszuführenden Wartungsarbeiten mit den dazugehörigen Wartungsintervallen.

Der Wartungsplan soll insbesondere folgende Tätigkeiten enthalten:

- Visuelle Zustandskontrolle
- Schmierung
- Nachfüllen von Betriebsstoffen
- Prüfungen und Fristen für verschleißanfällige Bauteile

Tab. 4.1 Beispiel für einen Wartungsplan in Matrixdarstellung

	Intervall		
Tätigkeit	täglich	wöchentlich	monatlich
Reinigen	x		x
Schmieren		x	
Schrauben anziehen		x	x

Sortierung Der Wartungsplan sollte in jedem Fall sinnvoll sortiert sein. Hier bietet sich eine zeitliche Sortierung nach Wartungsintervallen an. Dabei muss man in Kauf nehmen, dass bestimmte Arbeiten mehrfach genannt werden, wenn sie in mehreren Intervallen vorkommen.

Dies kann man mit einer Matrixdarstellung (z. B. Tab. 4.1) vermeiden.

Bei umfangreichen Wartungsplänen kann diese Art der Darstellung aber schnell unübersichtlich werden. Daher empfehle ich die nutzerfreundlichere Wiederholung je Wartungsintervall, wie sie in Tab. 4.2 dargestellt ist.

Bei Produkten, die aus mehreren größeren Einheiten bestehen, kann man den Wartungsplan auch aufteilen, so dass für jede Einheit ein eigener kleiner Wartungsplan existiert. Ob das sinnvoll ist, hängt davon ab, wie die Wartung ausgeführt wird. Wenn z. B. eine Anlage zur Wartung komplett stillgesetzt werden muss, dann sollte es nur einen Wartungsplan geben. Wenn Einheiten separat gewartet werden können, ist eine Aufteilung des Wartungsplans sinnvoller.

Querverweise auf Handlungsanweisungen Neben der Information, welche Arbeiten zu erledigen sind, sollte der Nutzer auch erfahren, wo er nachlesen kann, wie die Arbeit genau ausgeführt wird.

Dazu sollte zu jeder Tätigkeit auch ein Querverweis auf die entsprechende Handlungsanweisung stehen.

Die Ausnahme bilden hier ganz einfache, selbsterklärende Tätigkeiten, die auch nicht weiter beschrieben werden müssen, z. B.:

„Bildschirm mit einem feuchten Tuch abwischen."

Diese Handlungsanweisung muss übrigens nicht unbedingt im Kapitel „Wartung" stehen. Wenn die Arbeit z. B. im Kapitel „Bedienung" bereits beschrieben ist, kann man durchaus darauf verweisen.

Wartungen von zugekauften Komponenten Bei einer Anlage, die aus mehreren zugekauften Komponenten besteht, werden die Anleitungen der Lieferanten üblicherweise angehangen. Der Wartungsplan sollte aber auch die Tätigkeiten beinhalten, die in den Anleitungen der Lieferanten vorgeschrieben sind. Anderenfalls hätte

Tab. 4.2 Beispiel für einen Wartungsplan nach Intervallen sortiert

Intervall	Tätigkeit
täglich	Reinigen
wöchentlich	Schmieren
	Schrauben anziehen
monatlich	Reinigen
	Schrauben anziehen

Intervall	Wartungsarbeit	Personal
Täglich	Arbeitsraum reinigen ↳ *Kapitel 8.4.2.1 „Arbeitsraum reinigen" auf Seite 328*	Fachkraft
	Fräswerkzeug reinigen ↳ *Kapitel 8.4.2.2 „Fräswerkzeug reinigen" auf Seite 335*	Fachkraft
	Kühlschmiermitteldüsen prüfen ↳ *Kapitel 8.4.2.3 „Kühlschmiermitteldüsen prüfen" auf Seite 338*	Fachkraft
	Schutzscheibe kontrollieren ↳ *Kapitel 8.4.2.4 „Schutzscheibe kontrollieren" auf Seite 339*	Fachkraft
Wöchentlich	Überlaufbehälter ausleeren ↳ *Kapitel 8.4.3.2 „Überlaufbehälter ausleeren" auf Seite 341*	Fachkraft
	Maschineninnenraum reinigen ↳ *Kapitel 8.4.3.3 „Maschineninnenraum reinigen" auf Seite 342*	Fachkraft
	Kondensatableiter prüfen ↳ *Kapitel 8.4.3.4 „Kondensatableiter prüfen" auf Seite 344*	Fachkraft
	Kühlschmiermittel prüfen ↳ *Kapitel 8.4.3.5 „Kühlschmiermittel prüfen" auf Seite 346*	Fachkraft
	Motorkühlung prüfen ↳ *Kapitel 8.4.3.6 „Motorkühlung prüfen" auf Seite 346*	Fachkraft

Abb. 4.15 Beispiel für einen Wartungsplan – zeitlich sortiert, mit Querverweisen und Personalqualifikation. (Quelle: Schneider)

der Nutzer viel zu tun, bis er alle Wartungstätigkeiten aus dem Wust an Dokumenten herausgesucht hat.

Wartungsheft Bei einigen Produkten (z. B. Krane) ist ein Wartungsheft vorgeschrieben. Im Wartungsheft wird die Einhaltung der Wartungsintervalle vom Nutzer dokumentiert. Das Wartungsheft kann Bestandteil der Anleitung sein oder separat beigelegt werden. Falls es separat verfügbar ist, muss in der Anleitung darauf hingewiesen werden.

Personalqualifikation Damit klar ist, wer welche Wartungstätigkeit ausführen darf, empfiehlt es sich, diese Information (wie in Abb. 4.15) mit in den Wartungsplan aufzunehmen. So entstehen keine Missverständnisse.

4.11.3 Wartungsarbeiten

Die auszuführenden Artungsarbeiten müssen hier in Form von Handlungsanweisungen beschrieben werden. Wie bereits erwähnt, kann dabei auf die Beschreibung besonders einfacher Handlungen verzichtet werden.

1. ▶ Schutzscheibe öffnen.

➥ *Kapitel 8.4.1 „Maschine bei Wartungsarbeiten bedienen" auf Seite 320*

Abb. 4.16 Querverweis auf wiederkehrende Arbeiten. (Quelle: Schneider)

Hier sollen übrigens nur die Handlungen beschrieben werden, die der Nutzer selbst auch ausführen soll und darf. Die Arbeiten, die vom Hersteller (z. B. durch Servicetechniker) ausgeführt werden müssen, sollten hier nicht beschrieben werden.

Ersatzteile Falls bei den Wartungsarbeiten bestimmte Ersatzteile verwendet werden, muss der Nutzer diese genau identifizieren können. Das kann z. B. durch Angabe der Bestellnummer in der Anleitung gewährleistet werden. Dieser Ansatz birgt aber in der Regel einen hohen Änderungsaufwand und schränkt die Wiederverwendbarkeit der Wartungsbeschreibungen bei einem modularen Aufbau der Anleitung ein.

Besser wäre es also, die Information über einen separaten Ersatzteilkatalog mitzugeben. Alternativ besteht auch die Möglichkeit, Wartungskits anzubieten, in denen genau die Teile enthalten sind, die für eine Wartung benötigt werden.

Füllmengen Wenn Flüssigkeiten oder andere Verbrauchsstoffe ausgetauscht werden, sollten in der Anleitung die Mengenangaben nicht fehlen. Alternativ können Sie auch angeben, woran man erkennen kann, dass ein ausreichender Füllstand gegeben ist.

Wiederkehrende Arbeiten Manchmal kommt es vor, dass sich bestimmte Tätigkeiten bei sehr vielen Wartungen wiederholen, z. B. das Abnehmen von Gehäuseteilen. Dann kann man diese Tätigkeiten in einzelnen Handlungsanweisungen zu Beginn des Wartungskapitels zusammenfassen und bei der Beschreibung der eigentlichen Wartungstätigkeiten darauf verweisen, z. B. so wie in Abb. 4.16.

Dadurch werden die Handlungsanweisungen der Wartungstätigkeiten weniger umfangreich.

4.12 Störungen

Das Kapitel „Störungen" wird der Nutzer in der Regel nur dann lesen, wenn etwas mit seinem Produkt nicht stimmt. Dann will er aber umso schneller die Information finden, die sein Problem löst. Deshalb kommt es hier besonders auf eine gute und übersichtliche Struktur an.

Wissensquellen Außerdem erfordert das Formulieren möglicher Störungszustände sehr viel Erfahrung im Umgang mit dem Produkt. Servicetechniker sind hierfür eine entscheidende Informationsquelle. Denn sie wissen genau, was die Nutzer immer wieder falsch machen oder welche Probleme in der Nutzung tatsächlich auftreten.

Umfang Wie ausführlich das Kapitel „Störungen" ausfällt, hängt natürlich wieder sehr vom Produkt ab. Bei einfachen Produkten mit wenigen Funktionen kann es sehr kurz sein, bei komplexen Produkten mit vielen Funktionen dagegen sehr lang. Wenn ein Produkt über eine Steuerung mit Fehlermeldungen verfügt, sollten alle Meldungen dokumentiert werden, sofern diese nicht selbsterklärend sind. Falls eine Visualisierungssoftware in dem Produkt installiert ist, kann man die Fehlerbeschreibungen auch in die Software integrieren. Dann kann man im Handbuch in den meisten Fällen darauf verzichten, diese Beschreibungen noch einmal zu wiederholen.

Grenzen aufzeigen Bei jeder Störung muss dem Nutzer klar sein, ob er diese selbst beheben kann oder ob er den Hersteller hinzuziehen muss. Das kann entweder für den Einzelfall festgelegt oder als generelle Klausel formuliert werden, z. B. so:

„Sollte an Ihrem Produkt ein Fehler auftreten, der hier nicht beschrieben ist, wenden Sie sich an den Hersteller. Versuchen Sie nicht, den Fehler eigenständig zu beheben."

4.12.1 Sicherheit

Ähnlich wie bei der Wartung ist das Thema Sicherheit auch im Störungsfall besonders wichtig. Schließlich können hier Zustände auftreten, bei deren Behebung sich der Nutzer Gefahren aussetzt, die er aus dem Normalbetrieb nicht kennt.

Blockierungen So verlangt z. B. die Maschinenrichtlinie explizit Hinweise zum Lösen von Blockierungen in der Anleitung, da sich hier erhebliche Gefahrenpotenziale aufbauen können. So wäre es z. B. recht fatal, wenn ein blockierter Rasenmäher nach dem Lösen des Astes, der zur Blockierung geführt hat, von alleine losdreht, weil er vorher nicht abgestellt wurde.

Vorgehen bei Störungen und Unfällen Wenn von einem Produkt umfangreichere Gefahren ausgehen, sollte man in der Anleitung Handlungsschritte zum grundsätzlichen Verhalten bei Störungen vorsehen. Das könnten z. B. sein:

- Not-Halt einleiten.
- Störungsursache ermitteln.
- Verantwortlichen am Einsatzort über Störung sofort informieren.
- Anlage ausschalten und gegen Wiedereinschalten sichern.
- Je nach Art der Störung diese von autorisiertem Fachpersonal beseitigen lassen oder selbst beheben.
- etc.

4.12.2 Störungsanzeigen

Hier sollen alle Elemente beschrieben werden, die den Nutzer über Störungszustände informieren. Das können z. B. sein:

Signalleuchte

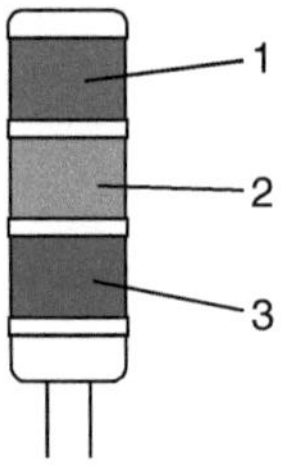

Abb. 72: Signalleuchte

Die Signalleuchte zeigt die unterschiedlichen Betriebszustände durch unterschiedlich farbige Leuchtsignale an.

Pos.	Leuchtsignal	Beschreibung
1	Störfall (rot)	Leuchtet bei ausgelöstem Not-Stopp. Blinkt bei anliegenden Warnmeldungen.
2	Betrieb (orange)	Leuchtet während des Automatikbetriebes.
3	Betriebsbereit (grün)	Leuchtet bei Betriebsbereitschaft.

Abb. 4.17 Beispiel für die Beschreibung einer Signalleuchte

- Signallampen, LEDs
- Akustische Signale
- Displays
- Fehlerbehandlung in der Visualisierungssoftware

Umfang Die Beschreibung sollte möglichst ein Bild der Anzeige und eine kurze Beschreibung enthalten. In einer Tabelle sollten außerdem die Bedeutungen der unterschiedlichen Anzeigezustände erläutert werden. Abbildung 4.17 zeigt, wie man dies umsetzen kann.

Visualisierungssoftware Wenn Störungen in einer Visualisierungssoftware angezeigt werden, ist in der Regel eine ausführlichere Beschreibung erforderlich. Dabei sollten die Teile der Software, in denen Fehler angezeigt werden, beschrieben werden, z. B.:

- Statuszeile
- Menüpunkt „Störungen"
- Störungshistorie
- Störmeldungen

4.12.3 Verhalten bei Störungen

In diesem Abschnitt gilt es, das grundsätzliche Verhalten im Störungsfall zu beschreiben. Insbesondere dann, wenn es eine Störungsanzeige im Produkt gibt, sollten die Schritte von der Meldung der Störung bis hin zum Quittieren der Störung in Form von Handlungsschritten erläutert werden.

Verhalten nach Beheben der Störung Besonderes Augenmerk sollte auf den Tätigkeiten nach dem Beheben der Störungen liegen, da diese durchaus sicherheitsrelevant sein können. Hier sollten also Prüfungen oder Handlungen beschrieben werden, mit denen sichergestellt ist, dass bei der Nutzung des Produktes nach einer

Störung alle Gefahrenquellen beseitigt sind. Solche Gefahrenquellen können z. B. sein:

- nicht geschlossene Schutzabdeckungen
- Personen, die sich innerhalb einer Anlage aufhalten
- falsch durchgeführte Maßnahmen zur Störungsbeseitigung
- etc.

4.12.4 Störungstabelle

Die Störungstabelle ist das Herzstück des Kapitels „Störungen“. Diese sollte logisch gruppiert alle möglichen Arten von Störungen beinhalten, die üblicherweise am Produkt auftreten.

Störungen mit Meldung Falls es Störmeldungen gibt (z. B. Fehlernummern, die über ein Display ausgegeben werden), sollte die Störungsliste nach diesen sortiert sein. Das macht es dem Nutzer leichter, die Maßnahmen zu seiner Störung zu finden.

Bei einfachen Displays sind die Störungsanzeigen in der Regel nicht selbsterklärend, so dass der Nutzer gezwungen ist, in der Anleitung nachzusehen. Wenn Meldungen im Klartext gegeben werden, brauchen diese nur in die Anleitung aufgenommen zu werden, wenn sich daraus zusätzliche Informationen ergeben. Das könnten z. B. Querverweise auf Abschnitte sein, in denen die weitere Lösung beschrieben ist. Listen, in denen lediglich die Fehlermeldungen wiedergegeben werden, die der Nutzer auf der Steuerung sowieso schon sieht, bringen herzlich wenig.

In solchen Fällen muss man gut überlegen, ob die Meldung an sich ausreicht. Wie schon erwähnt kann es auch sinnvoll sein, die Beschreibung in der Steuerung ausführlicher zu gestalten, um dann auf die Nennung des Fehlers in der Anleitung ganz zu verzichten. Wichtig ist aber, dass der Nutzer aufgrund der Beschreibung auch in der Lage ist, den Fehler zu finden und zu beheben, bzw. weiß, dass er den Service anrufen muss.

Störungen ohne Meldung Falls keine Störmeldungen existieren, sollte die Störungstabelle unter anderen Gesichtspunkten aufgebaut werden, z. B. nach Art der Störung alphabetisch sortiert, oder nach Häufigkeit des Auftretens. Bei Produkten mit Störmeldung kann es aber auch sein, dass es für bestimmte Störungen keine Meldung gibt. Diese Störungen sollten auf jeden Fall identifiziert und in die Störungstabelle aufgenommen werden.

Mehrere Tabellen bei großen Umfängen Falls es zu einem Produkt sehr viele Störungen gibt, kann man auch mehrere Störungstabellen verwenden, in denen die Störungen gruppiert werden, z. B.:

- nach Baugruppen
- nach Störungsart (Meldungen, Warnungen, Störungen)
- nach Störungsanzeige

Inhalt der Störungstabelle Die Störungstabelle sollte mindestens folgende Spalten enthalten:

- Fehlernummer (falls vorhanden)
- Art des Fehlers
  Kurze Beschreibung, anhand derer man den Fehler eindeutig zuordnen kann.
- Ursache
  Kurze Beschreibung der Fehlerursache zum besseren Verständnis.
  Ein Fehler kann mehrere Ursachen haben.
- Abhilfe
  Kurzbeschreibung der Abhilfemaßnahme. Falls die Abhilfe einer ausführlichen Beschreibung bedarf, sollte hier ein Querverweis auf diese Beschreibung stehen.
- Personal
  Nennung der Personalqualifikation, die für das Beheben der Störung erforderlich ist.

Eine solche Störungstabelle ist beispielhaft in Abb. 4.18 zu finden.

Alternative zur Störungstabelle Falls es viele Störungen gibt und die Behebung der einzelnen Ursachen in jedem Fall ausführlicher beschrieben werden muss, kann man auch auf die Tabelle verzichten und für jede Störung ein kleines Unterkapitel erstellen. Diese könnten dann die folgende, immer gleiche Struktur aufweisen:

- Nummer der Störung
- Beschreibung der Störung
- Verhalten des Produktes
- Handlungsanweisung mit den Schritten zur Abhilfe

Nr.	Fehlerbeschreibung	Ursache	Abhilfe	Personal
1	Kontrolllampe *[READY]* leuchtet nicht	System nicht korrekt installiert.	Installation überprüfen ↳ *Kapitel 6.2 „Installation" auf Seite 34*	Fachpersonal
2	*[NETZSCHALTER]* lässt sich nicht einschalten	Die Netzspannung ist zu hoch (>264 V) oder mit Spannungsspitzen überlagert Weitere Ursache kann ein Kurzschluss im elektronischen Vorschaltgerät sein.	Elektronisches Vorschaltgerät reparieren bzw. Netzspannung überprüfen	Elektrofachkraft
3	*[NETZSCHALTER]* leuchtet nach dem Einschalten nicht/System lässt sich nicht einschalten	System ist nicht sachgemäß an Stromversorgung angeschlossen.	Anschluss an die Stromversorgung überprüfen ↳ *Kapitel 6.2.4 „System an die Stromversorgung anschließen" auf Seite 43*	Fachpersonal

Abb. 4.18 Beispiel für eine Störungstabelle. (Quelle: Dedotec)

4.12.5 Arbeiten zur Störungsbeseitigung

Die Arbeiten, die zur Störungsbeseitigung erforderlich sind und bisher noch in keinem Kapitel beschrieben wurden, sollten im Kapitel „Störungen" behandelt werden. Es ist absolut nicht notwendig, Arbeiten doppelt zu beschreiben. Wenn z. B. dic Lösung einer Störung „Öl nachfüllen" ist und diese Arbeit im Kapitel „Wartung" bereits beschrieben ist, reicht es vollkommen aus, in der Störungstabelle einen Querverweis auf den entsprechenden Abschnitt zu platzieren.

Vor allem Wichtiges nicht vergessen Es ist nicht erforderlich, hier jede Kleinigkeit zu beschreiben. In der Praxis erlebe ich es aber häufig, dass gerade die einfachen Arbeiten ausführlich beschrieben werden und zu komplexen Tätigkeiten (z. B. Riemen spannen) exakt diese beiden Wörter zu finden sind. Wenn komplexe Tätigkeiten erforderlich sind, müssen diese auch beschrieben werden. Andernfalls sollte klargestellt werden, dass die Arbeit nur vom Hersteller ausgeführt werden darf.

Arbeiten zusammenfassen Bei Anleitungen für Fachleute kann man bestimmte Arbeiten zusammenfassen, um den Umfang der Anleitung kleiner zu halten. So könnte es z. B. sein, dass sich in einer Maschine mehrere Riemen befinden, die auf die gleiche Weise gespannt werden. Dann reicht es oft aus, den Spannvorgang einmal übergreifend zu beschreiben. Der Fachkraft kann man die Adaption der generellen Beschreibung auf den konkreten Fall sicher zumuten, sofern damit keine Sicherheitsrisiken verbunden sind, die die Fachkraft nicht abschätzen kann.

4.13 Demontage, Entsorgung

Die Themen Demontage und Entsorgung werden in vielen Anleitungen oft vernachlässigt. Die Gesetze, Richtlinien und Normen sprechen hier jedoch eine eindeutige Sprache. Die Anleitung soll alle Lebensphasen des Produktes abbilden, also auch das Lebensende.

4.13.1 Sicherheit

Auch bei der Demontage und der Entsorgung gibt es Sicherheitsrisiken, die eben nur in dieser Lebensphase auftreten. Vor diesen muss hier gewarnt werden. So kann es z. B. sein, dass sich in dem Produkt versteckte Gefahren befinden, die nur bei der Demontage zutage treten. Das können z. B. sein:

- Druckspeicher
- gespannte Federn
- im Kondensator gespeicherte elektrische Energie
- Kippgefahr bei der Demontage
- chemische Stoffe im Produkt
- etc.

4.13.2 Demontage

Unter der Überschrift „Demontage" sollten Handlungsanweisungen zu finden sein, die beschreiben, wie das Produkt vor der Entsorgung demontiert werden kann. Nicht bei allen Produkten ist eine Demontage erforderlich, oft sind aber doch bestimmte Vorbereitungen zu treffen, die beschrieben werden müssen. Demontagearbeiten können z. B. sein:

- Trennen von Energieversorgung und anderen Anschlüssen
- Zerlegen des Produktes, um es in kleineren Einheiten entsorgbar zu machen
- Lösen von Befestigungen an Wand oder Boden
- Entfernen von Bauteilen, die separat entsorgt werden müssen (z. B. Akkus)
- etc.

Komplexe Anlagen Bei sehr komplexen Produkten wie z. B. verfahrenstechnischen Anlagen ist eine detaillierte Beschreibung der Demontage nicht möglich. Es würde wie auch die Beschreibung der Montage den Umfang der Anleitung schlichtweg sprengen. Hier bleibt nur die Lösung, sich auf die sicherheitsrelevanten Informationen zu beschränken und auf die versteckten Gefahren hinzuweisen.

Ist die Demontage sehr komplex oder gefährlich, kann es auch sinnvoll sein, die Demontage durch den Hersteller vorzuschreiben.

4.13.3 Entsorgung

Hier sollte beschrieben werden, auf welche Weise das Produkt entsorgt werden kann, z. B.:

- im Hausmüll
- als Sondermüll
- durch Rückgabe an den Hersteller
- durch einen Entsorgungsfachbetrieb

Umweltgefahren Besonderes Augenmerk liegt bei der Entsorgung natürlich auf möglichen Schäden für die Umwelt. Bei der Entsorgung können bei den meisten Produkten Umweltgefahren durch Betriebsstoffe oder andere im Produkt verwendete Materialen entstehen.

Landesspezifische Gegebenheiten Die Schwierigkeit hierbei ist, dass je nach Land unterschiedliche Wege der Entsorgung bestehen. So ist es z. B. mühsam herauszufinden, ob es in Russland Abgabestellen für Batterien gibt und wo man diese findet.

Als Redakteur kann man hier also nur auf grundsätzliche Erfordernisse eingehen und sollte dem Nutzer in jedem Fall vorschreiben, sich über die Entsorgungsvorschriften in seinem Land zu informieren, z. B. so:

„Im Zweifel Auskunft zur umweltgerechten Entsorgung bei der örtlichen Kommunalbehörde oder speziellen Entsorgungsfachbetrieben einholen.“

4.14 Glossar

Ein Glossar ist ein Fachwörterbuch, in dem die in der Anleitung vorkommenden Fachwörter erläutert werden, z. B. so:

„Revision
Revisionen sind Zwischenstände von Objekten, die nach jedem Einchecken des Objektes automatisch vom System gespeichert werden. Die Anzahl der gespeicherten Revisionen kann vom Administrator festgelegt werden.“

Eine gute Anleitung sollte meiner Meinung nach allerdings ohne Glossar auskommen, denn die verwendete Terminologie sollte so gewählt werden, dass die Zielgruppe sie versteht. Eine Ausnahme bilden hier Handbücher für Produkte, die (neue) Technologien anwenden, die die Nutzer noch nicht kennen. Dann ist ein Glossar sehr hilfreich.

Arbeitsglossar Aber auch wenn man das Glossar nicht veröffentlicht, kann es trotzdem hilfreich sein, eins für den eigenen Gebrauch anzulegen. Während des Schreibens der Anleitung kann man das Glossar nach und nach mit den verwendeten Fachbegriffen aufbauen und diese definieren. So sorgt man für eine einheitliche und eindeutige Terminologie. Dieses „Arbeitsglossar“ kann dann zum Aufbau einer „richtigen“ Terminologieliste verwendet werden.

4.15 Index

Der Index ist ein redaktionell erstelltes Stichwortverzeichnis, das dem Nutzer einen alternativen Zugang zu den in der Anleitung enthaltenen Informationen bietet. Das Erstellen eines Index erfordert sehr viel Wissen über den Nutzer, da man im Vorhinein erahnen muss, nach welchen Begriffen dieser suchen könnte.

Schließlich ist eine Information, die nicht gefunden wird, für den Nutzer genau so hilfreich wie eine, die gar nicht existiert. Mit dem Index will man also die Auffindbarkeit (Findability) der Information verbessern. Übrigens, in den USA ist „Indexer“ sogar ein eigener Berufsstand.

Keine Konkordanz Es ist unbedingt erforderlich, dass Indexeinträge manuell festgelegt werden. Eine Alternative dazu wäre die in der Regel fälschlicherweise verwendete Konkordanz. Die Konkordanz ist eine Liste aller Fundstellen eines Begriffes in einem Dokument. Mit Textverarbeitungsprogrammen wie Word lassen sich solche Listen ganz leicht mit einem Knopfdruck realisieren. Dabei verkennen viele die Gefahr, die sich dahinter verbirgt, denn zu viele Treffer reduzieren die Auffindbarkeit der relevanten Informationen genauso wie zu wenige Treffer.

Hier ein Beispiel:

Schlecht:

Öl	12, 34, 54, 55, 56, 58, 65, 98, 99, 100, 105

Besser wäre sicherlich:

Öl	
Eigenschaften	12
Wechseln	55

Im Schlecht-Beispiel wurde jede Fundstelle im Text angegeben und das unabhängig davon, ob die Erwähnung des Begriffes für den Nutzer relevant ist oder nicht. So würde z. B. auch der Satz: „Beim Entfernen des Kühlers kann heißes Öl auslaufen.“ zu einer Fundstelle führen, obwohl es hier vornehmlich um den Kühler und nicht um das Öl geht.

Viel besser ist da das zweite Bespiel, in dem nur die beiden Stellen herausgegriffen wurden, für die sich ein Nutzer wahrscheinlich interessieren wird. Diese wurden durch die zweite Index-Ebene zudem präzisiert.

Relevante Themen feststellen Legen Sie, bevor Sie mit der Indexierung beginnen, fest, welche Themen für den Nutzer relevant sind. Nur solche Themen gehören in den Index.

Bei einer Anleitung können dies z. B. sein:

- Beschreibungen
- Bauteile, Baugruppen
- konkrete Aufgaben

Nach den folgenden Themen einer Anleitung wird der Nutzer im Index wohl eher nicht suchen:

- Allgemeines
- Sicherheitshinweise

Lassen Sie nicht Relevantes konsequent aus dem Index heraus und wenden Sie mehr Zeit für die Indizierung der relevanten Themen auf.

Indexeinträge sinnvoll benennen Indexeinträge sollten so gewählt werden, dass der Begriff vorne steht, nach dem der Nutzer voraussichtlich suchen wird. Setzen Sie im Zweifel besser zwei alternative Einträge.

Beispiel für das Kapitel „Entspanndruck der Spannzange kontrollieren“

Falsch:

Entspanndruck der Spannzange kontrollieren

Richtig:
Entspanndruck
Spannzange kontrollieren
Spannzange
Entspanndruck kontrollieren

Achten Sie auch darauf, dass keine unbestimmten Begriffe vorne stehen. Im oben genannten Beispiel wäre folgende Kombination eher ungünstig:

kontrollieren
Entspanndruck Spannzange

Ein Nutzer wird wohl eher nicht nach dem Begriff „kontrollieren" suchen, um auf das Kontrollieren der Spannzange zu kommen. Insbesondere dann nicht, wenn es sehr viele verschiedene Kontrollarbeiten gibt.

Dagegen wäre es sicher sinnvoll, einen Indexeintrag „Kontrollen" zu setzen, der auf das Kapitel zeigt, in dem alle Kontrollarbeiten aufgeführt sind.

Alternative Begriffe berücksichtigen Vielfach gibt es mehrere Begriffe (Synonyme), nach denen verschiedene Nutzer zu ein und demselben Thema suchen würden. Wenn man die Synonyme kennt, sollten dementsprechend mehrere Indexeinträge zu einem Thema gesetzt werden.

Beispiel für das Kapitel „Stromanschluss"

Anschluss
elektrisch
Strom
Elektrischer Anschluss
Stromanschluss

Index kurz halten Grundsätzlich sollen Indexeinträge möglichst kurz sein. Es ist eine häufig zu beobachtende Unsitte, dass aus Bequemlichkeit einfach ganze Überschriften indiziert werden. Die Folge ist ein wenig hilfreicher und unübersichtlicher Index.

Beispiel für das Kapitel „Die Entnahmeposition der Automation prüfen und korrigieren"

Falsch:

Entnahmeposition der Automation prüfen und korrigieren

Richtig:

Automation
Entnahmeposition
Entnahmeposition, Automation

Reihenfolge bei Begriffen aus zwei Wörtern Bei Begriffen aus zwei Wörtern ist es immer schwer zu entscheiden, nach welchem Wort der Nutzer wohl suchen wird. Hier kann man oft einfach beide in den Index aufnehmen.

Beispiel für das Kapitel „Motor einschalten“

einschalten
    Motor
    Pumpe
    Steuerung
Motor
    anhalten
    einschalten
    vorglühen

Vorgehen bei 2-stufigen Indexeinträgen In den Beispielen kommen recht häufig zweistufige Indexeinträge vor. Diese haben den Vorteil, dass man mehr Informationen vermitteln kann und diese im Index besser strukturiert werden.

In der Regel entsteht der Index durch Setzen von Indexeinträgen im Fließtext, ohne dass man den fertigen Index dabei sehen kann. Dieses Vorgehen hat den Nachteil, dass sich in der Benennung der ersten Indexstufe schnell einmal Fehler einschleichen und nicht ganz identische Wörter verwendet werden.

Beispiel:

Falsch:

Technologie
    Feindrehen erster Schnitt
Werkzeuge/Technologie
    Optionen
Werkzeuge/Technologie
    Vordrehen

Richtig:

Werkzeuge/Technologie
    Feindrehen erster Schnitt
    Optionen
    Vordrehen

Diesen Fehler kann man dadurch vermeiden, dass man sich eine Hilfsdatei anlegt, in der alle ersten Indexstufen erfasst sind. Sie verwenden dann nur erste Indexeinträge, die in dieser Hilfsdatei stehen, bzw. nehmen neue Indexeinträge in die Hilfsdatei auf.

4.16 Anhang

Ausführlichere Anleitungen können einen Anhang besitzen, in dem ergänzende Dokumente untergebracht sind, die mit dem eigentlichen Inhalt der Anleitung nichts zu tun haben, dem Nutzer aber als Zusatzinformationen zur Verfügung gestellt werden sollen. In Folgenden werden mögliche Anhänge zur Anleitung beschrieben. Hierbei ist es stark vom Einzelfall abhängig, ob die Dokumente für den Nutzer relevant sind bzw. ob sie überhaupt existieren.

Grundsätzlich ist es auch möglich, bestimmte Inhalte der Anleitung, wie z. B. die Technischen Daten, in den Anhang auszulagern. Das kann sinnvoll sein, wenn diese Teile in anderen Systemen entstehen und für jedes Produkt individuell sind. Dann kann man sich die Mühe sparen, die eigentlich unveränderte Anleitung jedes Mal anzupassen.

4.16.1 Konformitätserklärung

Produkte, die in den Anwendungsbereich einer EG-Richtlinie fallen, müssen in der Regel mit einer Konformitätserklärung ausgeliefert werden. Je nach Richtlinie gibt es Forderungen, diese Erklärung zusätzlich in der Anleitung abzudrucken.

Regelungen nach Maschinenrichtlinie Die Maschinenrichtlinie fordert, dass alle Inhalte der Konformitätserklärung exklusive Seriennummer und Unterschrift auch in der Betriebsanleitung abgedruckt werden.

Regelung nach Niederspannungs- und EMV-Richtlinie Diese beiden Richtlinien fordern noch nicht einmal, dass die Konformitätserklärung dem Produkt beiliegt. Sie soll dem Nutzer lediglich auf dessen Verlangen hin ausgehändigt werden. Daher sollte in der Anleitung ein kurzer Text stehen, der den Nutzer darauf hinweist, dass eine Konformitätserklärung nach Richtlinie XY vorliegt und wo er diese anfordern kann.

Weitere EG-Richtlinien In weiteren Richtlinien können in Bezug auf die Konformitätserklärung zusätzliche Anforderungen stehen. Diese sollten Sie dem jeweiligen Richtlinientext entnehmen.

4.16.2 Qualitätsdokumentation

Je nach Branche ist es üblich, neben der Anleitung auch noch eine Qualitätsdokumentation mit auszuliefern. Diese basiert in der Regel nicht auf gesetzlichen Forderungen, sondern auf Branchenstandards, die sich etabliert haben. Eine allgemeine Verpflichtung zur Auslieferung einer Qualitätsdokumentation gibt es übrigens nicht. Gibt es also keinen Standard oder keine spezielle Kundenanforderung, braucht man auch nichts auszuliefern. Zur Qualitätsdokumentation zählen unter anderem:

- Werkstoffzertifikate
- Prüfzeugnisse z. B. von Schweißnähten
- Abnahmeprotokolle etc.

Die Art dieser Qualitätsdokumentation richtet sich nach dem jeweiligen Branchenstandard. Je nach Standard kann hier ein umfassendes Werk zusammenkommen, das den Umfang der Anleitung bei weitem übertrifft.

Wichtig ist, dass eine Qualitätsdokumentation niemals die eigentliche Anleitung ersetzen kann.

4.16.3 Datenblätter

Es gibt Produkte mit Seriencharakter, die aber individuell für jeden Kunden eingestellt werden. In diesem Fall kann es sinnvoll sein, Technische Daten und Parameterlisten als separate Dokumente außerhalb der Anleitung zu erstellen und dieser anzuhängen. Das hat den Vorteil, dass die eigentliche Anleitung nicht für jedes Projekt geändert werden muss.

Besser wäre es natürlich, diese Inhalte in die Anleitung zu integrieren. Das ist aber in der Regel nur möglich, wenn man die Automatisierungsfunktionen moderner Redaktionssysteme nutzt, siehe *Kap. 12.4.2 „Automatisierung"*.

4.16.4 Checklisten, Prüfbücher

Checklisten und Prüfbücher dienen in der Regel dazu, die Durchführung von Prüfungen und Wartungsarbeiten zu dokumentieren. Bei manchen Produkten sind Prüfbücher sogar gesetzlich vorgeschrieben. Solche Dokumente gehören in den Anhang, da sie vom Servicetechniker oder vom Prüfer ausgefüllt werden müssen. Dann ist es praktisch, wenn sie als separate Einheit herausnehmbar sind.

4.16.5 Anleitungen der Lieferanten

Ein besonderes Augenmerk gilt den Anleitungen der Lieferanten, die besonders im Anlagenbau meist deutlich umfangreicher sind als die eigentliche Anleitung.

Der DIN-Fachbericht 146 (siehe *Kap. 2.4.6 „DIN-Fachbericht 146"*) befasst sich eingehend mit der Integration der Lieferantendokumentation in die Anleitung der Anlage. Hiernach sollen Inhalte für geringer qualifizierte Zielgruppen in die Anleitung der Anlage übernommen (integriert) werden, dabei soll die Quelle angegeben werden. Auf Inhalte für höher qualifizierte Nutzer kann verwiesen werden. In jedem Fall ist es erforderlich, dass der Nutzer Zugriff auf die Anleitung des Lieferanten hat. Daher gehört diese in den Anhang.

Da es der Anzahl der verbauten Komponenten entsprechend viele Anleitungen sein können, sollte man eine durchgängige und logische Sortierung der Anleitungen wählen, z. B. nach Produktfluss, nach Baugruppen oder nach Produktarten. Besonders hilfreich ist es, wenn man verschiedene Verzeichnisse erstellt, z. B.:

- nach Bauteilnummer
- nach Hersteller
- nach Produktbezeichnung
- etc.

So hat der Nutzer unterschiedliche Zugänge und findet die benötigte Anleitung innerhalb kürzester Zeit, egal, mit welchen Basisinformationen er die Suche beginnt.

Kapitel 5
Anleitungen formulieren

Alle Welt verlangt nach verständlichen Anleitungen. Doch wie schafft man es, dass eine Anleitung verständlich ist? Wie muss man Texte verfassen, damit sie von anderen leicht verstanden werden können?

In der DIN EN 62079:2001, Abschn. 6.1.4 findet sich die Forderung:

> Informationen müssen so einfach und kurz wie möglich sein, und sie müssen in konsistenten Fachbegriffen und Einheiten formuliert sein, mit einer klaren Erklärung unüblicher technischer Fachbegriffe.

Das ist schon einmal eine Hilfe, reicht aber bei weitem nicht aus. Im Folgenden wollen wir dem Thema ganz genau auf den Grund gehen und die wenigen Regeln vorstellen, nach denen man Texte verständlich erstellen kann.

Vorweg sei noch gesagt, dass die Regeln alle einleuchten und dass man schnell erkennt, dass sie den richtigen Weg weisen. Die Tücke liegt jedoch im alltäglichen Handeln. Hier muss man seine Texte kritisch prüfen (lassen), um allmählich auf den rechten Weg zu kommen. Das ist schwierig und mühsam, doch der Aufwand lohnt sich. Denn Sie werden feststellen, dass Sie es nach einiger Zeit schaffen, ganz von selbst verständlich zu schreiben, weil es Ihnen nämlich ins Blut übergegangen ist. Und ich verspreche Ihnen, wenn Sie diesen Zustand erreicht haben, werden Sie sich ganz fürchterlich über schlechte Texte aufregen, weil Sie einfach wissen, wie man es besser machen kann.

5.1 Verständlich formulieren

Hier finden Sie eine Reihe von Regeln, deren Einhaltung dazu führt, dass der Nutzer Sie besser versteht.

Beim Thema Verständlichkeit darf man übrigens nicht den Fehler begehen, der in der Wissenschaft oft gemacht wird. Dort begegnet man häufig dem Phänomen „je komplexer das Thema, umso komplexer ist auch die Sprache“. Das ist widersinnig, denn gerade wenn das Thema komplex ist, sollte die Sprache einfach sein, damit sie für das Verständnis kein zusätzliches Hindernis darstellt. Merke also:

> Gerade wenn das Thema komplex ist, muss die Sprache einfach sein.

L. Kothes, *Grundlagen der Technischen Dokumentation*,
DOI 10.1007/978-3-642-14668-8_5,

5.1.1 Kurze und einfache Sätze formulieren

Sätze müssen möglichst kurz sein. Außerdem sollten Sie komplizierte Satzkonstruktionen vermeiden. Der ideale Satz enthält maximal einen Nebensatz.

Eine Anzahl von höchstens 15 Wörtern kann sich der Nutzer merken. Wenn es sich um unbekannte oder sehr komplizierte Wörter handelt, sollten es sogar noch weniger sein (Tab. 5.1).

Schreiben Sie auf gar keinen Fall verschachtelte Sätze, sondern erklären Sie komplizierte Sachverhalte in mehreren kurzen Sätzen. Verschachtelte Sätze müssen zum Verständnis in der Regel mehrfach gelesen werden, was den Lesefluss ins Stocken bringt und zu Frustration beim Nutzer führen kann. Vielfach kommt es bei komplizierten Sätzen auch zu Missverständnissen, z. B. wenn der Nutzer denkt, er hätte den Sinn verstanden, dabei aber eine Spitzfindigkeit im dritten Nebensatz übersehen hat.

5.1.2 Substantivierungen vermeiden

Formulierungen mit Substantivierungen können wegen ihres passiven Charakters leicht zu Unklarheiten führen (Tab. 5.2). So wird nicht klar, wer die beschriebene Aktion ausführen soll.

5.1.3 Sätze nicht über Aufzählungen fortsetzen

Sätze mit Verbendstellung sind in Anleitungen ungeeignet, wenn sie Aufzählungen enthalten. Damit die aufgezählten Einheiten schnell erfasst werden können, sollten sie durch Aufzählungszeichen hervorgehoben werden. Das Prädikat des Satzes stünde dann allerdings erst nach dieser Liste (Tab. 5.3). Die Folge: Bei kurzen Listen wird die Aufmerksamkeit des Lesers gleich auf das Prädikat gelenkt (was nicht

Tab. 5.1 Beispiel für mehrere kurze Sätze statt eines langen Satzes

Richtig	Falsch
Drosselventileinstellung am Zylinder prüfen. Um ein zu schnelles Aus- und Einfahren während des ersten Hubs zu vermeiden: Drosselventil ganz eindrehen. Anschließend um ca. ½ Umdrehung wieder ausdrehen.	Drosselventileinstellung am Zylinder prüfen, gegebenenfalls ganz eindrehen, um ca. ½ Umdrehung ausdrehen, um ein zu schnelles Aus- und Einfahren während des ersten Hubs zu vermeiden.

Tab. 5.2 Beispiel für den Verzicht auf Substantivierungen

Richtig	Falsch
Gerät stets mit gefordertem Hebezeug transportieren.	Zum Transport des Gerätes ist die Verwendung des geforderten Hebezeugs erforderlich.

Tab. 5.3 Beispiel für Aufzählungen innerhalb und außerhalb eines Satzes

Empfohlen	Nicht empfohlen
Zum Ölwechsel Folgendes bereithalten: • Schüssel • Lappen • Schraubenschlüssel	Zum Ölwechsel • Schüssel, • Lappen und • Schraubenschlüssel bereithalten.

gewollt ist, wenn die aufgezählten Einheiten im Fokus stehen sollen); bei langen Listen ist eine solche Konstruktion oft erst nach mehrmaligem Lesen verständlich.

Aufzählungen sollten deshalb in Listenform immer im Anschluss an einen vollständigen Einleitungssatz stehen. Dies erleichtert auch Übersetzungen.

5.1.4 Klemmkonstruktionen vermeiden

Nicht nur Sätze mit Aufzählungen können schwer verständlich sein, wenn das bedeutungstragende Verb am Ende des Satzes steht. Auch Klemmkonstruktionen sollten Sie in Anleitungen vermeiden. Dabei befinden sich zwischen dem Artikel und seinem Bezugswort mehrere Wörter oder auch eingeschobene Nebensätze (Tab. 5.4).

Befreien Sie eingeklemmte Satzteile, indem Sie aus ihnen Nebensätze bilden. Hängen Sie diese Nebensätze an das Ende Ihres Hauptsatzes. Im Zweifelsfall sollten Sie mehrere Hauptsätze bilden. Achten Sie darauf, dass das Prädikat in Ihren Hauptsätzen möglichst weit vorne steht.

5.1.5 Funktionsverbgefüge vermeiden

Funktionsverbgefüge zeichnen sich, vereinfacht gesagt, dadurch aus, dass ein einfaches Verb um eine Präposition und ein Substantiv zu einer größeren Einheit erweitert wird – bei nur geringfügiger semantischer Veränderung (Tab. 5.5). Vermeiden Sie Funktionsverbgefüge, indem Sie diese durch einfache Verben ersetzen.

Tab. 5.4 Beispiel für das Auflösen von Klemmkonstruktionen

Richtig	Falsch
Der Hydraulikzylinder wandelt hydraulische Energie in lineare Bewegung um. Er ist über einen Schlauch mit dem Ventilblock verbunden.	Der über einen Schlauch mit dem Ventilblock verbundene Hydraulikzylinder wandelt hydraulische Energie in lineare Bewegung um.

Tab. 5.5 Beispiele für Funktionsverbgefüge

Empfohlen	Nicht empfohlen
entscheiden	eine Entscheidung treffen
einschalten	in Betrieb nehmen
anschauen	in Augenschein nehmen

5.2 Präzise formulieren

Neben unverständlichen Satzkonstruktionen sind unpräzise Formulierungen die größte Quelle von Missverständnissen in der Anleitung. Diese entstehen durch den Interpretationsspielraum, der durch die fehlende sprachliche Präzision entsteht. Der Nutzer denkt, er habe die Aussage verstanden, hat er jedoch nicht, weil Sie eigentlich etwas anderes gemeint haben.

5.2.1 Eindeutige Terminologie

Verwenden Sie für ein Bauteil immer genau ein und dasselbe Wort. Auch wenn es den Text langweilig erscheinen lässt: unterlassen Sie es unter allen Umständen, die Terminologie aus stilistischen Gründen zu wechseln (Tab. 5.6). Beim Nutzer führen solche Begriffsänderungen in hohem Maße zu Verwirrungen, denn er weiß nicht, ob es sich beim neuen Begriff um ein anderes Bauteil handelt als zuvor.

5.2.2 Abstrakte Begriffe und Fremdwörter vermeiden

Wenn Sie gehäuft abstrakte Begriffe oder Fremdwörter verwenden, besteht die Gefahr, dass der Nutzer Instruktionen nicht versteht (Tab. 5.7). Er distanziert sich dann unbewusst von den möglichen Folgen seines Handelns oder Nichthandelns. Berücksichtigen Sie beim Schreiben auch immer die voraussichtlichen Qualifikationen und den Wissensstand der Zielgruppe.

Hier hilft es übrigens auch wenig, Fachbegriffe in einem Glossar zu erläutern. Denn in den meisten Fällen kann man wohl davon ausgehen, dass der Nutzer sich nicht die Mühe machen wird, dort nachzusehen.

Tab. 5.6 Beispiel für eindeutige Terminologie

Richtig	Falsch
1. Saugrohr aus der Verpackung entnehmen.	1. Saugrohr aus der Verpackung entnehmen.
2. Saugschlauch in das Saugrohr stecken.	2. Schlauch in das Rohr stecken.
3. Saugschlauch in den Sauger einstecken.	3. Saugschlauch in den Sauger einstecken.
4. Düse auf das Saugrohr aufstecken.	4. Düse auf das Schub-Steck-Rohr aufstecken.

Tab. 5.7 Beispiel für abstrakte Begriffe und Fremdwörter

Richtig	Falsch
… können Finger abgeschnitten werden.	… können irreversible Verletzungen der Hand die Folge sein.
Pumpen 1, 2 und 3 nacheinander einschalten.	Pumpen 1, 2 und 3 sukzessiv einschalten.

5.2.3 *Einzelheiten direkt benennen*

Gestalten Sie Ihre Texte so, dass alle notwendigen Einzelheiten, die der Nutzer zum vollständigen Verständnis des Inhalts benötigt, zusammenstehen. Das bedeutet: alle Arten von Verweisen auf Stellen in der Anleitung, die zum Verständnis erforderlich sind, sollten Sie unterlassen und die Informationen stattdessen an der betreffenden Stelle unterbringen (Tab. 5.8). Das kann zwar dazu führen, dass manche Informationen mehrfach vorkommen. Dies sollte man aber des besseren Verständnisses wegen in Kauf nehmen.

5.2.4 *Abkürzungen vermeiden*

Abkürzungen sind häufig nicht eindeutig, weil man nicht davon ausgehen kann, dass jeder sie nachvollziehen kann. Einige Abkürzungen z. B. für Maßeinheiten sind zwar in Normen festgelegt und können als „allgemein bekannt" vorausgesetzt werden. Bei vielen anderen Abkürzungen ist das aber nicht der Fall.

Weiterhin stellen Abkürzungen die Übersetzer oft vor Probleme, weil diese den Sinn der Abkürzung unter Umständen selbst nicht erkennen können oder falsch interpretieren.

Auch ein Abkürzungsverzeichnis ist wenig hilfreich, denn kaum ein Nutzer wird sich die Mühe machen und dort nachschlagen.

Vermeiden Sie also alle Arten von Abkürzungen, insbesondere solche, die fachspezifisch sind, und schreiben Sie die Begriffe einfach aus (Tab. 5.9). Sie können allerhöchstens die ganz allgemeinen Abkürzungen wie „z. B." oder „etc." verwenden. Diese kommen in Anleitungen aber ohnehin kaum vor.

5.2.5 *Firmenjargon vermeiden*

Viele herstellerspezifische Benennungen z. B. für Bauteile oder Arbeitsvorgänge ergeben sich in Firmen aufgrund der alltäglichen Arbeiten mit und an dem Produkt.

Tab. 5.8 Beispiel für direkt benannte Einzelheiten

Richtig	Falsch
Schraube mit Drehmoment 65 Nm anziehen.	Schraube mit Drehmoment gemäß Tabelle auf Seite 24 anziehen.

Tab. 5.9 Beispiele für Abkürzungen

Richtig	Falsch
Vordere Bordscheibe auf die Abwickelrolle schieben.	Vordere BS auf die AWR schieben.
Lichtschranken-Abgleich	LS-Abgleich

Tab. 5.10 Beispiele für Firmenjargon

Richtig	Falsch
Laschenumformer	Ohrenanleger
Bandförderer	Laufband

Für die Zielgruppe der Betriebsanleitung aber sind diese Abkürzungen und Benennungen unbekannt.

Achten Sie daher darauf, möglichst die „offiziellen" Fachbegriffe zu verwenden (Tab. 5.10). Falls das nicht geht, weil es solche Begriffe nicht gibt oder man doch lieber den eigenen Begriff verwenden möchte, sollte dieser aber wie in Abschn. 5.2.1 beschrieben einheitlich verwendet werden.

5.2.6 Füllwörter vermeiden

Es gibt in der deutschen Sprache Wörter, die je nach Verwendung im Satz nur einen geringen Aussagewert haben. Diese Füllwörter können z. B. sein:

- eigentlich
- selbstverständlich
- ja
- eh
- wohl

Diese Wörter haben kaum semantische, dafür rhetorische oder stilistische Funktion. In einer Anleitung vermitteln sie dem Nutzer keinerlei nützliche Information. Sie verlängern lediglich den Text und erzeugen somit höhere Übersetzungskosten.

Sie können Füllwörter daran erkennen, dass die Aussage des Textes sich nicht verändert, wenn Sie diese Wörter weglassen (Tab. 5.11).

5.2.7 Weichmacher vermeiden

„Weichmacher" sind Wörter wie:

- entsprechend
- geeignet
- angemessen
- sollte

Tab. 5.11 Beispiel für Füllwörter

Richtig	Falsch
Die Maschine verfügt über eine NOT-HALT-Einrichtung.	Die Maschine verfügt selbstverständlich über eine NOT-HALT-Einrichtung.

Tab. 5.12 Beispiele für Weichmacher

Richtig	Falsch
Vor allen Wartungsarbeiten Anlage stromlos schalten.	Vor allen Wartungsarbeiten sollte die Anlage stromlos geschaltet werden.
Ölfilter mit Bandschlüssel herausdrehen und entfernen.	Ölfilter mit geeignetem Werkzeug entfernen.
Schraube mit Drehmoment 42 Nm festziehen.	Schraube ausreichend festziehen.
Oberfläche nicht anfassen.	Oberfläche bitte nicht anfassen.

- bitte
- könnte
- gegebenenfalls
- relevant
- ausreichend
- und so weiter (usw., etc.)

Weichmacher fungieren entweder als Füllwörter oder sie dienen zur Verschleierung eines unzureichenden Informationsgehalts. Versuchen Sie also, Weichmacher zu entfernen oder durch präzise Informationen wie z. B. konkrete Wertangaben zu ersetzen (Tab. 5.12).

Höflichkeiten wie „bitte" haben insbesondere in sicherheitsrelevanten Informationen nichts zu suchen. Das „bitte" oder „sollte" suggeriert dem Nutzer höchstens, dass es sich hierbei um eine Empfehlung handelt, die er nicht unbedingt beachten muss.

5.3 Einheitlich formulieren

Damit der Nutzer beim Studium der Anleitung optimal geführt wird, sollten Sie auf Einheitlichkeit nicht nur bei der Terminologie, sondern auch bei formalen sprachlichen Aspekten achten.

5.3.1 Einheitliche Anrede

Es gibt in einer Anleitung nur zwei Möglichkeiten der Anrede: die direkte und die indirekte.

Die direkte Anrede findet meist bei Verbraucherprodukten Anwendung. Sie stellt die höflichere und persönlichere Form dar, braucht aber auch mehr Wörter für den gleichen Inhalt.

Aus diesem Grund verwendet man bei technischen Arbeitsmitteln eher die indirekte Anrede. Die dabei entstehenden Anweisungen sind sehr kurz und haben Befehlsform.

Tab. 5.13 Beispiele für einheitliche Anrede

Richtig	Falsch
1. Vorsatz auf den Mixer stecken. 2. Mixer einschalten. oder: 1. Stecken Sie den Vorsatz auf den Mixer. 2. Schalten Sie den Mixer ein.	1. Stecken Sie den Vorsatz auf den Mixer. 2. Mixer einschalten.

Welche der beiden Formen man wählt, ist letztendlich egal; Hauptsache, man macht es einheitlich (Tab. 5.13). Eine uneinheitliche Anrede führt zu uneinheitlichen Sprachmustern in den Texten, die das Verständnis erschweren.

5.3.2 Einheiten und Werte

In Anleitungen kommen immer wieder technische Angaben in Form von Werten vor. Achten Sie dabei darauf, dass sie für eine Eigenschaft (z. B. Gewicht) immer die gleiche Einheit (z. B. kg) verwenden (Tab. 5.14).

Für die Art der verwendeten Einheiten gibt es Standards, z. B. SI-Einheitszeichen, an die Sie sich halten sollten. Vermeiden Sie es, ungewöhnliche Einheiten (z. B. Stones für das Gewicht) anzugeben.

Achten Sie bei der Wahl des Einheitensystems auf zielmarktspezifische Besonderheiten. So sollten in den USA immer die US-Einheiten verwendet werden (z. B. pound oder ounce für Gewicht). Es kann auch sinnvoll sein, gleich alternative Angaben zu machen, z. B. die Länge in Metern und dahinter in Klammern die Alternativangabe in Yards.

In der Anleitung sollten Zahlen übrigens immer in Ziffern geschrieben werden, nicht in Worten. Ziffern sind schlichtweg leichter erfassbar. Aus demselben Grund sollten auch die Einheiten nicht ausgeschrieben, sondern mit ihren normierten Kürzeln abgekürzt werden.

5.3.3 Komposita übersichtlich schreiben

Komposita sind zusammengesetzte Wörter (z. B. „Mülltonne“, „Sonnenschirm“ etc.) und in der deutschen Sprache sehr häufig. Sie können auch aus mehr als zwei Wortstämmen bestehen und sich zu wahren Wortmonstern zusammensetzen. Lange Komposita sind, wenn sie zusammengeschrieben werden, häufig unübersichtlich (Tab. 5.15).

Tab. 5.14 Beispiele für Werte und Einheiten

Richtig	Falsch
Die Pumpe schaltet nach 3 s ab.	Die Pumpe schaltet nach drei Sec. ab.
Fördermenge: 10 m^3/h	Fördermenge: 10 m^3 pro Stunde
Förderhöhe: 50 m	Förderhöhe: 500 cm
Gewicht: 0,908 kg (2 lb)	Gewicht: 2 lb

Tab. 5.15 Beispiel für Schreibweisen und Umschreibungen eines Kompositums

Empfohlen	Nicht empfohlen
Hydraulikaggregat-Steuerungseinheit	Hydraulikaggregatsteuerungseinheit
Steuerungseinheit des Hydraulikaggregats	
Hydrauliksteuerung	

Hier ein klassisches Negativbeispiel, das Teil eines Gesetzesvorhabens von 1999 war: „Rindfleischetikettierungsüberwachungsaufgabenübertragungsgesetz"

Haben Sie es auf Anhieb verstanden? Ich nicht!

Aus diesem Grund sollten Sie bei der Wahl von Benennungen darauf achten, dass diese möglichst kurz gehalten werden. Im Zweifel muss man den Entwicklern, die eher den Hang zu langen Wortketten haben, Einhalt gebieten.

Das Problem ist, dass die aktuellen Regeln der Rechtschreibung es in manchen Fällen freistellen, Komposita mit Bindestrichen zu trennen oder nicht. Deshalb brauchen Sie eine eindeutige Regelung, die Sie z. B. im Redaktionsleitfaden verankern, z. B. so:

- Komposita, die aus vier oder mehr Wortstämmen bestehen, mit einem Bindestrich trennen oder – wenn möglich – sinngemäß umschreiben.
- Komposita, die aus weniger als vier Wortstämmen bestehen, zusammenschreiben.

5.4 Überschriften korrekt wählen

Eine Überschrift muss genau zu erkennen geben, was der Inhalt des Kapitels ist. Vermeiden Sie also allgemeine Überschriften und solche, die nicht erkennen lassen, was sich genau dahinter verbirgt (Tab. 5.16). Wenn Sie ein Kapitel mit einer Handlungsanweisung schreiben, muss schon aus der Überschrift das Ziel der Handlung erkennbar sein.

5.5 Textwüsten vermeiden, Texte strukturieren

Schlechte Texte können Sie auch daran erkennen, dass diese große Bereiche mit Fließtext aufweisen. Fließtext ist grundsätzlich schwer zu erfassen und verhindert das Querlesen, das bei Anleitungen permanent angewendet wird, um die richtige Stelle zu finden.

Tab. 5.16 Beispiele für Überschriften

Richtig	Falsch
Im Kapitel „Wartung":	
Vor der Wartung beachten	Allgemeine Angaben
Dichtheit am Hydraulikaggregat prüfen	Hydraulikaggregat

Zum Auflösen solcher Textwüsten können Sie folgende Grundsätze anwenden:

- Gliedern Sie die Information in übersichtliche und leicht zu verarbeitende Einheiten. Nutzen Sie dazu Zwischenüberschriften und Absätze.
- Achten Sie darauf, dass die Einheiten nur thematisch zusammengehörige und für den Nutzer wesentliche, zweckbezogene Informationen beinhalten.
- Nutzen Sie zusätzliche Informationsträger, wie Diagramme, Bilder oder Tabellen, um den Text zu unterstützen oder ihn damit ganz zu ersetzen.

Auf den folgenden Seiten sehen Sie in Abb. 5.1 eine Textwüste, die ich in Abb. 5.2 aufgeräumt habe.

5.6 Handlungsanweisungen formulieren

Handlungsanweisungen sind der Kern jeder Anleitung. Mangelhafte oder unpräzise Handlungsanweisungen können den Nutzer in die Irre führen und schlimmstenfalls zu Personen- oder Sachschäden führen.

Leider begegnen einem in der Praxis immer noch Anleitungen, die hier eklatante Mängel haben. Dabei ist es eigentlich ganz einfach, verständliche Handlungsanweisungen zu formulieren, denn man muss immer nur dem gleichen sprachlichen Schema folgen, damit der Nutzer jederzeit genau weiß, was er wie tun oder unterlassen muss.

5.6.1 Handlungsanweisung betiteln

Jede Handlungsanweisung muss mit einem eindeutigen Titel beginnen, der den Zweck der Handlung wiedergibt (Abb. 5.3). Eine Handlungsanweisung ohne Titel ist nicht vollständig, denn der Nutzer kann nicht erkennen, warum und dass er etwas tun muss.

5.6.2 Voraussetzungen definieren

Bei vielen Handlungen müssen zunächst bestimmte Voraussetzungen geschaffen werden, bevor diese durchgeführt werden können oder dürfen. Außerdem benötigt der Nutzer vielleicht bestimmte Informationen, z. B. zu

- Qualifikationen der Personen, die die Handlung ausführen dürfen
- notwendige persönliche Schutzausrüstung
- benötigte Sonderwerkzeuge und Materialien
- etc.

Diese Informationen sollten zu Beginn der Handlung, also noch vor den eigentlichen Handlungsschritten, festgelegt werden. Deshalb sollten Sie in der Struktur Ihrer Handlungsanweisung standardmäßig einen Abschnitt vorsehen, in dem diese Vorbedingungen in immer gleicher Form abgehandelt werden, z. B. so wie in Abb. 5.4.

Muster GmbH

4 Warten und Instandhalten

ⓘ Warten Sie die Maschine regelmäßig.

Eine regelmäßige Inspektion vermindert die Stillstandszeiten und trägt dazu bei, eine gleich bleibende Arbeitsqualität der Maschine zu gewährleisten. Ein genauer Intervall / Zeitplan für die Durchführung der Inspektionen kann nicht im Voraus definiert werden. Diverse Faktoren verändern den Bedarf der Inspektions- und Unterhaltsarbeiten.

Beachten Sie bitte vor, während und nach Inspektions- und Instandhaltungsarbeiten folgende Punkte:
Vorgeschriebene Einstell-, Wartungs- und Inspektionsarbeiten fristgerecht durchführen.
Bedienungspersonal vor Beginn der Wartungs- und Instandhaltungsarbeiten informieren.
Schalten Sie die Maschine spannungslos, bevor Sie mit den Arbeiten an der Maschine beginnen.
Ein Warnschild gegen Wiedereinschalten anbringen.
Gelöste Schraubverbindungen nach den Arbeiten auf festen Sitz kontrollieren.
Lassen Sie Wartungsarbeiten nur von autorisiertem Personal durchführen.

61	2007	61

Abb. 5.1 Beispiel für eine Textwüste

Mustermaschine MM1234

Wartung **Muster GmbH**

6 Wartung

6.1 Sicherheit

Personal

- Die hier beschriebenen Wartungsarbeiten können, soweit nicht anders gekennzeichnet, durch den Bediener ausgeführt werden.
- Einige Wartungsarbeiten dürfen nur von speziell ausgebildetem Fachpersonal oder ausschließlich durch den Hersteller ausgeführt werden, darauf wird bei der Beschreibung der einzelnen Wartungsarbeiten gesondert hingewiesen.
- Arbeiten an der elektrischen Anlage dürfen grundsätzlich nur von Elektrofachkräften ausgeführt werden.

Elektrische Anlage

GEFAHR!

Lebensgefahr durch elektrischen Strom!

Bei Kontakt mit spannungsführenden Bauteilen besteht Lebensgefahr. Eingeschaltete elektrische Bauteile können unkontrollierte Bewegungen ausführen und zu schwersten Verletzungen führen.

- Vor Beginn der Arbeiten elektrische Versorgung abschalten und gegen Wiedereinschalten sichern.

Unsachgemäß ausgeführte Wartungsarbeiten

WARNUNG!

Verletzungsgefahr durch unsachgemäß ausgeführte Wartungsarbeiten!

Unsachgemäße Wartung kann zu schweren Personen- oder Sachschäden führen.

- Vor Beginn der Arbeiten für ausreichende Montagefreiheit sorgen.
- Auf Ordnung und Sauberkeit am Montageplatz achten! Lose aufeinander- oder umherliegende Bauteile und Werkzeuge sind Unfallquellen.
- Wenn Bauteile entfernt wurden, auf richtige Montage achten, alle Befestigungselemente wieder einbauen und Schrauben-Anzugsdrehmomente einhalten.

10 Mustermaschine 11.02.2009

Abb. 5.2 Der gleiche Inhalt in aufgeräumter Form

Gasflasche wechseln

Abb. 5.3 Beispiel für den Titel einer Handlung

Gasflasche wechseln

Personal: - Gasfachkraft
Schutzausrüstung: - Schutzbrille
- Schutzhandschuhe
Sonderwerkzeug: - Lötlampe
Materialien: - Lötblei

Abb. 5.4 Beispiel für die Vorbedingungen einer Handlung

Gasflasche wechseln

Personal: - Gasfachkraft
Schutzausrüstung: - Schutzbrille
- Schutzhandschuhe
Sonderwerkzeug: - Lötlampe
Materialien: - Lötblei

VORSICHT!
Verletzungsgefahr durch Grate!
Die Rohrenden können scharfe Grate aufweisen, die zu Schnittverletzungen führen.
- Nicht in die Rohrenden greifen.
- Die Rohre vorsichtig handhaben.

Vor Beginn der Arbeiten sicherstellen, dass die Gasflasche vollständig entleert ist.

1. Taste 1 drücken.
2. Deckel öffnen.

Abb. 5.5 Beispiel für die Vorbedingungen und Voraussetzungen einer Handlung

Nachdem die Vorbedingungen definiert sind, können die übrigen Hinweise und Voraussetzungen genannt werden (Abb. 5.5). Erst wenn diese angegeben sind, können die eigentlichen Handlungsschritte beginnen.

Die Sicherheitshinweise, die hier in den Voraussetzungen genannt werden, sind ausschließlich solche, die übergreifend für die ganze Handlung Gültigkeit haben. Diese sollten nicht mit den handlungsschrittbezogenen Sicherheitshinweisen verwechselt werden, die nur einen ganz bestimmten Schritt der Handlung betreffen.

5.6.3 Handlungsschritte typografisch hervorheben

Handlungsschritte sollten sich eindeutig vom übrigen Text abheben. Dadurch kann der Nutzer auf den ersten Blick sehen, wo Handlungsanweisungen stehen, ohne den Text gelesen zu haben. Mehr hierzu finden Sie im *Kap. 6 „Anleitungen gestalten“*.

Das Wichtigste hierbei ist die Nummerierung der Handlungsschritte, wie in Abb. 5.6. Diese stellt klar, dass die Handlungsschritte ausschließlich in der

Abb. 5.6 Beispiel für eine Mehr-Schritt-Handlungsanweisung

1. Taste 1 drücken.
2. Deckel öffnen.

Abb. 5.7 Beispiele für eine Ein-Schritt-Handlungsanweisung

1. Taste 1 drücken.

- Taste 1 drücken.

aufgeführten Reihenfolge ausgeführt werden dürfen. Außerdem dienen die Schrittnummern als Ankerpunkte und Einstiegshilfen. Denn der Nutzer wird in der Regel immer einen Handlungsschritt lesen und diesen anschließend ausführen. Dann muss er wieder den Einstieg in die Handlungsanweisung finden. Dabei hilft ihm die Schrittnummer.

Eine Besonderheit stellen die Ein-Schritt-Handlungsanweisungen dar (Abb. 5.7). Diese sollten ähnlich formatiert werden wie die normalerweise vorkommenden Mehr-Schritt-Handlungsanweisungen. Dabei ist es schon fast Geschmackssache, ob man trotzdem eine Nummerierung wählt oder ein anderes Symbol. Letzteres sollte dem Nutzer allerdings im Kapitel „Allgemeines" erklärt werden.

5.6.4 Handlungsschritte aktivisch formulieren

Formulieren Sie in Handlungsschritten immer aktivisch, so dass der Nutzer sich direkt angesprochen fühlt (Tab. 5.17). Ihm muss ganz deutlich werden, dass er etwas zu tun hat.

Passivische Formulierungen sind dafür ungeeignet und können zu Missverständnissen bei der Aufgabenverteilung führen. Verwenden Sie passivische Formulierungen ausschließlich für Beschreibungen von Abläufen, die keinen Eingriff des Nutzers erfordern.

5.6.5 Handlungsschritte vollständig formulieren

Ein Handlungsschritt ist dann vollständig, wenn er dem Benutzer alle Informationen zur sicheren und erfolgreichen Durchführung liefert (Abb. 5.8).

Tab. 5.17 Beispiele für aktivisch vs. passivisch formulierte Handlungsschritte

Richtig	Falsch
Taste Steuerung EIN/AUS drücken.	Die Taste Steuerung EIN/AUS ist zu drücken.
1. Die Start-Taste drücken. Die Maschine führt einen Arbeitshub durch.	1. Die Start-Taste wird gedrückt. 2. Die Maschine führt einen Arbeitshub durch.

1. Taste 1 drücken.
   ➲ Der Deckel entriegelt mit einem deutlich hörbaren Geräusch, das Restgas entweicht.
2. Abwarten, bis das Restgas ausgetreten ist, erst dann den Deckel öffnen.
   ➲ Die Gasflasche ist jetzt sichtbar.

Abb. 5.8 Beispiel für vollständige Handlungsschritte

Ein vollständiger Handlungsschritt beinhaltet mindestens folgende Informationen:

- Beschreibung der Handlung:
  „Was muss der Nutzer genau tun und auf welche Weise?"
- Zustand nach der Handlung:
  „War der Nutzer erfolgreich: wie sieht der Endzustand nach erfolgreicher Handlung aus?"

Für eine bessere Übersicht ist es sinnvoll, dem Zustand nach der Handlung eine besondere Auszeichnung in der Formatierung zu geben, z. B. einen Folgepfeil.

Bei manchen Handlungsschritten sind noch zusätzliche Informationen erforderlich, die den Nutzer bei der korrekten Ausführung des Handlungsschritts unterstützen.

- Zweck des Handlungsschritts:
  „Wozu muss der Nutzer den Schritt durchführen?"
- Ausgangssituation oder Voraussetzung:
  „Was muss der Nutzer vor der Durchführung des Schrittes beachten?"

5.6.6 Eine Handlung je Handlungsschritt

Ein Handlungsschritt darf auch nur tatsächlich eine einzige Handlung beinhalten. Dadurch wird der Nutzer beim sequenziellen Lesen und Befolgen der Handlungsschritte unterstützt. Würden mehrere Handlungen in einem Schritt stehen, wäre die Informationsmenge zu groß, um sie schnell zu erfassen (Tab. 5.18).

Tab. 5.18 Beispiel für eine Handlung je Handlungsschritt

Richtig	Falsch
1. Anlage stromlos schalten. 2. Schrauben an Schutzverkleidung lösen und entfernen. 3. Schutzverkleidung entfernen. 4. Sicherheitstemperaturbegrenzer drücken.	1. Schalten Sie die Anlage stromlos, lösen und entfernen Sie die Schrauben an der Schutzverkleidung, damit Sie die Schutzverkleidung entfernen können, und drücken Sie dann den Sicherheitstemperaturbegrenzer.
1. Taste 1 drücken. 2. Abwarten, bis das Restgas ausgetreten ist, erst dann den Deckel öffnen.	1. Taste 1 drücken und abwarten, bis das Restgas ausgetreten ist, um anschließend den Deckel zu öffnen.

Tab. 5.19 Beispiel für die richtige Reihenfolge

Richtig	Falsch
1. Lampe ausschalten. 2. Stecker aus der Steckdose ziehen. 3. Leuchtmittel aus der Fassung ziehen.	Leuchtmittel aus der Fassung ziehen, nachdem die Lampe ausgeschaltet und vom Stromnetz getrennt wurde.

Die einzige Ausnahme bilden hier zwei wenig aufwändige und eng miteinander verbundene Handlungen. Diese dürfen in einem Handlungsschritt aufgeführt werden.

5.6.7 Richtige Reihenfolge einhalten

Es gibt Handlungen, die an bestimmte Bedingungen geknüpft sind. Wenn Sie eine solche Handlung beschreiben, achten Sie darauf, dass Sie den Satz in der richtigen Reihenfolge aufbauen (Tab. 5.19). Erst muss die Bedingung aufgeführt sein, dann die Handlung. Andernfalls besteht die Gefahr, dass der Nutzer die Bedingung zu spät erkennt und die Handlung bereits ausgeführt hat.

5.6.8 Beispiel für eine gute Handlungsanweisung

Das folgende Beispiel zeigt, wie aus einem schlecht strukturierten Ausgangstext (Abb. 5.9) eine gut strukturierte Handlungsanweisung (Abb. 5.10) werden kann.

5.7 Querverweise setzen

Informationen vernetzen Querverweise helfen dem Nutzer, sich in umfangreichen Anleitungen zurechtzufinden, indem sie die Informationen vernetzen. Nutzen Sie Querverweise niemals, um auf für das Verständnis erforderliche Informationen zu verweisen. Solche Informationen müssen mit in den Text aufgenommen werden.

Die Vernetzung kann auf folgende Arten passieren:

- Weiterführende Informationen vernetzen
  Es kann sein, dass ein Inhalt einen Sachverhalt nur oberflächlich beschreibt und dass weitere Inhaltsbausteine zu den Detailaspekten existieren. Solche Verweise können am Ende des Inhalts aus „Siehe-Auch-Block“ aufgelistet sein oder aufgeteilt und in die Beschreibung integriert werden.

Muster GmbH

Wartungsarbeiten

Das Öl wechseln

ⓘ Das Öl sollte möglichst mindestens einmal jährlich gewechselt werden.

Der Schlauch ist zu entfernen und das entsprechende Entlüftungsventil ist zu entnehmen. Dann ist ein Eimer oder Ähnliches unter die Ölablassschraube zu stellen, damit darin das Öl aufgefangen werden kann. Danach Ölschraube entnehmen und so das Öl ablassen. Achtung: Das Öl kann heiß sein.
Wenn das gesamte Öl ausgelaufen ist, Ölschraube wieder einsetzen, nachdem sie mit einer neuen Dichtung versehen wurde. Danach neues Öl einfüllen.
Es ist nur das zugelassene Öl zu verwenden. ⓘ Das Mischen von verschiedenen Ölsorten ist nicht zulässig. Während des Ölwechsels ist unbedingt darauf zu achten, dass keine Verunreinigungen mit dem Öl in die Maschine gelangen.
Prüfen Sie während des Einfüllens des Öls anhand des Peilstabs den Ölstand. Das Öl darf nicht über die max. Markierung hinaus eingefüllt werden.

62	2007	62

Abb. 5.9 Beispiel für eine schlecht strukturierte Handlungsanweisung im Fließtext

Mustermaschine MM1234

Muster GmbH **Wartung**

6.4 Wartungsarbeiten

6.4.1 Motoröl wechseln

Personal:
- Fachpersonal

Sonderwerkzeug:
- Öl-Auffangbehälter: Fassungsvermögen mind. 10 l
- Öl-Einfülltrichter Größe 15

⚠ **VORSICHT!**
Verbrennungsgefahr durch heiße Oberflächen!
Kontakt mit heißen Bauteilen kann Verbrennungen verursachen.
– Bei allen Arbeiten in der Nähe von heißen Bauteilen grundsätzlich Arbeitsschutzkleidung und Schutzhandschuhe tragen.

ℹ *Das Motoröl in ausgeschaltetem, aber betriebswarmem Maschinenzustand wechseln.*

Abb. 1: Schlauch entfernen

1. Maschine ausschalten, vollständig von der Energieversorgung trennen und gegen Wiedereinschalten sichern.
2. Schraube an der Schelle (Abb. 1/2) mit Schlitz-Schraubendreher lösen.
3. Schlauch (Abb. 1/1) vom Entlüftungsventil (Abb. 1/3) abziehen.

Abb. 2: Entlüftungsventil demontieren

4. Entlüftungsventil (Abb. 2/1) gegen den Uhrzeigersinn herausdrehen (siehe Pfeil) und demontieren.

11.02.2009 Mustermaschine 13

Abb. 5.10 Die gleiche Handlungsanweisung gut strukturiert

- Handlung mit Beschreibung vernetzen
  Für die Anleitung sehen wir eine strikte Trennung von Beschreibungen und Handlungsanweisungen vor. Für den Nutzer kann es aber durchaus interessant sein zu wissen, welche Handlungen es z. B. zu einer Baugruppe gibt. In diesem Fall sollte aus der Beschreibung auf die passenden Handlungsanweisungen verwiesen werden.
- Vorwissen vernetzen
  Querverweise sollten zwar ausschließlich zur Vernetzung der Informationen eingesetzt werden. Wenn zum Verständnis einer Beschreibung Vorwissen aus einem anderen Inhaltsbaustein erforderlich ist, kann jedoch in Ausnahmefällen zu Beginn der Beschreibung auf diesen verwiesen werden. Solche Ausnahmen können sich z. B. bei Anleitungen ergeben, die nur einen sehr geringen Umfang haben dürfen.

Querverweise formatieren Wie alle Funktionselemente sollen auch Querverweise eine einheitliche Erscheinung haben. Dabei bietet es sich an, den Querverweis mit einem Verweissymbol zu beginnen.

Abb. 5.11 zeigt einige Beispiele für solche Symbole.

Nun gibt es mehrere Möglichkeiten, den eigentlichen Verweis aufzubauen. Dazu kann man sich folgender Elemente des Verweisziels bedienen:

- Kapitelnummer
- Überschriftentext
- Seitenzahl

Die Erfahrung zeigt, dass die Querverweise die größte Akzeptanz finden, die alle drei Elemente enthalten. Gerade der Überschriftentext stellt eine wichtige Information für den Nutzer dar. Mit seiner Hilfe kann er erkennen, ob es sich für ihn lohnt, dem Verweis nachzugehen, oder ob die verwiesene Information für ihn mit seiner aktuellen Fragestellung irrelevant ist.

Ein guter Querverweis könnte also wie in Abb. 5.12 aussehen.

Stünde dieser Querverweis in einem Online-Medium, fällt natürlich die Angabe der Seitenzahl weg (Abb. 5.13).

Abb. 5.11 Beispiele für Verweissymbole

➔ *Kapitel 5.3 „Schnittbreite einstellen" auf Seite 87*

Abb. 5.12 Beispiel für einen guten Querverweis

➔ Kapitel 5.3 „Schnittbreite einstellen"

Abb. 5.13 Beispiel für einen guten Querverweis im Online-Medium

5.8 Übersetzungsgerecht schreiben

Es gibt viele umfassende Abhandlungen über übersetzungsgerechtes Schreiben. Dabei ist es eigentlich ganz einfach. Wenn Sie alle Regeln beachten, die wir Ihnen zuvor vorgestellt haben, wenn Sie also verständlich schreiben, dann schreiben Sie auch übersetzungsgerecht. Denn wenn der Übersetzer die Texte gut versteht, kann er sie auch leicht übersetzen.

Das ist dann schon alles, was es dazu zu sagen gibt.

Kapitel 6
Anleitungen gestalten

Die Gestaltung von Anleitungen ist ein großes und wichtiges Thema, auch wenn es nicht zu den täglichen Aufgaben von Technischen Redakteuren gehört, Anleitungen zu gestalten. Denn im Alltag wollen wir ja Inhalte schreiben und ein einmal erstelltes und optimiertes Layout lediglich anwenden.

Sie werden sich also nur recht selten mit der eigentlichen Gestaltung der Anleitung befassen, nämlich nur dann, wenn Sie ein neues Konzept entwerfen, neue Ausgabeformate hinzukommen oder wenn Sie ein bestehendes Layout optimieren.

In den folgenden Abschnitten finden Sie jedoch kaum typografische Regeln. Hierzu gibt es bereits ausreichend Fachliteratur. Was Sie hier aber finden, sind unerlässliche Grundregeln für die funktionsgerechte Gestaltung von verständlichen Anleitungen. Dabei gehen wir zunächst von der gedruckten Anleitung aus und leiten zum Schluss noch die speziellen Anforderungen für Online-Medien ab.

6.1 Funktions- und zielgruppengerechte Gestaltung

6.1.1 Zweck der Gestaltung

Das Layout dem Inhalt unterordnen Es gibt einen himmelweiten Unterschied zwischen der Gestaltung von Anleitungen und den meisten anderen Printmedien. Die meisten dieser Printmedien, wie Kataloge, Prospekte, Broschüren, werden von Mediengestaltern oder Designern unter gestalterischen Gesichtspunkten aufgebaut. Dabei steht der tolle optische Gesamteindruck im Vordergrund. Unter Umständen muss auch einmal ein Text gekürzt werden, damit die Gestaltung besser wirkt.

Bei Anleitungen ist das komplett anders. Hier steht nicht die Optik, sondern der Inhalt im Vordergrund. Das Layout ist lediglich Mittel zum Zweck und dient dazu, die Inhalte leichter erfassbar zu machen. Es ist undenkbar, dass ein Technischer Redakteur einen Text kürzt, nur damit er auf die Seite passt.

Nicht, dass wir uns falsch verstehen: Kurze Texte schreiben ist natürlich in Ordnung, es ist sogar Pflicht. Aber wir schreiben den Text kurz, damit man ihn besser verstehen kann, nicht, damit er besser passt!

L. Kothes, *Grundlagen der Technischen Dokumentation*,
DOI 10.1007/978-3-642-14668-8_6, © Springer-Verlag Berlin Heidelberg 2011

Bei den Anleitungen muss sich also die Gestaltung den Inhalten unterordnen. Das ist für manche, insbesondere Kollegen aus dem Marketing und anderen gestalterischen Disziplinen, oft nur schwer zu verstehen. Ich habe schon häufiger Kämpfe mit Marketingabteilungen durchgestanden, die unbedingt bestimmte Layoutvorgaben, die für die Prospekte sicher richtig und gut sind, in der Anleitung wiederfinden wollten. Und das, obwohl die Übersicht und Verständlichkeit dadurch mehr als nur beschädigt worden wäre. Falls Ihnen so etwas auch einmal begegnet, rate ich zur Hartnäckigkeit. Zeigen Sie den Kollegen auf, warum die Ansätze falsch sind und der Qualität der Anleitung schaden. Es lohnt sich, denn wenn schon das Layout der Anleitung so aufgebaut ist, dass der Nutzer die Inhalte nicht findet und Zusammenhänge nicht erkennen kann, wird er die Anleitung gar nicht erst lesen. Damit wäre dann niemandem geholfen, egal wie gut Ihre Texte sind.

Gleichförmigkeit ist unerlässlich Genauso, wie der Nutzer bei den Texten z. B. in Handlungsanweisungen oder dank einheitlicher Terminologie immer wieder bestimmte Muster vorfinden soll, soll er auch im Layout Muster vorfinden. Das bedingt, dass die Gestaltung der Anleitung nicht von Seite zu Seite variiert, sondern dass sie einem klaren Raster folgt. Dadurch werden Überraschungen beim Nutzer vermieden. Effekte wie: „Oh, die Seite sieht aber toll aus, aber wo steht denn jetzt eigentlich das, was ich wissen will?“ gilt es unbedingt zu vermeiden. Wie schon gesagt: im Marketing will man so etwas bewusst erzeugen, um Aufmerksamkeit vom Nutzer zu bekommen. In der Anleitung führt so etwas zum Gegenteil, nämlich zu Frustration.

Deshalb müssen Anleitungen langweilig (= gleichförmig) aussehen. Nur so erreichen wir, dass sich der Nutzer schnell und gut zurechtfindet.

Gestaltung unterstützt die Inhalte Wenn wir also erkannt haben, dass sich die Gestaltung den Inhalten unterordnet, können wir gleich noch einen Schritt weitergehen und von der Gestaltung verlangen, dass sie die Inhalte unterstützen soll. Das kann dadurch geschehen, dass wir für bestimmte Informationsarten immer die gleiche Gestaltung verwenden. So könnten z. B. sicherheitsrelevante Informationen immer fett gedruckt oder grau hinterlegt werden. Dabei muss man natürlich darauf achten, dass die für eine Informationsart typischen Gestaltungselemente tatsächlich nur für eben diese Informationen vorkommen. Sonst ist ja keine eindeutige Unterscheidung mehr möglich.

Wird das Layout so aufgebaut, dass es für jede Informationsart eine eindeutige Gestaltung gibt, kann der Nutzer die Art des Inhaltes erkennen, ohne dass er den Text lesen muss. Wir machen es ihm dadurch viel leichter, den Text zu erfassen. Wenn er etwas sucht, kann er es schneller finden, weil er nur in den für seine Suche passenden Informationsarten suchen muss.

6.1.2 Einfluss der Zielgruppe

Bei der zweckgerichteten Gestaltung der Anleitung muss man wie auch bei der Abfassung der Inhalte die Zielgruppe im Auge haben. Die Gestaltung der Anleitung sollte so gewählt werden, dass sie den Anforderungen der Zielgruppe entspricht. Dabei spielen folgende Faktoren eine Rolle:

- die Umstände, unter denen die Anleitung gelesen wird, z. B.:
  - auf der dreckigen Baustelle im Freien
  - bei schlechter Beleuchtung
  - auf dem Boden kniend beim Zusammenbau eines Möbels
- die körperlichen Voraussetzungen der Zielgruppe, z. B.:
  - verminderte Sehkraft (z. B. bei älteren Menschen)
  - mögliche Farbschwäche (Rotgrünblindheit)
- die Erwartungen der Zielgruppe, z. B.:
  - aufwändige Gestaltung bei hochwertigem (teurem) Produkt
  - hoher Bildanteil bei gering qualifizierter Zielgruppe

Damit das Ganze ein wenig praktischer wird, gehen wir das an einem Beispiel durch. Stellen wir uns vor, wir erstellen ein Layoutkonzept für die Anleitung eines Produktes, das für ältere Menschen gedacht ist, z. B. ein Telefon speziell für Senioren. Dann sollten wir bei der Gestaltung der Anleitung Folgendes beachten:

- die Umstände, unter denen die Anleitung gelesen wird:
  Das Telefon steht im Haushalt, bei guter Beleuchtung. Es gibt sicher einen Tisch in der Nähe, auf dem man die Anleitung zum Lesen ablegen kann. Hier brauchen wir also nichts Besonderes zu beachten.
- die körperlichen Voraussetzungen der Zielgruppe:
  Ältere Menschen können in der Regel nicht mehr so gut sehen. Daher sollte die Schriftgröße entsprechend groß gewählt werden, vielleicht 12 oder sogar 14 Punkt. Dabei sollten die Kontraste maximal groß gewählt werden. Die Schrift muss also schwarz auf weißem Hintergrund sein. Dementsprechend sollten auch die Abbildungen möglichst kontrastreich sein. Das könnte man durch Strichzeichnungen erreichen oder durch kontraststarke Fotos in ausreichender Größe.
  Außerdem haben ältere Menschen oft Probleme, feine Dinge zu greifen, weil die Motorik nachlässt. Die Anleitung darf also nicht zu kleinformatig sein, was bei großen Abbildungen und großer Schrift ohnehin unvorteilhaft wäre. DIN A4 ist sicher gut. DIN A5 wäre wahrscheinlich schon zu klein. Das Papier, auf dem die Anleitung gedruckt ist, sollte entsprechend griffig und nicht zu dünn sein, damit es sich leicht umblättern lässt.
- die Erwartungen der Zielgruppe:
  Ältere Menschen haben wahrscheinlich keine besonderen Erwartungen an die Gestaltung. Allerdings sind sie in einer Zeit groß geworden, in der die Zahl der Medien geringer und die Darbietung von Inhalten schlichter war. Daher sind Ihnen ältere Menschen sicher dankbar, wenn sie eine einfache, klare Gestaltung ohne viele Schmuckelemente und ablenkenden Firlefanz vorfinden.
  Das Layout sollte also möglichst schlicht sein.

6.1.3 Einfluss des Produktes

Auch das Produkt selbst kann Einfluss auf die Gestaltung der Anleitung haben. Das ist insbesondere dann der Fall, wenn es sich um kleine Produkte handelt und die Anleitung mit dem Produkt in einer Verpackung ausgeliefert werden soll, z. B. bei einem Mobiltelefon. Insbesondere bei Produkten, die in großen Stückzahlen auf den Markt gebracht werden, gibt es ein großes Interesse z. B. wegen der Versandkosten, die Verpackung möglichst klein zu halten. Da wird man kaum wegen der Anleitung eine größere Verpackung in Kauf nehmen.

Bei solchen Produkten wird man also die Abmaße der gedruckten Anleitung an der Verpackung ausrichten, wie z. B. beim Beispiel in Abb. 6.1. Dementsprechend muss dann auch das Layout an die unter Umständen eingeschränkten Platzverhältnisse angepasst werden. Das kann gegebenenfalls auch Kompromisse erfordern, die den im Folgenden angesprochenen Anforderungen entgegenstehen. Hier muss man leider irgendeinen Tod sterben. Entweder man hat eine optimal gestaltete Anleitung, die aber nicht in die Verpackung passt, oder man hat eine nicht ganz optimal gestaltete Anleitung, die passt. Letzteres wird sich in der Praxis wohl häufiger durchsetzen. Dokumentation ist halt nicht alles.

Ich denke, solche Kompromisse kann man als Technischer Redakteur akzeptieren, wenn das Ergebnis entsprechend den Anforderungen der Zielgruppe noch gut lesbar und übersichtlich ist.

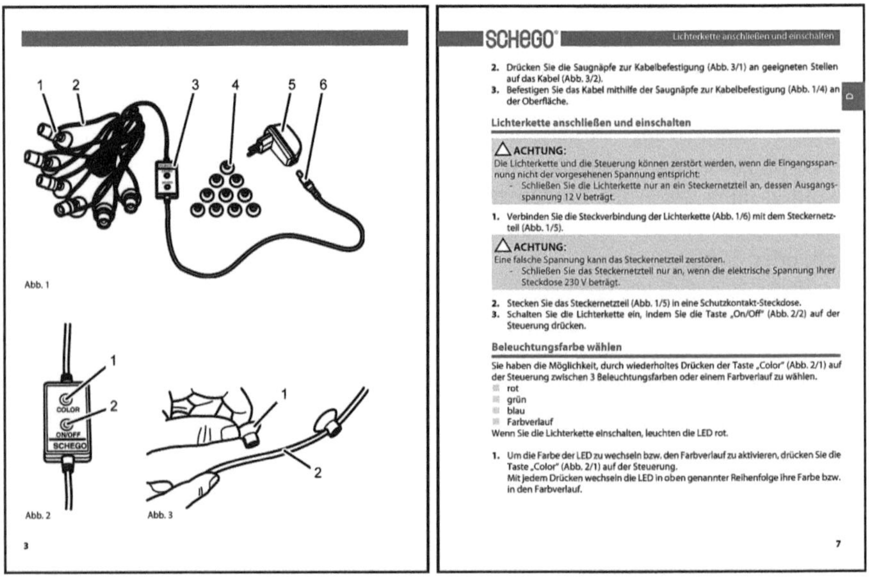

SCHEGO® Lichterkette anschließen und einschalten

2. Drücken Sie die Saugnäpfe zur Kabelbefestigung (Abb. 3/1) an geeigneten Stellen auf das Kabel (Abb. 3/2).
3. Befestigen Sie das Kabel mithilfe der Saugnäpfe zur Kabelbefestigung (Abb. 1/4) an der Oberfläche.

D

Lichterkette anschließen und einschalten

ACHTUNG:
Die Lichterkette und die Steuerung können zerstört werden, wenn die Eingangsspannung nicht der vorgesehenen Spannung entspricht:
- Schließen Sie die Lichterkette nur an ein Steckernetzteil an, dessen Ausgangsspannung 12 V beträgt.

1. Verbinden Sie die Steckverbindung der Lichterkette (Abb. 1/6) mit dem Steckernetzteil (Abb. 1/5).

ACHTUNG:
Eine falsche Spannung kann das Steckernetzteil zerstören.
- Schließen Sie das Steckernetzteil nur an, wenn die elektrische Spannung Ihrer Steckdose 230 V beträgt.

2. Stecken Sie das Steckernetzteil (Abb. 1/5) in eine Schutzkontakt-Steckdose.
3. Schalten Sie die Lichterkette ein, indem Sie die Taste „On/Off" (Abb. 2/2) auf der Steuerung drücken.

Beleuchtungsfarbe wählen

Sie haben die Möglichkeit, durch wiederholtes Drücken der Taste „Color" (Abb. 2/1) auf der Steuerung zwischen 3 Beleuchtungsfarben oder einem Farbverlauf zu wählen.
- rot
- grün
- blau
- Farbverlauf

Wenn Sie die Lichterkette einschalten, leuchten die LED rot.

1. Um die Farbe der LED zu wechseln bzw. den Farbverlauf zu aktivieren, drücken Sie die Taste „Color" (Abb. 2/1) auf der Steuerung.
Mit jedem Drücken wechseln die LED in oben genannter Reihenfolge ihre Farbe bzw. in den Farbverlauf.

7

Abb. 6.1 Beispiel für eine Anleitung, die an die Verpackungsgröße angepasst wurde. (Quelle: Schego)

6.1.4 Entwicklung einer zweckgerichteten Gestaltung

Es gibt mehrere Ansätze zur Entwicklung einer funktions- und zielgruppengerechten Gestaltung, die von verschiedenen Universitäten zu unterschiedlichen Zeiten entwickelt wurden. Alle diese Ansätze beinhalten die folgenden grundlegenden Schritte.

Textmuster und funktionale Einheiten identifizieren Bevor man das Layout festlegen kann, muss man erst einmal wissen, welche Textmuster und funktionalen Einheiten es in dem Dokument überhaupt gibt.

Textmuster sind immer wiederkehrende Textsorten, die im Dokument vorkommen. Diese Textmuster tauchen als verschachtelte Strukturen im Dokument auf. So könnte z. B. die Struktur des Textmusters „Handlungsanweisung" aussehen:

- Handlungsanweisung
  - Personalqualifikation
  - Sonderwerkzeug
  - Sicherheitshinweise
  - Voraussetzungen
  - Handlungsschritte

Die letzte Ebene in dieser Hierarchie bilden die funktionalen Einheiten. Diese beinhalten den Text, um den es eigentlich geht. Der Inhalt der funktionalen Einheit ist variabel. Die Art der vermittelten Information ist jedoch immer gleich.

Ein Beispiel für ein solches Textmuster ist der Handlungsschritt. Dieser kann z. B. aus den folgenden funktionalen Einheiten bestehen:

- Voraussetzungen
- Handlung
- Ergebnis

Ein anderes Beispiel für ein Textmuster ist der Sicherheitshinweis. Dieser kann z. B. aus den folgenden funktionalen Einheiten bestehen:

- Signalwort
- Art und Quelle der Gefahr
- Folgen bei Missachtung
- Maßnahmen

Textstrukturen aufbauen Wenn wir die Textmuster und die funktionalen Einheiten erkannt haben, können wir für unsere Anleitungen Textstrukturen aufbauen. Das geht mit XML, siehe *Kap. 9.5.1 „Basistechnologie XML"*, oder auch mit DTP-Programmen wie Word. Hier können Sie für jede funktionale Einheit eine Formatvorlage festlegen. Das sollten Sie zunächst einmal unabhängig von der späteren Formatierung der funktionalen Einheit tun. So steht es Ihnen später frei (auch nachträglich), jede funktionale Einheit so zu formatieren, wie Sie es möchten. Um aus funktionalen Einheiten Textmuster zu bilden, können Sie diese als Vorlagen abspeichern, z. B. mit der Autotextfunktion von Word.

Wenn Sie die Textstrukturen aufbauen, sollten Sie die Gelegenheit gleich nutzen, um auszumisten. Überlegen Sie, welche Textmuster und funktionalen Einheiten Sie tatsächlich brauchen, bzw. ob die vorhandenen ausreichen, um die Texte ausreichend zu spezifizieren.

Das Schöne ist, dass die in Anleitungen vorkommenden funktionalen Einheiten im Prinzip immer die gleichen sind, so dass man hier nicht unbedingt das Rad neu erfinden muss, sondern auf vorhandenen Standards aufbauen kann.

Auszeichnungen innerhalb des Textes festlegen Zusätzlich zu den funktionalen Einheiten, die sich immer auf ganze Absätze beziehen, braucht man manchmal noch feinere Strukturen, mit denen man einzelne Wörter oder Abschnitte innerhalb eines Absatzes auszeichnen kann. Diese Auszeichnungen dienen dazu, auch für kleinere semantische Einheiten eine einheitliche Formatierung sicherzustellen. Solche Einheiten können z. B. sein:

- Tastenbezeichnungen
- Menübefehle
- Hyperlinks
- Querverweise

Relevante Textmuster und funktionale Einheiten festlegen Nicht alle funktionalen Einheiten sind so wichtig, dass es sich lohnt, für diese auch eigene Layouts zu entwickeln. Schließlich wollen wir den Nutzer ja nicht mit einer schier unüberblickbaren Menge an Formatierungen erschlagen.

Stattdessen wollen wir ihn lenken, damit er seine Aufmerksamkeit auf die für ihn relevanten Informationen richtet. Wir müssen also auswählen, was besonders ausgezeichnet wird. Die übrigen funktionalen Einheiten lassen wir erst einmal unangetastet. Das bedeutet, dass sie im Fließtext ohne besondere Auszeichnungen erscheinen. Die folgenden Textmuster sollten in der Regel besonders ausgezeichnet werden:

- Sicherheitshinweise
- Handlungsanweisungen
- Bilder und Bildlegenden
- Störungslisten
- Wartungstabellen
- Beispiele

Generische Inseln belassen Textmuster und funktionale Einheiten zeichnen sich dadurch aus, dass sie semantisch sind, also bedeutungstragend. Im Gegensatz dazu stehen die generischen Textstrukturen, die eben keine Bedeutung abbilden, sondern lediglich Formatierungsinformationen beinhalten. Typische generische Textstrukturen sind z. B.:

- Absatz
- Aufzählung
- Tabelle
- etc.

Puristen verbieten jeglichen Einsatz generischer Strukturen und wollen das ganze Dokument funktional abbilden. Im Prinzip geht das auch, allerdings werden die Freiheiten des Technischen Redakteurs dadurch sehr eingeschränkt, da er sich nur noch in den vorgedachten Strukturen bewegen kann. Wenn sich dann beim Schreiben herausstellt, dass man dem Nutzer etwas mitteilen muss, was in den vorhandenen semantischen Strukturen nicht abbildbar ist, hat man ein Problem.

Deshalb beinhalten gute Textstrukturen immer semantische und generische Elemente in einem ausgewogenen Verhältnis. Das schafft Disziplin, lässt aber auch an einigen Stellen notwendige Freiheiten.

Formatierung zuweisen Erst jetzt, wo alle semantischen und generischen Textsorten feststehen, kann man sich Gedanken über die Formatierung machen. Jetzt gilt es, eine eindeutige und ansprechende Gestaltung für die jeweiligen Textmuster, funktionalen Einheiten, Auszeichnungen und generischen Inseln zu finden.

Diese Formatierungen sollten auf der Basis eines Grundlayouts erfolgen, das zunächst entwickelt werden muss. Das Grundlayout beinhaltet:

- Seitengestaltung, siehe *Kap. 6.2.*
- Satzspiegel, siehe *Kap. 6.2.2.*
- grundlegende Typografie, siehe *Kap. 6.2.2.*

Steht das Grundlayout, können Sie für die jeweilige Textstruktur und dann für die darin enthaltenen funktionalen Einheiten die Gestaltung festlegen.

Das könnte für einen Sicherheitshinweis z. B. so aussehen:

- Die Textstruktur „Sicherheitshinweis" soll durch einen grauen Hintergrund ausgezeichnet werden. Die Schrift soll die gleiche bleiben wie im Fließtext.
  Die Textstruktur „Sicherheitshinweis" soll zweispaltig gesetzt werden. In der linken Spalte soll abhängig vom Signalwort ein Symbol vorangestellt werden.
  Der eigentliche Inhalt der Textstruktur „Sicherheitshinweis" soll in der rechten Spalte erscheinen.
- Die funktionale Einheit „Signalwort" soll in Versalien und fett geschrieben werden. Hinter dem Signalwort steht immer ein Ausrufezeichen.
- Die funktionale Einheit „Art und Quelle der Gefahr" soll fett geschrieben werden.
- Die funktionale Einheit „Folgen bei Missachtung" soll wie der Fließtext, ohne besondere Auszeichnung, geschrieben werden.
- Die funktionale Einheit „Maßnahmen" soll mit Spiegelstrich versehen werden.

Das Ergebnis würde dann so wie Abb. 6.2 aussehen.

Wir haben jetzt also die Gestaltung aller Sicherheitshinweise, die in der Anleitung vorkommen, eindeutig festgelegt. In der Praxis würde man entweder eine

Abb. 6.2 Beispiel für die funktionsgerechte Gestaltung der Textstruktur „Sicherheitshinweis"

genaue Spezifikation schreiben, in der die Abstände, Farbwerte, etc. genau festgehalten sind, oder das Layout einfach in der DTP-Software (z. B. Word) einstellen. Dabei muss man lediglich die Formatierungseinstellungen der im Zuge der Textstrukturierung erstellten Formatvorlagen anpassen.

6.2 Seitengestaltung

Damit eine Anleitung verständlich ist, muss sie nicht nur gute Inhalte aufweisen, sondern sie muss auch übersichtlich sein. Hierauf hat die Seitengestaltung einen wesentlichen Einfluss.

Mit Seitengestaltung meinen wir den grundsätzlichen Aufbau einer Anleitungsseite unabhängig von den Inhalten, die sich auf der Seite befinden. Es geht also um alle Elemente, die sich außerhalb des eigentlichen Textflusses auf der Seite befinden. Im Folgenden betrachten wir die für eine Anleitung typischen Elemente auf der Seite.

6.2.1 Seitengröße

Bevor es an die Gestaltung der Seite geht, sollte man sich im Klaren darüber sein, in welchem Format die Anleitung überhaupt gedruckt werden soll.

Standard- oder Sonderformat Wie schon in *Kap. 6.1.3 Einfluss des Produktes* beschrieben, hat in einigen Fällen das Produkt einen nicht unerheblichen Einfluss auf die Seitengrößen. Falls das nicht so ist, kann man die Seitengröße frei bestimmen.

Bei Produkten, die massenhaft verkauft werden, ist man bei der Seitengröße relativ frei. Bei Produkten mit geringen Auflagen wird man sich wohl auf ein DIN-A-Format festlegen, weil das die Produktion mit handelsüblichen Druckern oder Kopiersystemen sowie die Ablage in Ordnern deutlich erleichtert. Eigentlich kommen also nur die Formate DIN A4 und DIN A5 in Frage.

Wichtig ist, dass das gewählte Format eine optimale Text-Bild-Anordnung erlaubt und zu lange Zeilen vermieden werden.

Unsinnige Formate Es gibt einige Formate, die in der Technischen Dokumentation einfach nicht sinnvoll bzw. ungünstig sind. Das ist vor allem dann der Fall, wenn die vor dem Nutzer aufgeschlagene gedruckte Anleitung zu viel Platz einnimmt. Mir lag z. B. einmal eine Anleitung für ein Hi-Fi-Gerät im DIN-A4-Querformat vor. Dabei ergibt sich aufgeschlagen eine Breite von beinahe 60 cm. Um das zu lesen, muss man den Kopf extrem verrenken und man kann die Anleitung selbst mit zwei Händen kaum festhalten. Das sorgt für Frust beim Nutzer. Ebenso verhält es sich mit großen Faltblättern. Im Prinzip sind Faltblätter für einfache Produkte in Ordnung, aber ab einer Größe von DIN A2 sind sie kaum noch handhabbar.

Es ist andersherum auch möglich, Anleitungen zu klein zu machen. Dann zwingt einen irgendwann das Format dazu, Schriftgrößen zu verwenden, die kaum noch lesbar sind, und es ist kaum noch möglich, eine gescheite Text-Bild-Anordnung zu wählen.

Also: In der Mitte liegt die Wahrheit. Die Größe einer Anleitung sollte sich im Rahmen üblicher Druckwerke (ausgenommen Tageszeitungen) bewegen. Von gestalterischen Experimenten sollte man im Sinne des Nutzers Abstand nehmen.

6.2.2 Satzspiegel

Steht die Seitengröße fest, kann man sich Gedanken über den Satzspiegel machen. Die Art des Satzspiegels entscheidet über die Lesbarkeit der Anleitung, also die Frage: „Wie gut kann der Nutzer dem Fluss der Anleitung folgen?“. Außerdem kann über den Satzspiegel der Raumbedarf der Anleitung bestimmt werden. Hier ist es meist so, dass eine gute Lesbarkeit mehr Raum erfordert. Platz sparen geht also in der Regel zu Lasten der Lesbarkeit.

Beim Satzspiegel gibt es folgende Möglichkeiten:

- Einspaltiges Layout (Abb. 6.3 links)
- Mehrspaltiges Layout (Abb. 6.3 Mitte)
- Marginalien-Layout (Abb. 6.3 rechts)

Diese werden wir im Folgenden beschreiben und gegeneinander abwägen.

Einspaltiges Layout Das einspaltige Layout wird meistens von Einsteigern angewendet, weil herkömmliche DTP-Programme diesen Seitenaufbau als Grundeinstellung verwenden. Es hat aber einige Nachteile.

Abb. 6.3 Übersicht über die unterschiedlichen Layouts

Abb. 6.4 Beispiel für die Raumausnutzung im einspaltigen Layout

So sind im Format DIN A4 bei einer üblichen Schriftgröße zwischen 10 und 12 Punkt die Zeilen viel zu lang. Das erschwert die Lesbarkeit.

Außerdem erlaubt das Layout nur Bilder, die über die ganze Seitenbreite gehen. Dadurch kann je nach Motiv eine Menge Platz verschwendet werden. Man könnte natürlich auch kleinere Bilder verwenden und diese vom Text umfließen lassen. Das würde aber zu einem unruhigen Textfluss führen, der für eine Anleitung nicht zu empfehlen ist.

Beim Thema Raumbedarf muss man hier auch mit einbeziehen, dass Anleitungen zu einem wesentlichen Teil aus knappen Handlungsanweisungen bestehen, bei denen jeder Handlungsschritt in einem neuen Absatz steht. Hier wäre zu erwarten, dass die Zeilen in der Regel nicht voll werden. Der zur Verfügung stehende Raum wird, wie in Abb. 6.4 zu sehen, meist nicht ausgenutzt.

Bezüglich der Text-Bild-Zuordnung hat man beim einspaltigen Layout nur die Möglichkeit, das Bild vor der betreffenden Textstelle zu platzieren.

Mehrspaltiges Layout Bei der Anwendung eines mehrspaltigen Layouts (Abb. 6.5) können die eben geschilderten Nachteile des einspaltigen Layouts in der Regel ausgeglichen werden. Denn durch die Schaffung von einer oder mehr zusätzlichen Spalten wird die Zeilenlänge zwangsläufig verkürzt. Man erhält also besser lesbare Zeilen und kann jetzt auch kleinere Bilder einsetzen, die lediglich so breit sind wie eine Spalte.

Es ergeben sich aber auch neue Nachteile, denn in den meisten Anleitungen wird man schon einige Abbildungen oder Tabellen einsetzen wollen, die breiter sind als eine Spalte. Man muss den mehrspaltigen Satz hierfür also aufbrechen. Das wiederum kann den Nutzer ggf. irritieren und die Lesbarkeit erschweren.

Abb. 6.5 Beispiel für die Raumausnutzung im mehrspaltigen Layout

Was die Text-Bild-Zuordnung angeht, gelten beim mehrspaltigen Layout die gleichen Bedingungen wie beim einspaltigen. Es ist nicht möglich, Bild und Text nebeneinanderzusetzen. Es geht nur hintereinander.

Marginalien-Layout Das Marginalien-Layout (Abb. 6.6) stellt einen guten Kompromiss zwischen ein- und mehrspaltigem Layout dar. Hierbei laufen Marginalspalte und Textspalte in einem Fluss nebeneinander. Die Marginalspalte wird dabei

Abb. 6.6 Beispiel für die Raumausnutzung im Marginalien-Layout

nur für bestimmte Arten von Textmustern verwendet, z. B. Zwischenüberschriften, Abbildungen inkl. Legende etc.

Es gibt also nur einen Textfluss auf der Seite, wie beim einspaltigen Layout. Die Textspalte ist aber nicht so lang, was die Lesbarkeit deutlich verbessert. Außerdem besteht jetzt die Möglichkeit, Bilder in der Marginalspalte neben den betreffenden Text zu platzieren. Das schafft eine optimale Bild-Text-Zuordnung.

Beim Marginalien-Layout ist es auch nicht weiter tragisch, wenn Elemente über die ganze Seite laufen, da dadurch der eine vorhandene Textfluss nicht unterbrochen wird.

Der Nachteil gegenüber dem mehrspaltigen Satz ist jedoch, dass hier etwas mehr Weißraum entsteht, also Platz verschwendet wird. Das ist insbesondere dann der Fall, wenn längere Passagen ohne Abbildungen vorkommen oder zu einer Abbildung nur ganz wenig Text vorliegt.

Mehrspaltiges Layout mit Fremdsprachen Eine Besonderheit beim mehrspaltigen Layout stellt die Verwendung der Spalten für verschiedene Fremdsprachen, wie in Abb. 6.7, dar. Dabei werden auf einer Seite mehrere Spalten mit unterschiedlichen Sprachen dargestellt. Hierbei erhofft man sich eine bessere Raumausnutzung insbesondere dadurch, dass Bilder nur einmal in einer separaten Bildspalte platziert werden. Dadurch sollen Druckkosten gespart werden. Die Platzersparnis ist aber bei näherer Betrachtung oft nicht besonders groß und rechtfertigt meiner Meinung nach

Abb. 6.7 Beispiel für die Raumausnutzung im mehrspaltigen Layout mit Fremdsprachen

nicht den Nachteil, den der Nutzer durch das Sprachenwirrwarr und die schlechtere Bild-Text-Zuordnung hat.

Ein weiterer Nachteil ist hier, dass Bilder, die größer sind als die Bildspalte, schlecht unterzubringen sind und viel Weißraum verursachen, was dem Ansatz, Platz zu sparen, wieder entgegensteht.

Dazu kommt, dass eine solche Vorgehensweise sich in der Regel nicht mit den modernen Übersetzungsprozessen mit Translation Memory verträgt. Hier ist beim Nachformatieren immer Handarbeit gefragt, was wieder zusätzliche (versteckte) Kosten im Prozess verursacht.

6.2.3 Einseitig oder doppelseitig?

Die Frage, ob einseitig oder doppelseitig gedruckt wird, stellt sich eigentlich nur bei Anleitungen, die in Einzelauflage über Laserdrucker oder Kopierer ausgegeben werden. Bei Anleitungen, die professionell gedruckt werden, wird man immer doppelseitig drucken, alleine schon um nicht unnötige leere Seiten bezahlen zu müssen.

Wenn die Anleitung gelocht und in einem Ordner abgelegt wird, kann man auch einseitig drucken. Wobei ich persönlich auch hier den beidseitigen Druck bevorzuge: der hat nämlich den Vorteil, dass der Nutzer immer zwei Seiten auf einen Blick vor sich liegen hat. Er muss also nur halb so oft blättern und die Chance ist doppelt so groß, dass er zusammengehörige Informationen zusammenhängend vor sich liegen hat.

Wenn man doppelseitig druckt, sollte man die Seiten auch so einrichten. So können z. B. bestimmte Navigationselemente spiegelbildlich angeordnet werden (Abb. 6.8), z. B. Seitenzahl immer außen, Logo immer innen etc.

Dieses Vorgehen sollte man natürlich tunlichst unterlassen, wenn man letztendlich doch nur einseitig druckt.

Bei der spiegelbildlichen Anordnung sollte man es aber nicht übertreiben. Auf keinen Fall sollte diese auf den Textfluss der Seite angewandt werden, wie es im Negativbeispiel in Abb. 6.9 der Fall ist. Ich habe schon Anleitungen gesehen, bei denen z. B. die Bilder immer außen standen. Das ist für den Nutzer überaus verwirrend, da unter Umständen mitten in einer Handlungsanweisung die Bild-Textfolge durch den Seitenumbruch rein willkürlich verändert wird. Eine solche Gestaltung kann toll aussehen, gehört aber eindeutig ins Marketing und nicht in die Dokumentation.

6.2.4 Ränder

Bei jeder Gestaltung muss es auch noch weiße Flächen auf dem Blatt geben. Bei der Anleitung sind das insbesondere die Seitenränder. Diese sollten so groß gewählt

Abb. 6.8 Beispiel für den Einsatz spiegelbildlich angeordneter Navigationselemente auf einer Doppelseite

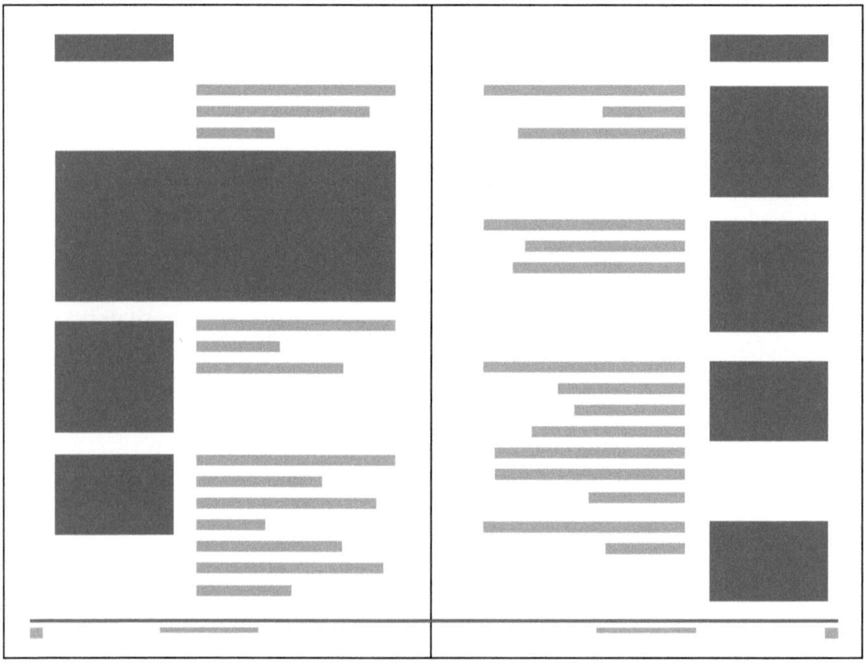

Abb. 6.9 Beispiel für die ungünstige Spiegelung des Textflusses

Abb. 6.10 Layouts mit unterschiedlich großen Seitenrändern

werden, dass sich ein ausgewogenes Bild ergibt. Viele machen den Fehler, dass sie die Seitenränder zu schmal wählen. Das sieht zum einen unschön aus und kann zudem noch praktische Nachteile haben. Abbildung 6.10 zeigt es eindeutig: weder zu viel noch zu wenig Seitenrand sind für die Anleitung gut.

Mit den Nachteilen meine ich speziell den Bundsteg, also beim doppelseitigen Layout den Abstand in der Mitte bzw. beim einseitigen Layout den Abstand links. Wird der Bundsteg zu klein gewählt, kommt man beim der Lieferung im Ordner schnell mit dem Locher in Konflikt. Bei gebundenen Anleitungen kann ein zu kleiner Bundsteg dazu führen, dass der innere Rand der Anleitung in der Bindung verschwindet. Hier sollte man sich unbedingt vorher mit der Druckerei absprechen.

6.2.5 Navigationselemente und andere Elemente auf der Seite

Damit sich der Nutzer im Dokument besser zurechtfindet, sollten auf den Seiten die unten beschriebenen Navigationselemente platziert werden (Abb. 6.11). Außerdem gibt es noch weitere Elemente wie z. B. das Logo, die man gerne auf jeder Seite wiederfinden möchte.

Seitenangabe Natürlich müssen die Seiten der Anleitung nummeriert werden. Die ewige Streitfrage ist hier, ob die Seiten von vorne bis hinten durchnummeriert werden oder ob die Kapitel sequenziell (z. B. S. 14-25) nummeriert werden.

Beide Lösungen sind O. K., wobei die sequenzielle Nummerierung ein Relikt ist, das aus der mangelnden Kapazität der DTP-Systeme entstand. Früher war es nämlich nötig, die Dateigröße dadurch klein zu halten, dass man je Kapitel ein Dokument angelegt hat. Das hatte wiederum zur Folge, dass eine durchlaufende Nummerierung technisch in der Regel nicht machbar war.

Ich persönlich finde die durchgehende Nummerierung besser. Der Nutzer muss sich bei Querverweisen nur eine Zahl merken und er hat ein besseres Gefühl, wo im Dokument er suchen muss, wenn er nach S. 134 anstelle von 8-17 sucht.

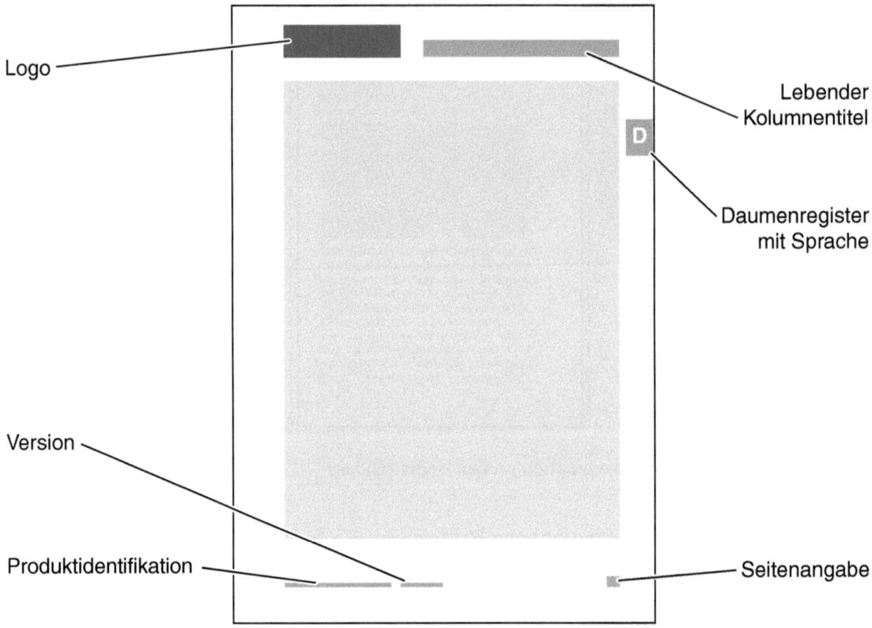

Abb. 6.11 Beispiel für Navigationselemente auf der Seite

Bei Anleitungen mit geringer Seitenzahl sollte auf jeden Fall durchnummeriert werden.

Logo und andere Schmuckelemente Viele Hersteller möchten, dass ihr Logo auf den Seiten der Anleitung zu finden ist. Für den Nutzer ist das natürlich völlig irrelevant. Er hat das Produkt ja bereits gekauft und weiß wahrscheinlich auch, von welchem Hersteller es ist. Eine zusätzliche Information liefert es also nicht.

Daher sollte das Logo genauso wie andere Schmuckelemente möglichst dezent auf der Seite platziert werden. Vielleicht ist ja auch ein Logo pro Doppelseite ausreichend. Wer es gerne puristisch mag, kann auch gerne ganz auf das Logo verzichten und stattdessen nur Schmuckelemente wie Flächen, Linien etc. einsetzen, um der Anleitungen einen angenehmen und dezenten Rahmen zu geben.

Produktidentifikation Es ist gut, wenn man den einzelnen Seiten der Anleitung ansehen kann, für welches Produkt sie gelten. Das ist insbesondere dann wichtig, wenn die Seiten herausnehmbar z. B. in einem Ordner ausgeliefert werden.

Die Produktidentifikation sollte aus der Produktbezeichnung und der Typennummer bestehen, damit sie wirklich eindeutig ist. Da die Information nur selten benötigt wird, sollte sie gegenüber dem eigentlichen Inhalt deutlich zurückstehen. Sie sollte also möglichst klein und z. B. am unteren Seitenrand platziert werden.

Version/Ausgabedatum Aus den gleichen Gründen wie bei der Produktidentifikation kann es auch sinnvoll sein, die Versionsnummer oder das Ausgabedatum der Anleitung auf den Seiten zu platzieren. Auch dies sollte möglichst dezent geschehen.

Lebender Kolumnentitel Im lebenden Kolumnentitel wird im einfachsten Fall die aktuelle Überschrift der ersten Hierarchieebene wiederholt. Das gibt dem Nutzer die Möglichkeit, schnell einmal nachzusehen, in welchem Hauptkapitel er sich befindet.

In umfangreichen Anleitungen kann es sogar sinnvoll sein, noch weitere Überschriftsebenen hinzuzunehmen. Wenn z. B. das Kapitel „Wartung“ mehrere hundert Seiten umfasst, ist der Nutzer sicher dankbar, wenn er zusätzlich erfährt, dass es um die Wartung der Komponente X geht, die auf der aktuellen Seite beschrieben ist.

Der lebende Kolumnentitel eignet sich auch wunderbar für das schnelle Durchsuchen des Dokumentes.

Sprachkennung Wenn in einer Anleitung hintereinander mehrere Sprachen in einem Band abgedruckt sind, sollten die Seiten unbedingt mit einem Sprachkennzeichen versehen werden. Unterbleibt dies, muss der Nutzer umständlich nach einer Sprache suchen, die er versteht.

Daumenregister Wenn Anleitungen massenhaft gedruckt werden, kann es auch lohnen, ein Daumenregister für die Hauptkapitel oder die Sprachfassungen aufzubauen. Dabei handelt es sich um Flächen, die im Anschnitt der Seite liegen, so dass man diese auch erkennen kann, wenn man die gedruckte Anleitung von der rechten Seite her anschaut.

6.3 Typografie

An dieser Stelle möchten wir nicht die Grundlagen der Typografie an sich beschreiben, sondern lediglich einige Punkte aufgreifen, die für das Erstellen von Anleitungen unerlässlich sind.

Wie schon erwähnt sollten Sie Ihre Typografie so wählen, dass gleiche Textstrukturen immer gleich gelayoutet sind. Wie Sie die einzelnen Textstrukturen gestalten, ist weitgehend Ihnen überlassen. Sie sollten sich lediglich an die unten beschriebenen Regeln halten. Eine Ausnahme bilden die Sicherheitshinweise. Deren Aufbau und Gestaltung unterliegt gewissen Regeln, die in *Kap. 7 „Sicherheitshinweise gestalten und formulieren*“ beschrieben sind.

Kapitelüberschriften Die Kapitelüberschriften sollten sich deutlich vom übrigen Text abheben, damit der Nutzer diese beim schnellen Durchblättern sofort erkennen und lesen kann.

Bei umfangreichen Anleitungen sollten die Überschriften auf jeden Fall nummeriert werden. Sonst besteht die Gefahr, dass der Nutzer sich im Dschungel der vielen Überschriften und Hierarchieebenen verirrt. Bei kürzeren Anleitungen (bis ca. 20–30 Seiten) kann auf die Nummerierung auch verzichtet werden. Dann ist es aber überaus wichtig, dass sich die Überschriftsebenen typografisch deutlich voneinander unterscheiden. Es sollten dann auch möglichst wenig Ebenen verwendet werden, idealerweise nicht mehr als 2.

Falls Sie Nummerierungen verwenden, gilt die Empfehlung: nicht mehr als 3 Ebenen. Hiermit kommt man aber insbesondere bei sehr umfangreichen Anleitungen nicht aus. Dann kann man auch einmal in die 4. oder 5. Ebene gehen. Tiefer verschachteln sollte man aber wirklich nicht mehr.

Schriftart In der Anleitung sollten ausschließlich Schriftarten verwendet werden, die sich gut lesen lassen. Ob das eine Schriftart mit oder ohne Serifen oder gar ein Mix dieser Schrifttypen ist, spielt dabei eigentlich keine Rolle, auch wenn Gestaltungsgurus da sicher anderer Meinung sind. Es sollten aber nicht zu viele Typen verwendet werden. Wenn Schriftarten zur Unterscheidung von funktionalen Einheiten oder Auszeichnungen im Text verwendet werden, sollten sie sich, wie in Abb. 6.12, deutlich vom übrigen Text abheben, damit der Nutzer den Unterschied schnell erkennt.

Schriftgröße Die Wahl der Schriftgröße hat genauso wie die Schriftart einen unmittelbaren Einfluss auf die Lesbarkeit der Anleitung. Die DIN EN 62079 schlägt eine Mindestschriftgröße von 9 Punkt vor. Wenn man in der Anleitung stark auf den Platz achten muss, weil diese z. B. in eine kleine Verpackung passen soll, kann man je nach Schriftart sicherlich auch noch auf 8 (minimal 7) Punkt heruntergehen. Kleiner sollte es aber wirklich nicht sein. Es ist schlichtweg zu anstrengend, eine so kleine Schrift zu lesen. Es versteht sich von selbst, dass die maximale Zeilenlänge der Schriftart entsprechend gewählt wird. Eine Zeile sollte möglichst nicht mehr als 80 Zeichen lang sein. Sonst verliert das Auge die Zeile aus dem Fokus.

Im Übrigen sollte es in Anleitungen kein Kleingedrucktes geben. Es sollte also keine Textart kleiner gedruckt werden als der Fließtext. Einzige Ausnahme bilden hier die in *Kap. 6.2.5 „Navigationselemente und andere Elemente auf der Seite“* beschriebenen Elemente, wie Ausgabedatum, Versionsnummer oder Produktinformation.

Textauszeichnungen Textauszeichnungen (fett, kursiv etc.) sollten in Anleitungen ausschließlich verwendet werden, um funktionale Elemente oder Auszeichnungen im Text einheitlich typografisch zu gestalten. Ein quasi wahlloses oder von den funktionalen Vorgaben abweichendes Nutzen der Auszeichnungen durch den Redakteur muss unbedingt unterbleiben, um Verwirrung beim Nutzer zu vermeiden.

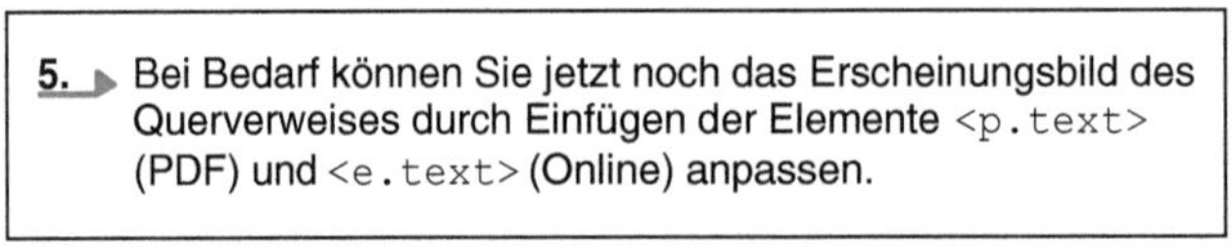

Abb. 6.12 Beispiel für die Auszeichnung für „Quellcode“ durch Zuweisen einer besonderen Schriftart. (Quelle: DOCUFY)

Tab. 6.1 Textauszeichnungen in Anleitungen

Auszeichnung	Anmerkung
Fett	Fetter Text sollte in der Anleitung ausschließlich in Überschriften vorkommen. Es ist eine Unsitte, vermeintlich wichtige Teile fett zu setzen. Hierzu gibt es in Anleitungen andere Textstrukturen, wie z. B. Sicherheitshinweise.
Kursiv	Kursiver Text eignet sich gut für Auszeichnungen in Anleitungen
Unterstrichen	Unterstreichungen sehen nie besonders professionell aus und wirken schnell billig. Diese Art von Auszeichnung wird von ernst zu nehmenden Mediengestaltern nie verwendet. Daher sollten Unterstreichungen auch in Anleitungen nicht benutzt werden.
VERSALIEN	Versalien, also durchgehende Großschreibung von Wörtern, sind besonders im angelsächsischen Sprachraum vor allem in Überschriften sehr beliebt. Das Problem ist aber, dass Wörter in Versalien grundsätzlich schlechter lesbar sind als normal geschriebene. Deshalb sollte man in der Anleitung auf Versalien verzichten.
Farbiger Text	In Printmedien ist farbiger Text oft nicht sinnvoll, da die meisten Anleitungen in Schwarz-Weiß gedruckt werden. Nur wenn der farbige Druck sichergestellt ist, können Farben auch als Auszeichnungselemente eingesetzt werden. Wenn Farben zum Einsatz kommen, dann sollte das sehr vorsichtig und sparsam geschehen. Sonst wirkt die Anleitung schnell wie ein buntes Kinderheft.

Wenn z. B. kursiver Text ausschließlich dazu gedacht ist, Querverweise auszuzeichnen, ist es ungünstig, wenn ein Redakteur in seinem Text eine für ihn besonders wichtige Stelle kursiv setzt. Hierdurch werden die Textstrukturen verwässert. Der Nutzer hat ja durch Hinsehen gelernt, dass alles, was kursiv ist, einen Querverweis darstellt. Wenn das an wenigen Stellen anders ist, wird ihn das lediglich verwirren. Wenn es jedoch viel Wildwuchs in der Formatierung gibt, wird er gar nicht erst merken, dass es da ein System gibt, wodurch sich ihm die Inhalte nicht mehr so leicht erschließen wie bei einem funktional strukturierten Text.

In Tab. 6.1 finden Sie einige Anmerkungen zum Einsatz von Textauszeichnungen in Anleitungen.

Ankerpunkte Um die verschiedenen funktionalen Einheiten klarer voneinander abzugrenzen, kann man sehr gut kleine Symbole wie Bullets, Pfeile etc. verwenden, um Ankerpunkte zu setzen und den Text zu strukturieren. Am Beispiel des Handlungsschrittes in Abb. 6.13 kann man erkennen, wie gut diese Ankerpunkte wirken. Der graue Pfeil in Kombination mit der Schrittnummer wird ausschließlich für Handlungsschritte verwendet. Dadurch werden diese für den Nutzer zum einen klar erkennbar und zum anderen bilden sie die Ankerpunkte, die das Auge von einem Handlungsschritt zum nächsten führen.

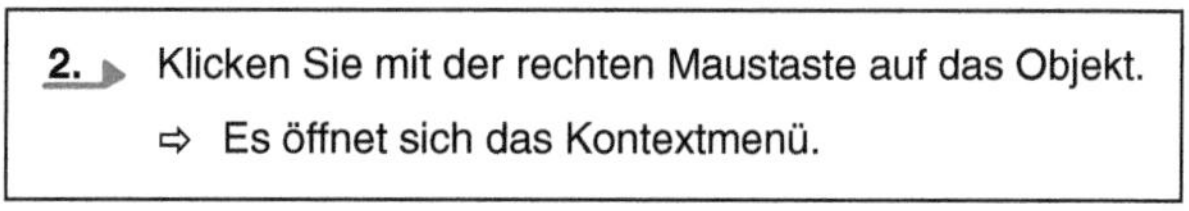

Abb. 6.13 Beispiel für einen Handlungsschritt mit Symbolen als Ankerpunkte. (Quelle: DOCUFY)

Das Ergebnis der Handlung ist eingezogen und wird mit dem weißen, schwarz umrandeten Pfeil ausgezeichnet. Es ist durch den Einzug klar als Teil der Handlung zugeordnet und springt durch den Pfeil trotzdem als eigenständige Informationseinheit ins Auge.

Tabellen Auch Tabellen können zur Strukturierung des Textes eingesetzt werden. Der Vorteil von Tabellen liegt vor allem darin, dass die Informationen sehr kompakt dargestellt werden. In der Regel braucht man deutlich mehr Wörter, um die gleiche Informationsmenge als Text rüberzubringen.

Umbrüche Seiten- und Spaltenumbrüche in der Anleitung sollten immer inhaltlich motiviert sein. Hierbei geht es darum, inhaltlich zusammengehörige Informationen auch auf der Seite zusammenzuhalten. So ist es z. B. ungünstig, wenn ein Handlungsschritt auf einer Seite anfängt und auf der nächsten Seite weitergeht. Es geht bei den Umbrüchen bei den Anleitungen also niemals darum, die Seiten besonders ausgewogen zu füllen oder diese möglichst voll zu kriegen. Ausnahme bilden hier Anleitungen, die mit kleinem Raum auskommen müssen. Wenn bei einem Massenartikel eine zusätzliche Seite die Druckkosten drastisch erhöht, sollte man schon versuchen, den Umbruch zu vermeiden.

Wenn die Seitenanzahl keine Rolle spielt und die Anleitung einen gewissen Umfang erreicht, kann es beim doppelseitigen Druck sinnvoll sein, die Hauptkapitel auf einer neuen rechten Seite beginnen zu lassen. Das macht das Durchblättern nach Kapiteln einfacher.

Fußnoten Üblicherweise sollte eine Anleitung ohne Fußnoten auskommen. Denn man sollte von einem guten Redakteur erwarten, dass er die Texte so schreibt, dass sie vom Nutzer ohne weitere Zusatzinformationen verstanden werden können. Nur in ganz seltenen Fällen, z. B. zur Kennzeichnung bestimmter Eigenschaften in Tabellen, kann man Fußnoten, wenn es unbedingt sein muss, verwenden.

6.4 Digitale Ausgabeformate von Anleitungen

Zurzeit ist die Lieferung der Anleitung im Papierformat für die meisten Produkte immer noch Pflicht. Dennoch ist es oft sinnvoll, dem Nutzer die Inhalte vielleicht sogar angereichert mit weitergehenden Informationen zusätzlich in digitalen Ausgabeformaten zur Verfügung zu stellen. Einige dieser Ausgabeformate wollen wir hier etwas näher betrachten.

6.4.1 PDF als Online-Medium

Jede Anleitung, die sich drucken lässt, kann auch als PDF ausgegeben werden. Wenn heute Anleitungen in digitaler Form z. B. über das Internet zur Verfügung gestellt werden, geschieht dies meist als PDF.

Wenn man das macht und beabsichtigt, dass die Nutzer das PDF auch am Bildschirm lesen, sollte man unbedingt den vollen Funktionsumfang an Verlinkungsmöglichkeiten im PDF nutzen. Diese sind im Wesentlichen:

- Lesezeichen, die die komplette Überschriftenhierarchie wiedergeben
- verlinktes Inhaltsverzeichnis
- verlinkter Index
- verlinkte Querverweise

Diese Funktionen erhöhen die Benutzbarkeit der Anleitung am Bildschirm erheblich, aber so richtig gut wird es eigentlich nie.

Das Problem ist, dass das PDF eine 1:1-Abbildung der gedruckten Anleitung ist. Das ist für die Nutzung am Bildschirm einfach nicht ideal, weil hier andere Regeln gelten:

- Die Seitenaufteilung ist am Bildschirm unnütz. Beim Lesen des PDFs muss man in der Regel in die Seite einzoomen und herunterscrollen.
- Bei kleinen Bildschirmen muss die Seite unter Umständen stark vergrößert werden, damit man sie lesen kann. Dabei kann es sein, dass die Seitenbreite nicht mehr auf den Monitor passt und man auch noch seitlich scrollen muss.
- Kopf- und Fußzeilen, die im Print große Hilfen zur Navigation darstellen, stören am Bildschirm den Lesefluss.
- Je nach Layout sind Zeilenlänge und Text-Bild-Zuordnung für den Bildschirm nicht optimal.
- Kursive Texte sind nicht so gut lesbar.

All diese Gründe führen zu dem Schluss, dass man eine spezielle Online-Ausgabe für die Anleitung benötigt, wenn man seinem Nutzer etwas Gutes tun will.

6.4.2 Klassische Online-Medien

Klassische Online-Medien für Anleitungen sind die verschiedenen Hilfe-Formate, wie z. B.:

- CHM
- Java-Help
- HTML-Help
- etc.

Diese Hilfen bestehen in der Regel aus verlinkten HTML-Seiten, die unter einer Navigationsoberfläche zusammengefasst werden. Die Funktionen zur Navigation liefert das Hilfe-System in der Regel mit, so dass sich eine einfach zu bedienende Benutzeroberfläche für den Nutzer von alleine ergibt.

Als Redakteur haben wir hier nur noch Einfluss auf den Aufbau und die Gestaltung der HTML-Seiten (Topics). Hierbei sollten die folgenden Punkte beachtet werden:

- Das Layout sollte zusammenschiebbar sein.
  Bei den Online-Hilfen ist es meist so, dass der Nutzer einen Teil des Bildschirms nutzen will, um auf die in der Hilfe beschriebene Software Zugriff zu haben. Wenn nun die Hilfeseite so aufgebaut ist, dass es z. B. fest vorgegebene Textbreiten gibt, würde beim Zusammenschieben des Hilfefensters ein Teil des Textes verschwinden. Das ist logischerweise nicht gut.
- Bilder nicht neben den Text setzen.
  Aus dem gleichen Grund sollten die in der Hilfe verwendeten Bilder nicht neben dem zugehörigen Text stehen, sondern immer davor. Hier geht die Empfehlung also entgegen der Empfehlung für das Print-Layout, wo die Bilder idealerweise neben dem Text angeordnet werden.
- Gängige Darstellung von Links anwenden.
  Links, also Querverweise, werden in Online-Medien üblicherweise durch Unterstreichung gekennzeichnet. Daher sollte das auch in Online-Dokumentationen angewendet werden.
- Kursivschrift vermeiden.
  Auf dem Bildschirm ist die Lesbarkeit von kursivem Text eingeschränkt. Daher sollte man auf kursiven Text in Online-Medien komplett verzichten.
- Farbigen Text nutzen.
  In Online-Medien können Farben gut eingesetzt werden. Hier bietet es sich an, Farben z. B. anstelle der für den Monitor ungeeigneten kursiven Auszeichnung zu nutzen.

6.4.3 E-Books

E-Books sind ein neues Medium und in Deutschland noch nicht sehr verbreitet. Das besondere bei den E-Books ist das E-Paper, das anstelle des Monitors verwendet wird. Die Anzeige auf E-Paper ist flimmerfrei und ermöglicht eine Lesbarkeit aus allen Blickwinkeln. Text und Abbildungen werden genauso scharf dargestellt wie bei einem gedruckten Dokument. So kombiniert E-Paper als Mischform aus Print und Online-Medium die Vorteile beider Medien: die Flexibilität und die besseren Suchfunktionen des klassischen Online-Mediums werden mit der guten, ermüdungsarmen Lesbarkeit von Papier vereint.

Ich bin davon überzeugt, dass die E-Books langfristig die Papierproduktion in der Technischen Dokumentation komplett ablösen werden. Ich habe da ein ganz klares Bild vor Augen:

Der Servicetechniker, der eine komplexe Maschine wartet, die aus vielen Komponenten besteht, hat in seinem Werkzeugkoffer statt Wartungsliteratur nur noch ein E-Book. Hiermit kann er online auf den Server des Herstellers zugreifen und hat alle Dokumente unmittelbar im Zugriff, die er für die Erledigung seiner Aufgaben benötigt und die er früher mühselig aus einem Arsenal verschiedener Order heraussuchen musste.

Bei der Gestaltung von E-Books sollte man ähnlich vorgehen wie bei der Gestaltung von Online-Medien. Denn die unterschiedlichen Geräte mit unterschiedlich großen Displays erfordern ebenfalls ein Layout, das sich an die Seitengröße anpasst. Auf Farbe muss man im Moment allerdings noch verzichten, da es E-Paper zurzeit nur in Schwarz-Weiß gibt.

6.4.4 Hörbücher

Es gibt einige Experimente zum Einsatz von Hörbüchern in der Technischen Dokumentation. Ich glaube aber nicht, dass dieses Medium für die Technische Dokumentation wirklich zielführend ist. Zum einen lebt die Anleitung ja von Visualisierungen, die sich in einem Hörbuch gar nicht unterbringen lassen. Zum anderen funktioniert die Navigation in reinen Hörbüchern nur unbefriedigend. Es gibt kein Inhaltsverzeichnis, keinen Index, keine Querverweise und die Gliederung ist nur in einer Hierarchieebene (Tracks) möglich. Das Suchen nach bestimmten Informationen geht also kaum, aber genau das machen die meisten Nutzer mit einer Anleitung.

Hier wird es also bei Einzelfällen und Experimenten bleiben.

6.4.5 Video-Anleitungen

Ganz anders als bei den Hörbüchern verhält es sich bei den interaktiven Video-Anleitungen (Utility-Filme). Hier sehe ich eine große Zukunft, da dieses Medium wirkliche Vorteile für den Nutzer mit sich bringt. Es handelt sich bei den Utility-Filmen um gefilmte Anleitungen von Handlungsschritten. Diese laufen jedoch nicht wie normale Videos in einem durch, sondern bestehen aus ganz kurzen Sequenzen, die der Nutzer per Mausklick abrufen kann.

So werden z. B. die einzelnen Schritte einer Handlungssequenz durch je einen kurzen Videoclip visualisiert. Diesen kann sich der Nutzer ansehen und anschließend die Handlung ausführen. Ist er damit fertig, klickt er auf „weiter" und bekommt den nächsten Schritt der Handlung zu sehen. Bei Bedarf kann er auch zurückspringen, um sich den Schritt nochmals anzusehen.

Der Vorteil ist, dass durch die sehr realistische Darstellung im Video die Anleitungen leicht verständlich und gut nachvollziehbar sind. Dabei kommt man weitgehend ohne Text aus, so dass in vielen Fällen eine Übersetzung überflüssig wird. Wichtiges oder Sicherheitsrelevantes kann durch eingeblendete Symbole hervorgehoben werden. Mittels Navigationsoberfläche ist es auch möglich, verzweigte Strukturen aufzubauen, die z. B. bei der Fehlersuche sehr nützlich sein können.

Die Video-Anleitung hat natürlich auch Grenzen. So ist im Moment ja noch die Lieferung in Papierform Pflicht und ein Video kann man nun einmal nicht drucken.

Deshalb wird man dieses Medium zurzeit nur ergänzend zur herkömmlichen Anleitung verwenden können. Eine Ausnahme bilden hier Anleitungen z. B. für eigene Servicekräfte, also immer dann, wenn keine offizielle Dokumentationspflicht besteht.

Ein weiterer Nachteil der Video-Anleitungen ist, dass nur praktisches Anwendungswissen gefilmt werden kann. Theoretische Zusammenhänge lassen sich über dieses Medium nur schlecht vermitteln.

Kapitel 7
Sicherheitshinweise gestalten und formulieren

Ein klares Sicherheitskonzept ist elementarer Bestandteil jeder Anleitung. Sicherheitshinweise sollen dabei einerseits den Schutz des Anwenders vor Gefahren im Umgang mit dem Produkt gewährleisten. Sie minimieren andererseits aber auch das Risiko für den Hersteller, bei einem Schaden in Haftung genommen zu werden.

Zum Aufbau, der Formulierung und Platzierung von Sicherheitshinweisen gibt es zahlreiche Anforderungen, die in diesem Kapitel erläutert werden. Beispiele illustrieren, wie man diesen Anforderungen gerecht wird.

7.1 Aufgaben von Sicherheitshinweisen

In der gängigen Literatur werden häufig zwei Begriffe verwendet: Warnhinweis und Sicherheitshinweis. Eine klare Definition der einzelnen Begriffe sowie eine eindeutige Abgrenzung oder Unterscheidung voneinander fehlt indes meist. Betrachtet man beide Begriffe eingehender, stellt sich folgende Unterscheidung als sinnvoll heraus: Warnhinweise warnen vor einer bestehenden Gefahr (z. B. durch Warnzeichen) und Sicherheitshinweise geben darüber hinaus Hinweise zur Wahrung der Sicherheit.

Sicherheitshinweise haben eine zentrale Rolle innerhalb der Anleitung. Sie sollen den Nutzer zum einen vor Gefahren im Umgang mit dem Produkt warnen und Hinweise zur sicheren Handhabung sowie zur Abwendung von Gefahren geben. Zum anderen sollen Sicherheitshinweise auch im Sinne des Herstellers Haftungsrisiken und Schadensersatzansprüche minimieren. Sicherheitshinweise in Anleitungen sind zudem gesetzlich vorgeschrieben. Fehlende Sicherheitshinweise und ein unklares Sicherheitskonzept sind demnach nicht nur gesetzeswidrig, vielmehr kann dies auch weitreichende Folgen für den Anwender und den Hersteller des Produktes haben.

Bei der Identifizierung von Gefahren muss der gesamte Produktlebenszyklus betrachtet werden, z. B.:

1. Transport
2. Zusammenbau und Installation

L. Kothes, *Grundlagen der Technischen Dokumentation*,
DOI 10.1007/978-3-642-14668-8_7,

- Aufbau, Anschluss an Energieversorgung
- Einstellungen, Versorgung mit Produkt und Betriebsstoffen

3. Inbetriebnahme
4. Verwendung

- Einrichten, Umrüsten, Verfahrensänderung
- Einlernen (Teachen), Programmieren
- manueller Betrieb
- automatischer Betrieb mit manuellem Eingriff
- automatischer Betrieb
- Fehlersuche und Fehlerbeseitigung durch Bedienpersonal
- Reinigung
- präventive Instandhaltung (Wartung)
- Fehler behebende Instandhaltung (Störungsbehebung, Reparatur)

5. Außerbetriebnahme, Demontage und Entsorgung

Bei der Identifizierung der Gefahren hilft die Risikobeurteilung, die klare Aussagen darüber macht, wo Restgefahren bestehen und auf welche in der Anleitung hingewiesen werden muss, siehe *Kap. 2.7 „Die Risikobeurteilung – Grundlage der Betriebsanleitung*“.

In vielen Unternehmen wird versucht, durch standardisierte Sicherheitskapitel Bearbeitungszeiten zu reduzieren. Dies führt jedoch häufig dazu, dass Sicherheitshinweise in der Anleitung stehen, die gar nicht tatsächlich auf das entsprechende Produkt zutreffen. Es ist jedoch äußerst wichtig, dass ausschließlich Sicherheitshinweise in die Anleitung aufgenommen werden, die sich konkret auf das Produkt beziehen.

Im Amerikanischen gibt es für die Überfrachtung einer Anleitung mit unnützen Sicherheitshinweisen den sehr treffenden Begriff „Warning Pollution“, also eine Verschmutzung der Anleitung mit Sicherheitshinweisen. Sicherheitshinweise können nämlich nur dann ihre Wirkung entfalten, wenn sie vom Nutzer auch aufgenommen werden können. Ist die Anleitung mit ihnen überfrachtet, sieht der Nutzer den Wald vor Bäumen nicht mehr und ist somit auch nicht in der Lage, die für ihn wichtigen sicherheitsrelevanten Informationen herauszufiltern. Das ist letztendlich genauso, als würden die Hinweise gar nicht in der Anleitung stehen.

7.2 Anforderungen an Sicherheitshinweise

Die europäischen Normen geben zum Aufbau und Aussehen von Sicherheitshinweisen keine sehr konkreten Forderungen. Wie genau Sicherheitshinweise strukturiert und formatiert werden sollen, findet sich allerdings in dem US-Standard ANSI Z535.6 „Product Safety Information in Product Manuals, Instructions, and Other Collateral Materials“, der allerdings einige Punkte enthält, die den Erwartungen der durchschnittlichen europäischen Bevölkerung widersprechen, siehe *Kap. 11 „Anleitungen für den US-Markt“*.

Daher lehnt man sich in Europa meist an den amerikanischen Standard an und verwendet z. B. die dort definierten Signalworte, verzichtet aber auf die eigenwilligen Layoutvorgaben und die amerikanischen Sicherheitssymbole. Das Ergebnis ist ein Konzept, das durchgängig in der Anleitung angewendet werden sollte, damit sich der Nutzer in einmal erlernten wiederkehrenden Strukturen von Sicherheitshinweisen leicht orientieren kann.

Für den Aufbau und die Gestaltung von Sicherheitshinweisen gelten folgende Grundregeln:

- Sicherheitshinweise sollen den Anwender schützen, indem sie:
  - vor allen Gefahren warnen, die in allen Produktlebensphasen vom Produkt ausgehen
  - die Gefahren konkret bezeichnen
  - die Gefahrenart deutlich herausstellen
  - kein eigenes Nachdenken oder Schlussfolgerungen durch den Anwender nötig machen
- Sicherheitshinweise sollen den Hersteller vor Haftungsansprüchen bewahren, indem sie:
  - eindeutig sind
  - vollständig sind
  - nach dem Stand der Technik aufgebaut sind
  - keinen Normen und Richtlinien widersprechen

7.3 Sicherheitshinweise gestalten

Sicherheitshinweise müssen eindeutig erkennbar sein und sich klar von anderen Textinformationen wie Beschreibungen, Handlungsschritten etc. der Anleitung abheben. Welche Elemente man hierzu einsetzen kann, ist im Folgenden beschrieben.

7.3.1 Hervorhebung

Die DIN EN ISO 12100-2 fordert beispielsweise, dass die Art und Größe der Schrift bestmögliche Lesbarkeit sicherstellt und dass Sicherheitshinweise durch Farben, Symbole und/oder große Darstellungen hervorgehoben werden.

Die DIN EN 62079 ist in ihren Forderungen und Anforderungen präziser und fordert, dass die Sicherheitshinweise durch die Verwendung größerer und/oder anderer Schrifttypen oder Schriftgrößen, durch die Verwendung von graphischen Symbolen oder andere Mittel hervorgehoben werden, um sie auffällig zu machen.

Hierbei geht es einerseits darum, dass die Informationen gegenüber der übrigen Anleitung ins Auge fallen, damit der Nutzer die sicherheitsrelevanten Informationen auf gar keinen Fall übersehen kann.

Auf der anderen Seite darf man es mit der Hervorhebung auch nicht übertreiben, denn wenn der Sicherheitshinweis so stark hervorgehoben wird, dass man die eigentlichen Informationen der Anleitung gar nicht mehr wahrnimmt, ist auch keinem geholfen. Das wäre eine andere Variante von „Warning Pollution".

Wichtig ist bei der Hervorhebung auch, dass man ganz klar den Anfang und das Ende des Sicherheitshinweises erkennen kann, damit man eindeutig weiß, ab wann der „normale" Text fortgesetzt wird.

Abbildung 7.1 zeigt beispielhaft unterschiedliche Möglichkeiten der Hervorhebung von Sicherheitshinweisen. Dem letzten Hinweis sieht man deutlich an, dass hier zu dick aufgetragen wurde.

7.3.2 Aufbau

Wie schon erwähnt, sollen Sicherheitshinweise innerhalb einer Dokumentation konsequent einheitlich aufgebaut sein. So braucht der Nutzer den Aufbau eines Sicherheitshinweises nur einmal zu „erlernen". Dadurch machen wir es ihm leichter, den Sicherheitshinweis zu erfassen, denn er folgt einer einheitlichen Textstruktur.

Der Aufbau ergibt sich aus der **SAFE**-Methode, siehe *Kap. 7.4 „Sicherheitshinweise formulieren und strukturieren*". Jeder funktionalen Einheit des Textmusters Sicherheitshinweis sollte eine einheitliche Formatierung zugeordnet werden. Hier ist man in der Gestaltung relativ frei, solange man wie oben beschrieben dezent hervorhebt und es mit der Formatierung nicht übertreibt. Den kompletten Sicherheitshinweis kann man z. B. durch einen Kasten, hinterlegt mit einer farbigen Fläche, oder einfache Linien vom Fließtext abgrenzen. Geschieht das nicht, sollte für den Sicherheitshinweis ein spezieller Schrifttyp bzw. Fett- oder Kursivsatz gewählt werden, damit sich Anfang und Ende des Hinweises klar erkennen lassen.

7.3.3 Symbole

Symbole sollen Sicherheitshinweise auffällig machen und können gegebenenfalls bereits optisch einen Hinweis auf die Art der Gefahr geben. Dabei muss allerdings beachtet werden, dass Symbole an sich meist nicht eindeutig sind und den Inhalt eines Sicherheitshinweises nicht vollständig wiedergeben können. Bei der Interpretation von Symbolen besteht also immer die Gefahr, dass bestimmte Nutzer das Symbol anders interpretieren, als der Redakteur es eigentlich gemeint hat. Ein Symbol kann also niemals den textlichen Sicherheitshinweis ersetzen, sondern diesen lediglich ergänzen.

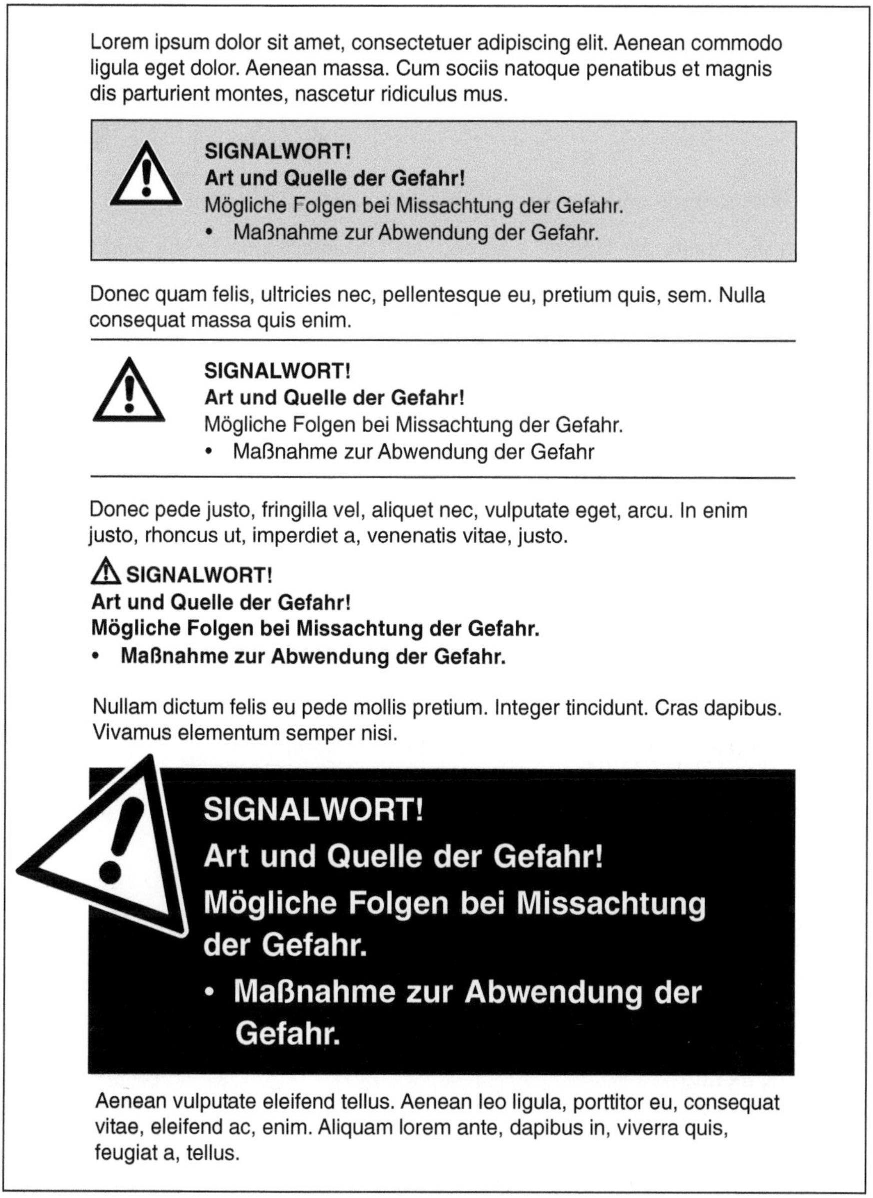

Abb. 7.1 Unterschiedlich hervorgehobene Sicherheitshinweise

Darüber hinaus existieren je nach Zielmarkt unterschiedliche Symbolsprachen, die die Menschen dort gewohnt sind. Das macht sich auch in der reichhaltig vorhandenen Normung zu Warnsymbolen bemerkbar. Abbildung 7.2 zeigt, wie unterschiedlich die Symbolsprache manchmal sein kann. Das europäische Symbol zeigt

Abb. 7.2 Warnsymbole für elektrische Energie

EU	USA

lediglich die Quelle der Gefahr, während das US-amerikanische die Wirkung darstellt. Das jeweilige Symbol wird in dem Land gut verstanden, in dem es etabliert ist. In anderen Ländern kann es zu Unverständnis führen.

Ein weiteres Problem ist, dass nicht für jede Gefahrenart ein genormtes Symbol existiert, so dass der Nutzer in unterschiedlichen Anleitungen jeweils verschiedene, individuell gestaltete Symbole für ein und dieselbe Gefahr findet. Das muss nicht unbedingt schlimm sein, ist aber für das schnelle Erfassen von sicherheitsrelevanten Informationen sicher nicht förderlich.

Bei selbst kreierten Symbolen besteht auch die Gefahr, dass in den Sicherheitshinweisen der Anleitung andere Symbole verwendet werden als die, die auf dem Produkt selbst angebracht sind. Dies kann zu zusätzlicher Verwirrung führen.

Zusammenfassend lässt sich also feststellen, dass bei der Verwendung von gefahrenspezifischen Symbolen Vorsicht angebracht ist. Folgende Punkte sollten daher beachtet werden:

- Erläutern Sie am Anfang der Anleitung die Symbole, die in den Sicherheitshinweisen verwendet werden, siehe *Kap. 4.4.2 „Symbolerklärung“*.
- Verwenden Sie genormte Symbole. Diese sind in der Regel im betreffenden Kulturkreis etabliert und werden dort verstanden. Zu den Symbolen gibt es im Wesentlichen die folgenden Normen:

  - DIN 4844-1
    Graphische Symbole
    Sicherheitsfarben und Sicherheitszeichen
    Teil 1: Gestaltungsgrundlagen für Sicherheitszeichen zur Anwendung in Arbeitsstätten und in öffentlichen Bereichen
    Mai 2005
  - DIN 4844-2
    Sicherheitskennzeichnung
    Teil 2: Darstellung von Sicherheitszeichen
    Februar 2001
  - ISO 3864-1
    Graphische Symbole
    Sicherheitsfarben und Sicherheitszeichen
    Teil 1: Gestaltungsgrundsätze für Sicherheitszeichen in Arbeitsstätten und in öffentlichen Bereichen
    Mai 2002
  - DIN ISO 3864-2
    Graphische Symbole

Sicherheitsfarben und Sicherheitszeichen
Teil 2: Gestaltungsgrundlagen für Sicherheitsschilder zur Anwendung auf Produkten
Juli 2008

- DIN ISO 3864-3
  Graphische Symbole
  Sicherheitsfarben und Sicherheitszeichen
  Teil 3: Gestaltungsgrundlagen für graphische Symbole zur Anwendung in Sicherheitszeichen
  Februar 2007
- DIN ISO 7000
  Graphische Symbole auf Einrichtungen
  Index und Übersicht
  Dezember 2008
- DIN ISO 7001
  Graphische Symbole zur Information der Öffentlichkeit
  November 2007
- ANSI Z535.1
  Safety Colors
  2006
- ANSI Z535.2
  Environmental and Facility Safety Signs
  2007
- ANSI Z535.3
  Criteria for Safety Symbols
  2007
- ANSI Z535.4
  Product Safety Signs and Labels
  2007

• Gleichen Sie die Symbole in den Sicherheitshinweisen mit den Symbolen ab, die an den Gefahrenstellen am Produkt angebracht sind.
• Achten Sie darauf, dass das verwendete Symbol auch wirklich zum Inhalt des Sicherheitshinweises passt. Verzichten Sie im Zweifel auf die Anwendung eines Symbols, das die Gefahrenart repräsentiert.

Um zu viel Aufwand und Fehlerquellen bei der Erstellung vieler verschiedener gefahrenspezifischer Sicherheitshinweise mit entsprechenden individuellen Symbolen zu vermeiden, können Sie auf gefahrenspezifische Symbole weitgehend verzichten und gefahrenübergreifend das „General Danger Symbol" (Abb. 7.3) verwenden.

Abb. 7.3 „General Danger"-Symbol

7.4 Sicherheitshinweise formulieren und strukturieren

Sicherheitshinweise müssen eine klare, konsequente Struktur aufweisen, um eine maximale Effektivität zu erreichen. Die DIN EN 62079 fordert bezüglich der Formulierung und Gestaltung von Sicherheitshinweisen Folgendes:

- Der Text soll auf das Wesentliche reduziert werden, damit der Nutzer keine unnötigen Texte lesen muss.
- Die Natur der Gefährdung und, falls angebracht, die Ursachen sollen beschrieben werden.
- Es sollen klare Anweisungen gegeben werden, aus denen erkennbar ist, was zu tun und zu unterlassen ist, um die Gefahr zu vermeiden.
- Der Sicherheitshinweis soll in einer klaren und zielgruppengerechten Sprache verfasst sein.
- Es sollen graphische Symbole oder auch Abbildungen verwendet werden, um den Sicherheitshinweis zu verdeutlichen.

Um sich die Hauptanforderungen an die oben aufgeführten Inhalte der Sicherheitshinweise einprägen zu können, hat sich die **SAFE**-Methode entsprechend Tab. 7.1 etabliert:

Im Folgenden werden die einzelnen Elemente der **SAFE**-Methode erläutert.

7.4.1 Schwere der Gefahr spezifizieren

Die Schwere einer Gefahr wird in einem Sicherheitshinweis anhand des Signalwortes verdeutlicht. Die Signalworte werden in Tab. 7.2 definiert.

Tab. 7.1 SAFE-Methode

S	Schwere	Spezifiziere die Schwere der Gefahr.
A	Art	Spezifiziere die Art und Quelle der Gefahr.
F	Folgen	Beschreibe mögliche Folgen bei Missachtung der Gefahr.
E	Entkommen	Gib Instruktionen zur Abwendung der Gefahr.

Tab. 7.2 Signalwortdefinitionen

Signalwort	Definition
GEFAHR	... weist auf eine unmittelbar gefährliche Situation hin, die zum Tod oder zu schweren Verletzungen führt, wenn sie nicht gemieden wird.
WARNUNG	... weist auf eine möglicherweise gefährliche Situation hin, die zum Tod oder zu schweren Verletzungen führen kann, wenn sie nicht gemieden wird.
VORSICHT	... weist auf eine möglicherweise gefährliche Situation hin, die zu geringfügigen oder leichten Verletzungen führen kann, wenn sie nicht gemieden wird.
HINWEIS	... weist auf eine möglicherweise gefährliche Situation hin, die zu Sachschäden führen kann, wenn sie nicht gemieden wird.

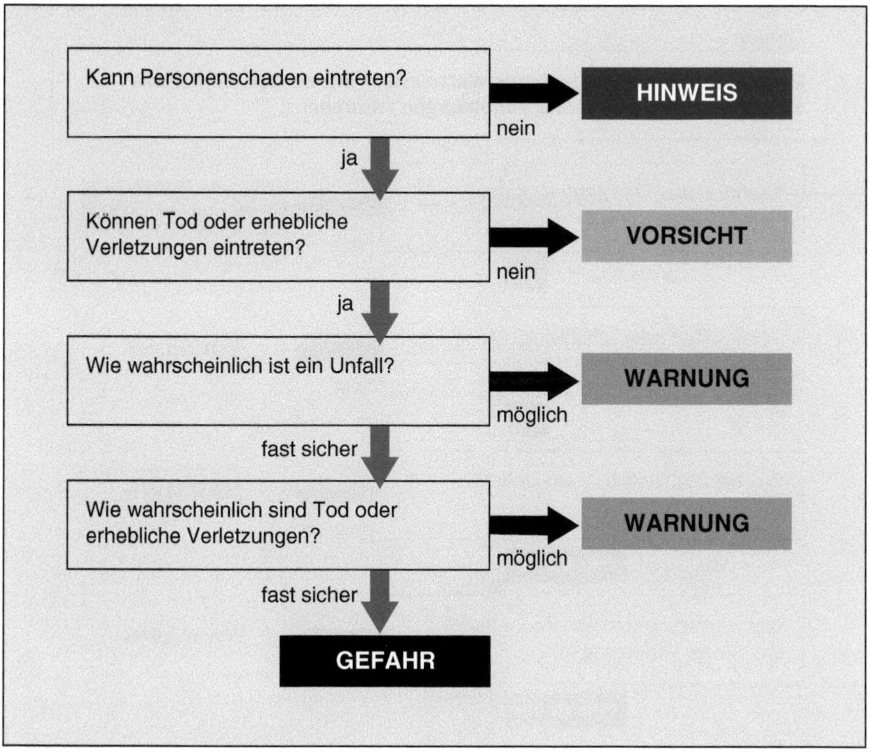

Abb. 7.4 Schwere der Gefahr ermitteln

Um das passende Signalwort für eine bestehende Gefahr zu identifizieren, hilft das Schema in Abb. 7.4.

Natürlich sind die Abstufungen zwischen den Auswahlmöglichkeiten „möglich" und „fast sicher" nicht immer eindeutig. Auch die Frage, wann eine Verletzung als „erheblich" einzustufen ist, ist von der individuellen Einschätzung des Redakteurs abhängig. Dabei ist es sinnvoll, eine Verletzung als „erheblich" einzustufen, wenn die schlimmste aus der Gefahr resultierende Verletzung irreversibel – also unumkehrbar – ist. So würden beispielsweise Abschürfungen und einfache Knochenbrüche eher als „nicht erheblich" eingestuft werden, der Verlust von Körperteilen oder -funktionen jedoch als „erheblich". Besteht dennoch eine Unklarheit, so sollte von der schwereren anzunehmenden Gefahr ausgegangen werden.

Wenn ein Sicherheitshinweis zwei unterschiedliche Gefahrschweren beinhaltet (z. B. Verletzungsgefahr und Gefahr von Sachschäden), gilt die Nennung der schwereren Gefahr immer vorrangig.

Das Beispiel in Abb. 7.5 verdeutlicht die Vorgehensweise bei der Ermittlung des treffenden Signalwortes. Wir werden dieses Beispiel in den folgenden Kapiteln weiter betrachten und nach und nach einen vollständigen Sicherheitshinweis entwickeln.

In diesem Beispiel würde das Signalwort „GEFAHR" in den Sicherheitshinweis eingefügt. Eine konsequente Einhaltung des Auswahlschemas wird Ihnen jedoch

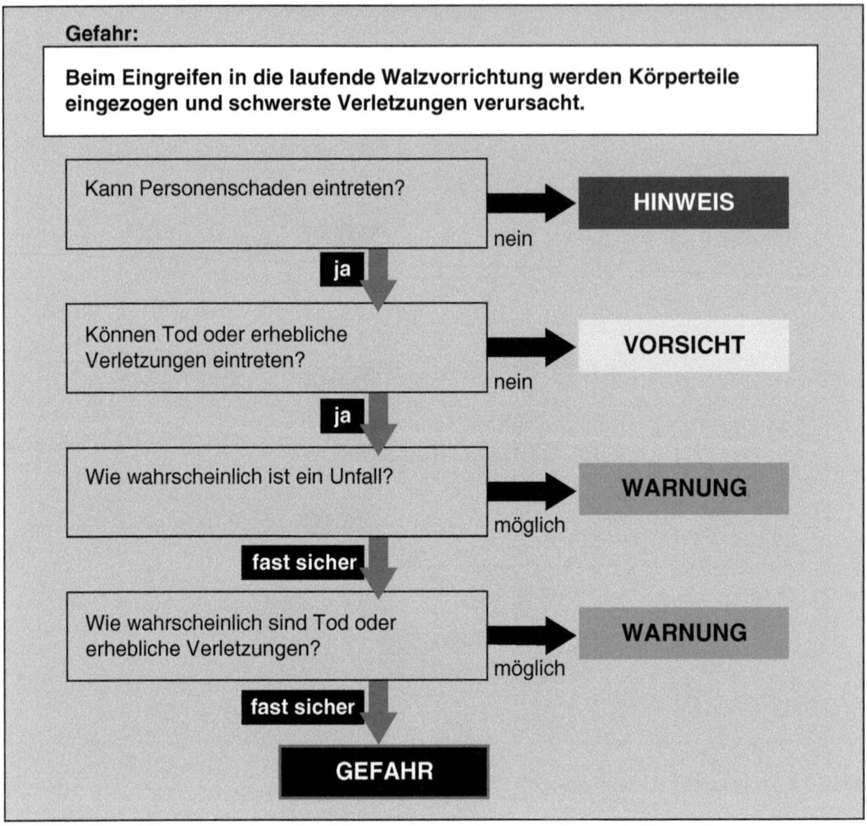

Abb. 7.5 Beispiel zur Ermittlung der Schwere der Gefahr

zeigen, dass Sicherheitshinweise mit dem Signalwort „GEFAHR" eher die Ausnahme in Ihrer Anleitung bleiben werden.

Da das Signalwort ein äußerst wichtiges und plakatives Element eines Sicherheitshinweises ist, sollte dies auch entsprechend hervorgehoben werden (z. B. durch Fettdruck, Versalien etc.). Demnach würde unser Sicherheitshinweis bisher so aussehen wie in Abb. 7.6.

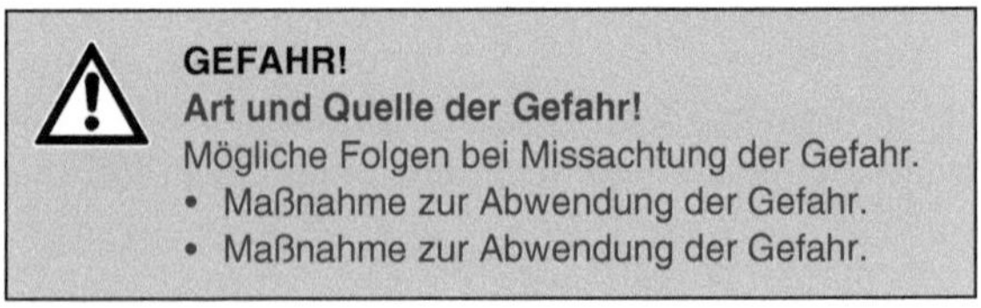

Abb. 7.6 Sicherheitshinweis mit Signalwort

Tab. 7.3 Beispiel zur Spezifizierung der Art und Quelle der Gefahr

Sachverhalt	Einziehen, Quetschen und Klemmen von Körperteilen beim Eingreifen in die Walzvorrichtung
Spezifizierung der Art und Quelle	Gefahrenart: Verletzungsgefahr Gefahrenquelle: durch rotierende Walzen

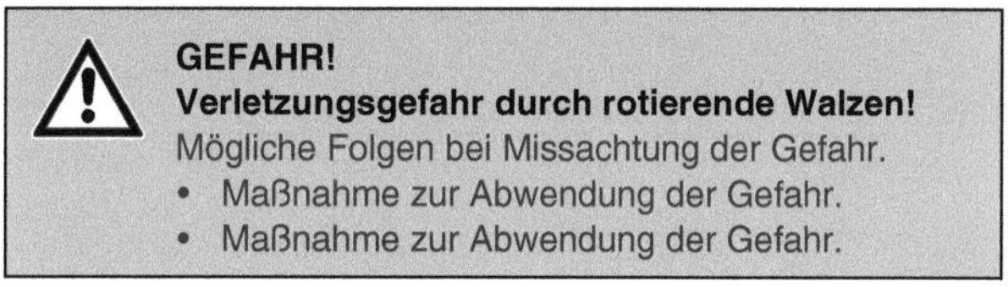

Abb. 7.7 Sicherheitshinweis mit Signalwort, Gefahrenart und Gefahrenquelle

7.4.2 Art und Quelle der Gefahr spezifizieren

Nachdem das Signalwort gewählt wurde, geht es nun darum, den Leser über die Art der Gefahr und deren Quelle zu informieren. Dabei ist es wichtig, klarzustellen, um was für eine Gefahr es sich handelt (z. B. Lebensgefahr, Verletzungsgefahr, Gefahren von Sachschäden etc.) und von wo oder von was die Gefahr ausgeht, z. B. wie in Tab. 7.3.

Die Nennung der Art und Quelle der Gefahr gilt als erklärender Zusatz zum Signalwort und sollte daher entsprechend optisch hervorgehoben und angepasst werden (z. B. durch Fettdruck).

Die Art und Quelle der Gefahr werden nun auch in den Sicherheitshinweis eingefügt, so dass sich unser Sicherheitshinweis nun wie in Abb. 7.7 darstellt:

7.4.3 Mögliche Folgen der Gefahr beschreiben

Im nächsten Schritt wird der Leser über mögliche Folgen bei Missachtung der Gefahr genauer aufgeklärt. Es wird beschrieben, was genau passiert, wenn die Gefahr tatsächlich eintritt. Dabei werden die Gefahrenart sowie die Gefahrenquelle präzisiert, z. B. wie in Tab. 7.4.

Die Beschreibung der möglichen Folgen bei Missachtung der Gefahr wird nun in den Sicherheitshinweis eingefügt (Abb. 7.8). Damit wir den Sicherheitshinweis nicht überladen, beschränken wir uns hier auf die für den Nutzer wichtigsten Informationen.

Tab. 7.4 Beispiel zur Beschreibung der möglichen Folgen bei Missachtung

Sachverhalt	Einziehen, Quetschen und Klemmen von Körperteilen beim Eingreifen in die Walzvorrichtung
Beschreibung der möglichen Folgen bei Missachtung	Beim Hantieren und Eingreifen in die rotierende Walzvorrichtung können Körperteile eingezogen, geklemmt, zerquetscht oder abgetrennt werden.

Abb. 7.8 Sicherheitshinweis mit Signalwort, Gefahrenart, Gefahrenquelle und Folgen bei Missachtung

> **GEFAHR!**
> **Verletzungsgefahr durch rotierende Walzen!**
> Beim Eingreifen in die Walzvorrichtung können Körperteile eingezogen oder abgetrennt werden.
> - Maßnahme zur Abwendung der Gefahr.
> - Maßnahme zur Abwendung der Gefahr.

Tab. 7.5 Beispiel zur Beschreibung der Maßnahmen zur Abwendung der Gefahr

Sachverhalt	Einziehen, Quetschen und Klemmen von Körperteilen beim Eingreifen in die Walzvorrichtung
Maßnahmen zur Abwendung der Gefahr	Während des Betriebs nicht in die Walzvorrichtung eingreifen oder an einzelnen bewegten Bauteilen hantieren. Abdeckungen im Betrieb nicht öffnen.

Abb. 7.9 Vollständiger Sicherheitshinweis mit Signalwort, Gefahrenart, Gefahrenquelle, Folgen bei Missachtung und Maßnahmen zur Abwendung

> **GEFAHR!**
> **Verletzungsgefahr durch rotierende Walzen!**
> Beim Eingreifen in die Walzvorrichtung können Körperteile eingezogen oder abgetrennt werden.
> - Während des Betriebs nicht in die Walzvorrichtung eingreifen.
> - Abdeckungen im Betrieb nicht öffnen.

7.4.4 Instruktionen zur Abwehr der Gefahr geben

Zuletzt werden Maßnahmen genannt, um die Gefahr abzuwenden. Zum einen wird dabei angegeben, *was aktiv getan werden muss*, um die Gefahr abzuwenden, aber auch, *was zu unterlassen ist*, um die Gefahr zu vermeiden, z. B. wie in Tab. 7.5.

Da es sich bei diesen Maßnahmen um Instruktionen handelt, sollten diese auch entsprechend als solche gekennzeichnet und hervorgehoben werden (z. B. durch Aufzählungszeichen). So kann der Leser direkt erkennen, dass es sich um Text handelt, der ihn aktiv anspricht und zum Handeln auffordert.

Durch das Eintragen der definierten Maßnahmen zur Abwendung der Gefahr vervollständigen wir unseren Sicherheitshinweis in Abb. 7.9. Auch hier sollten Sie versuchen, durch Einkürzung auf den Punkt zu kommen.

7.5 Eingebettete Sicherheitshinweise

Die oben vorgestellte SAFE-Methode hat den Nachteil, dass die Sicherheitshinweise recht viel Platz verbrauchen. Das ist so lange in Ordnung, wie sie in einem gesunden Verhältnis zum übrigen Text der Anleitung auftreten. Innerhalb von Handlungsanweisungen kann es aber sein, dass die Sicherheitshinweise die eigentliche Handlung in den Hintergrund drängen.

1. Schraube lösen.

> **VORSICHT!**
> **Klemmgefahr am Deckel.**
> Beim Schließen des Deckels können Finger eingeklemmt werden.
> – Deckel vorsichtig schließen.

2. Deckel schließen.
3. Schraube festdrehen.

Abb. 7.10 Handlungsanweisung mit Sicherheitshinweis nach SAFE-Methode

Abb. 7.11 Handlungsanweisung mit eingebettetem Sicherheitshinweis

1. Schraube lösen.
2. **VORSICHT! Klemmgefahr am Deckel.**
   Deckel vorsichtig schließen.
3. Schraube festdrehen.

Es kann auch vorkommen, dass durch die strenge inhaltliche Hierarchie Dopplungen zu den eigentlichen Handlungen entstehen, wie dies z. B. in Abb. 7.10 der Fall ist.

Man erkennt schnell, dass insbesondere die zwangsweise doppelte Nennung der Handlung „Deckel schließen" ungünstig ist und den Nutzer nervt.

Orientiert man sich an den Hinweisen in der US-amerikanischen ANSI Z535.6 zu den „Embedded Safety Messages", kommt man zu einer recht eleganten Lösung, die sich auch im europäischen Raum anwenden lässt: Man kombiniert einfach Sicherheitshinweis und Handlungsschritt. Zusätzlich lässt man die redundanten Informationen weg. Und schon ergibt sich ein kompakter Hinweis, wie in Abb. 7.11, der im Zusammenspiel mit dem Handlungsschritt alle erforderlichen Informationen enthält und dabei keinen Raum verschwendet.

7.6 Sicherheitshinweise platzieren

Grundsätzlich werden drei Typen von Sicherheitshinweisen unterschieden:

1. Allgemeine, grundsätzliche Sicherheitshinweise
2. Abschnittsbezogene Sicherheitshinweise
3. Eingebettete Sicherheitshinweise

Die drei Sicherheitshinweistypen sind in Darstellung, Aufbau, Struktur und Formulierung gleich. Allerdings werden die Sicherheitshinweise je Typ inhaltlich spezifischer und beziehen sich auf speziellere Inhalte.

Werden mehrere Sicherheitshinweise, die unterschiedliche Gefahrenschweren beschreiben, untereinander eingefügt, so sollen die Sicherheitshinweise immer hierarchisch nach der Schwere der Gefahr – beginnend mit der schwersten – sortiert eingefügt werden:

- Gefahr
- Warnung
- Vorsicht
- Hinweis

Verweise auf sicherheitsrelevante Informationen innerhalb der Dokumentation sind nicht zulässig. Sicherheitshinweise müssen immer dort aufgenommen werden, wo die Gefahr wirklich besteht.

7.6.1 Grundsätzliche (allgemeine) Sicherheitshinweise

Die allgemeinen Sicherheitshinweise warnen vor grundsätzlichen Restgefahren, die vom Produkt ausgehen und konstruktiv nicht vollständig beseitigt werden können (funktionsbedingte Gefahren, Gefahren aufgrund angeschlossener Medien, Gefahren aufgrund verwendeter Betriebsstoffe). Sie ergeben sich aus der Risikobeurteilung und werden möglichst am Anfang einer Anleitung (am besten in einem Hauptkapitel „Sicherheit") aufgeführt.

7.6.2 Abschnittsbezogene Sicherheitshinweise

Abschnittsbezogene Sicherheitshinweise warnen vor spezifischen Gefahren, die bei allen Handlungen bzw. in der gesamten Lebensphase des Produktes auftreten, die im entsprechenden Kapitel oder Abschnitt beschrieben wird. Die abschnittsbezogenen Sicherheitshinweise stehen stets am Anfang des jeweiligen Kapitels oder Abschnitts und beziehen sich auf alle nachfolgenden Inhalte.

7.6.3 Eingebettete Sicherheitshinweise

Eingebettete Sicherheitshinweise warnen vor spezifischen Gefahren und beziehen sich auf eine spezifische Handlung oder auf eine kurze Handlungssequenz. Sie stehen immer direkt vor der Handlung bzw. vor der kurzen Handlungssequenz, die sie betreffen.

Kapitel 8
Visualisierung

Ohne Bilder geht es nicht! Es ist wohl kaum möglich, eine Anleitung zu schreiben, ohne ein Bild zu verwenden, denn Texte schreiben bedeutet immer Abstraktion, während Bilder in der Regel konkret sind. Abbildungen unterstützen also den Nutzer, damit er sich besser zurechtfindet, damit er die Texte besser einordnen kann und manchmal, damit er die Texte überhaupt verstehen kann.

Das folgende Kapitel beschreibt die verschiedenen Abbildungsarten mit ihren Vor- und Nachteilen sowie ihre Einsatzmöglichkeiten. Auch Grundlagen zur Erstellung, Bearbeitung und grafischen Auszeichnung von Abbildungen werden behandelt.

8.1 Bedeutung von Abbildungen

Abbildungen können auf verschiedene Art und Weise ausgeführt werden, z. B. als:

- Foto
- Strichzeichnung
- Schema
- CAD-Zeichnung (2-D)
- 3-D-Modell
- etc.

Das Erstellen von Abbildungen gehört zu den täglichen Aufgaben eines Technischen Redakteurs. Er wird hier mit zusätzlichen Herausforderungen konfrontiert, die meist nicht seiner Ausbildung entsprechen. Im Extremfall vereinigt der Technische Redakteur beim Erstellen von Abbildungen die Berufe:

- Fotograf
- Technischer Zeichner
- Mediengestalter (Schriftsetzer)
- Grafiker

Die Liste macht klar: Das alles kann niemand zugleich leisten. Dennoch wollen wir gute Abbildungen in den Anleitungen haben. Deshalb stellen wir im Folgenden die wichtigsten Regeln für die Erstellung von Abbildungen vor.

L. Kothes, *Grundlagen der Technischen Dokumentation*,
DOI 10.1007/978-3-642-14668-8_8, © Springer-Verlag Berlin Heidelberg 2011

Einen enormen Vorteil haben wir als Technische Redakteure, die Jäger und Sammler sind, allerdings: Wir können meist vorhandene Zeichnungen, Fotos, 3-D-Modelle etc. verwenden und müssen diese dann nur noch für die Anleitung aufbereiten. Das ist nicht immer einfach, aber immer noch leichter, als mit dem berühmten weißen Blatt Papier anzufangen.

Übrigens: Die Aussage „Es können gar nicht genug Bilder in einer Anleitung sein" kann ich so nicht stehen lassen. Ich habe durchaus schon Anleitungen gesehen, die zu viele Bilder enthielten. Es kann tatsächlich sein, dass ein Bild an einer bestimmten Stelle in der Anleitung keine zusätzliche Information beinhaltet. Dann ist es störend und verhindert unter Umständen, dass ich eine wichtige Information finde. So findet man recht häufig laienhaft erstellte Softwareanleitungen mit zwei großflächigen Screenshots auf jeder Seite. Das ist ein typischer Fall von „man sieht den Wald vor lauter Bäumen nicht".

Manche Ansätze gehen sogar dahin, anstelle von Texten nur Bilder einzusetzen. Dadurch lassen sich Übersetzungskosten sparen und manchmal ist die Verständlichkeit sogar besser. Doch dieser Ansatz hat auch Grenzen, die wir in *Kap. 8.6 „Textlose Anleitungen*" näher erläutern.

8.2 Grafiksoftware

Software zur Grafikbearbeitung gibt es bei weitem mehr als Textverarbeitungsprogramme oder Redaktionssysteme. Hinzu kommt noch, dass sich ihre Bedienung oft nur Insidern erschließt (z. B. CAD-Programme) und immer viel Übung und Mausakrobatik verlangt.

Es ist nahezu unmöglich, hier Empfehlungen zu geben. Zu viel hängt von den in der Firma vorhandenen CAD-Programmen und anderen Rahmenbedingungen ab. Wichtig ist nur eins: Sie brauchen als Technischer Redakteur ein oder zwei Bildbearbeitungsprogramme, mit denen Sie sich richtig gut auskennen.

Ich habe schon Firmen gesehen, bei denen die Technischen Redakteure Fotos unbearbeitet in Word importiert und dann mit den Grafikwerkzeugen der Textverarbeitung Positionsnummern, Pfeile etc. gesetzt haben. Ein solches Vorgehen dauert in der Regel unnötig lange und führt zu nicht besonders hübschen Ergebnissen. Außerdem läuft man Gefahr, dass bei Seitenumbrüchen oder anderen Aktionen das ganze Konstrukt auseinanderpurzelt.

Fazit: Nutzen Sie die Stärken jeder Software aus – Textverarbeitung und Redaktionssystem für den Text, Bildbearbeitung für das Bild. Das führt in der Regel zu besseren Ergebnissen und zu weniger Frust.

8.3 Abbildungen richtig einsetzen

8.3.1 Wann brauche ich ein Bild?

Das ist eine wirklich schwierige Frage, die so einfach gar nicht zu beantworten ist. Man kann jedoch überlegen, in welchen Fällen die Bebilderung sinnvoll ist.

Grundsätzlich ist das der Fall, wenn ein Sachverhalt nur mit sehr viel Text erläutert oder umschrieben werden muss. In diesem Fall hilft das Bild, die Textmenge klein zu halten. Es kann aber auch sein, dass sich bestimmte Sachverhalte gar nicht oder nur schwer textlich ausdrücken lassen. In diesen Fällen ist die Bedeutung der Abbildung noch wichtiger.

Im Folgenden betrachten wir einige objektive Gründe zur Nutzung von Abbildungen:

Übersicht schaffen, Produkt vorstellen Im Kapitel „Aufbau und Funktion" soll das Produkt vorgestellt und beschrieben werden. Hier wäre natürlich auch eine rein textliche Beschreibung denkbar. Man merkt aber recht schnell, dass man viele umständliche Formulierungen wählen muss, um dem Nutzer mitzuteilen, welches Teil denn nun gerade in der Beschreibung vorkommt.

Bei einfachen Produkten reicht es oft schon aus, wenn die im Bild dargestellten Teile in einer Legende erläutert oder sogar nur bezeichnet werden (Abb. 8.1). Anhand eines solchen Übersichtsbildes kann der Nutzer dann die im Text verwendeten Bauteilbezeichnungen ganz einfach dem Produkt zuordnen.

Es ist wohl klar, dass man bei dem Versuch, die in Bild und Legende vorhandene Information komplett durch Text zu ersetzen, kläglich scheitern würde. Versuchen Sie es doch einmal!

Bauteile identifizieren In den Beschreibungskapiteln und auch in den Handlungskapiteln kommt es immer wieder vor, dass einzelne Bauteile oder Komponenten angesprochen werden. Auch hier ist die Verwendung von Abbildungen unendlich hilfreich und spart eine Menge Text.

Das folgende Beispiel zeigt den Versuch, das Bedienpult einer Maschine ohne Abbildung zu beschreiben:

Das Bedienpult befindet sich an einem frei schwenkbaren Arm vorne links an der Maschine. Man kann es an dem großen Touchscreen und dem darunterliegenden Tastenfeld leicht erkennen.

Statt des Textes kann man auch einfach ein Bild (Abb. 8.2) verwenden.

Durch die Verwendung des Bildes im Beispiel lässt sich zum einen die Textmenge reduzieren. Damit sinken gleichzeitig übrigens auch die Übersetzungskosten.

Zu anderen kann der Text schwer zu verstehen oder sogar missverständlich sein. Vielleicht gibt es auf der Rückseite der im Bild dargestellten Maschine ja noch ein zweites Display, das nur für den Service gedacht ist. Die Abbildung ist hingegen eindeutig und bedarf keiner weiteren Erklärung. Die Beschreibung kann sich hier also ganz auf die für den Nutzer wichtigen Inhalte beschränken.

Funktionsprinzipien erklären Abbildungen können auch dabei helfen, abstrakte Sachverhalte zu erläutern. Dabei kann es um Programm- oder Funktionsabläufe gehen. Es können aber auch z. B. durch Schnittzeichnungen (Abb. 8.3) Dinge dargestellt werden, die im Verborgenen ablaufen und die der Nutzer normalerweise nie zu Gesicht bekommt.

Dem Nutzer wird hier ein Einblick in das Innere des Produktes gewährt. Auch hier kann die Beschreibung der Funktionsweise durch das Bild erheblich verkürzt werden.

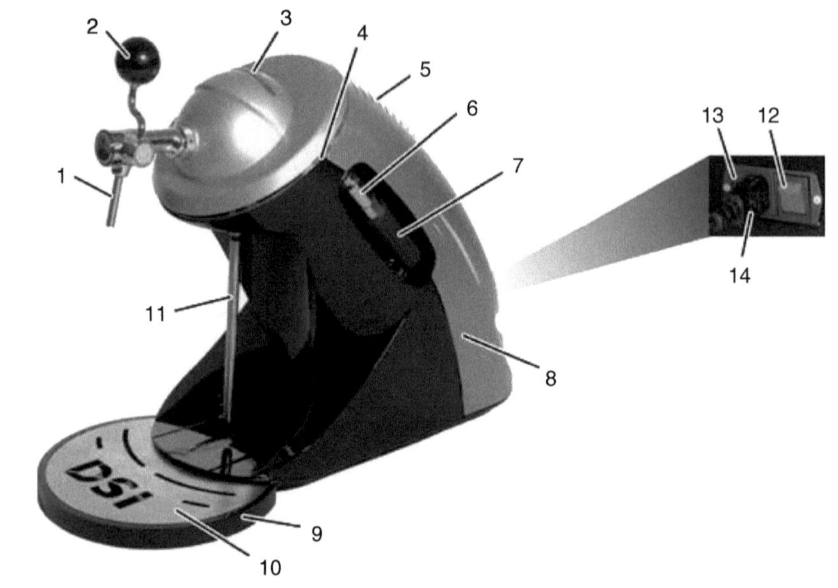

1	Schankhahn	8	Schankanlage
2	Schankhebel	9	Tropfschale
3	Sicherheitsbügel	10	Tropfblech
4	Leuchtring	11	Stechdegen
5	Lüftungsschlitze und Ventilator	12	Netzschalter
6	Druckminderer	13	Sicherung
7	Patronenhalter	14	Anschlussstecker

Abb. 8.1 Übersichtsbild mit Legende. (Quelle: DSI)

Die schematische Darstellung in Abb. 8.4 ist ein weiteres Beispiel dafür, wie gut Bilder die Aufnahme von Informationen unterstützen. In dem dargestellten Fall geht es um die Verbindung verschiedener Komponenten zu einem Gesamtsystem. Auch hier kann man sich gut vorstellen, dass eine Beschreibung in Worten beim Nutzer auf wenig Zuspruch stoßen würde.

Ein Funktionsschema wie in Abb. 8.5 dargestellt eignet sich besonders dazu, Zusammenhänge darzustellen, die sich aus der realen Anordnung der Komponenten nicht ersehen lassen. Allerdings erfordern solche Darstellungen ein hohes Abstraktionsvermögen und müssen gut erläutert werden. In der Regel ist die Anwendung von Schemas nur bei einer entsprechend fachkundigen Zielgruppe sinnvoll. Gleiches gilt für Hydraulik- und Stromlaufpläne, z. B. Abb. 8.6.

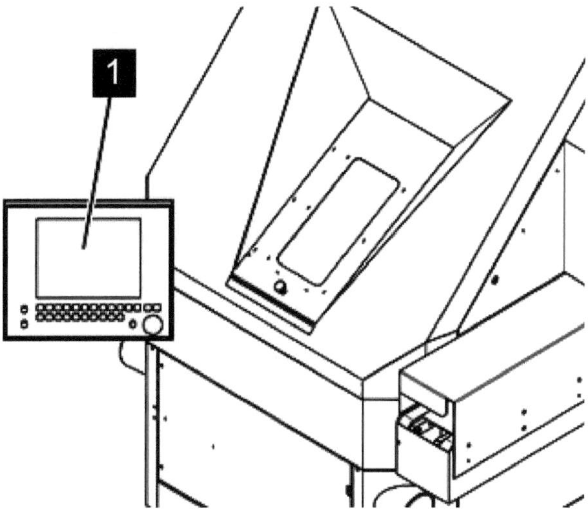

Abb. 8.2 Bedienpult. (Quelle: Schneider)

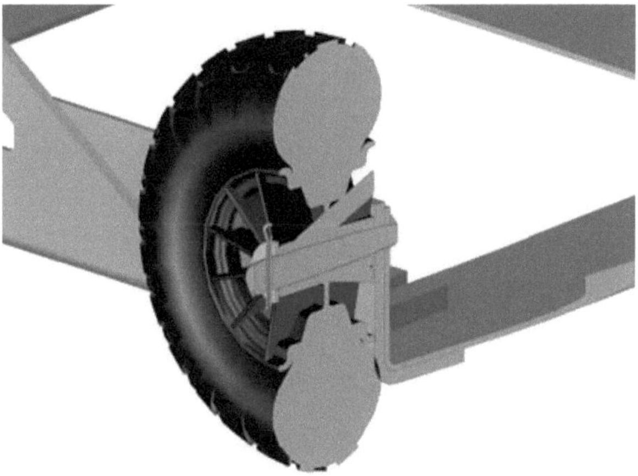

Abb. 8.3 Beispiel für eine Schnittzeichnung. (Quelle: Teupen)

Bedienelemente eindeutig benennen Nicht alle Bedienelemente haben ein Schild mit einer eindeutigen Bezeichnung. Diese sind im Anleitungstext ohne Abbildung kaum eindeutig zu benennen.

Eine schöne Methode ist hier das Einbetten des Symbols der betreffenden Taste in den Text, wie in Abb. 8.7.

Eine andere Methode ist das Darstellen der Taste außerhalb des Textflusses (Abb. 8.8). Dies ist dann sinnvoll, wenn die Taste größer dargestellt werden muss, damit man sie eindeutig erkennen kann.

Eine letzte Variante ist das Abbilden des Bedienelementes mitsamt Umgebung (Abb. 8.9). Diese Methode sollte immer dann angewendet werden, wenn der Ort, an dem sich das Bedienelement befindet, nicht klar ist (z. B. außerhalb des normalen Bedienpanels). Der Nachteil ist, man benötigt relativ viel Platz und die Anleitung

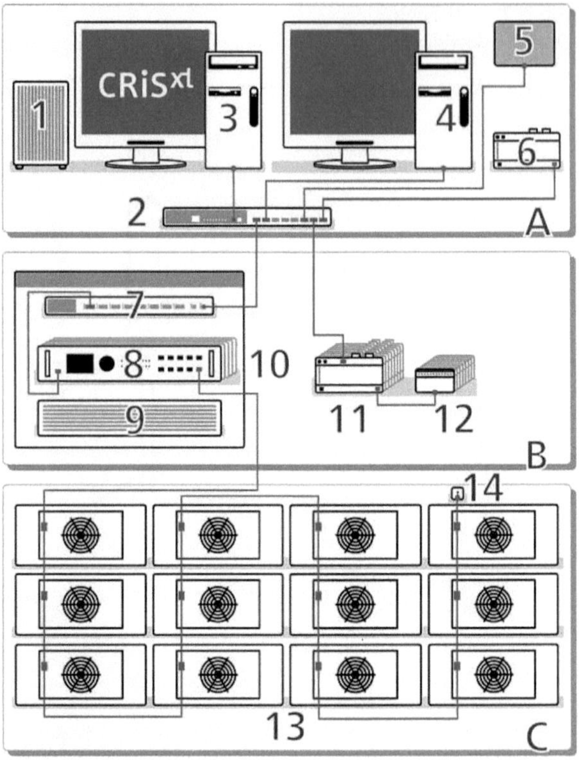

Abb. 8.4 Beispiel für eine schematische Darstellung. (Quelle: M+W)

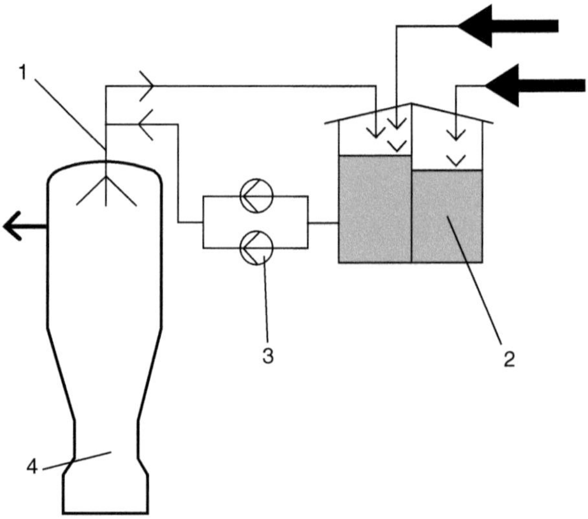

Abb. 8.5 Beispiel für ein Funktionsschema. (Quelle: Outotec)

wirkt durch eine hohe Anzahl solcher Abbildungen recht schnell überladen. Außerdem sind die Bilder dann weniger universell verwendbar und müssen z. B. bei Designänderungen am Produkt eher ausgetauscht werden als Bilder, die tatsächlich nur eine Taste zeigen.

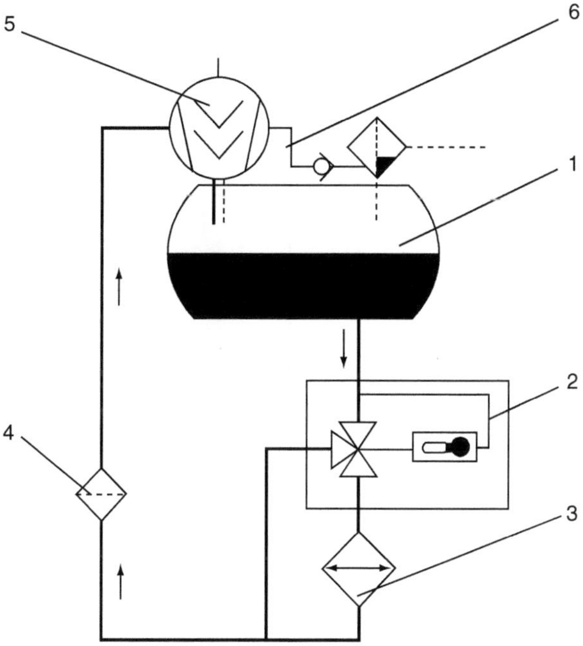

Abb. 8.6 Beispiel für einen Hydraulikplan. (Quelle: Outotec)

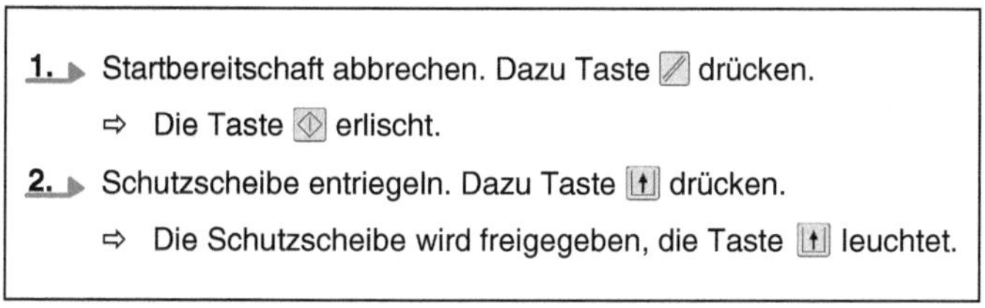

1. Startbereitschaft abbrechen. Dazu Taste drücken.
   ⇨ Die Taste erlischt.
2. Schutzscheibe entriegeln. Dazu Taste drücken.
   ⇨ Die Schutzscheibe wird freigegeben, die Taste leuchtet.

Abb. 8.7 Beispiel für die Einbettung von Tastensymbolen in den Text. (Quelle: Schneider)

Abb. 8.8 Beispiel für die Darstellung einer Taste außerhalb des Textflusses. (Quelle: Schneider)

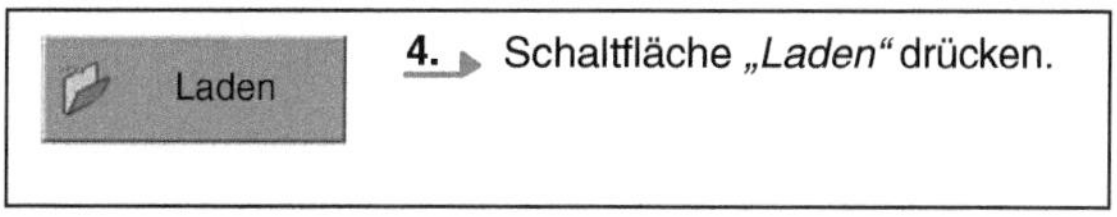

Orte und Positionen bestimmen Abbildungen eignen sich vor allem bei großen Produkten gut dazu, bestimmte Orte oder Positionen innerhalb des Produktes anzuzeigen. Aber auch im Kleinen kann ein Bild, wie das folgende Beispiel zeigt, einige Wörter ersetzen und für Klarheit sorgen.

Text:

Die Lüftungsöffnungen des elektrischen Vorschaltgeräts befinden sich jeweils mittig rechts und links und an der Oberseite.

Bild (Abb. 8.10):

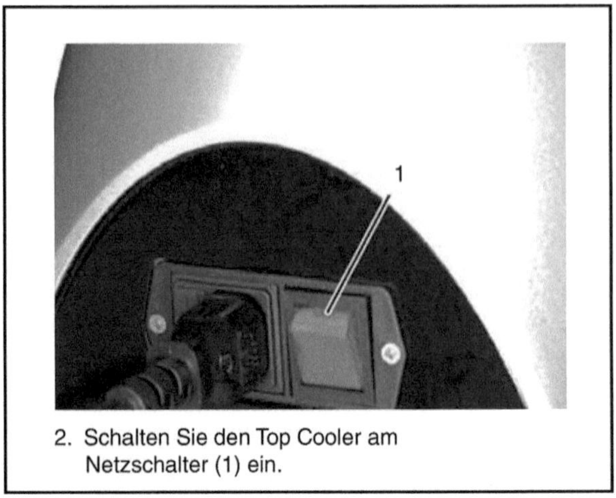

Abb. 8.9 Beispiel für die Darstellung eines Bedienelementes mit Umgebung. (Quelle: DSI)

Handlungen zeigen Das Darstellen von Handlungsschritten ist sicher die Königsdisziplin bei den Abbildungen. Ideal ist hier eine Kombination aus Text und Bild, wobei das Bild die in den Handlungsschritten enthaltenden Texte unterstützt.

Dabei kann die Abbildung im einfachsten Fall dazu dienen, die in der Handlung genannten Bauteile eindeutig darzustellen und auffindbar zu machen, wie es in Abb. 8.11 der Fall ist.

Noch besser ist es allerdings, wenn die Abbildung, wie in Abb. 8.12, auch die Handlung zeigt. Dabei ist es meist sinnvoll, die Handlung wirklich auszuführen und

Abb. 8.10 Lüftungsöffnungen des elektrischen Vorschaltgeräts. (Quelle: Dedotec)

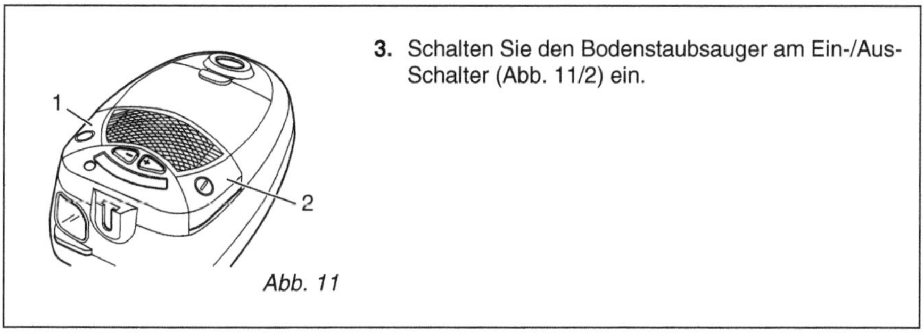

Abb. 8.11 Beispiel für die Bezeichnung eines Bauteils im Handlungsschritt. (Quelle: Royal)

auch die handelnde Hand mit darzustellen. Dadurch sinkt die vom Nutzer geforderte Abstraktionsfähigkeit auf ein Mindestmaß ab.

Falls auf die Hand verzichtet wird, sollten die Tätigkeiten/Bewegungen möglichst mit Bewegungspfeilen, wie in Abb. 8.13, verdeutlicht werden.

Eine Alternative zur Abbildung, die einen Handlungsschritt ergänzt, ist die Abbildung, die einen Handlungsschritt ersetzt (Abb. 8.14). Hierzu braucht man jedoch ein gutes grafisches Gesamtkonzept der Anleitung, damit der Nutzer den ggf. vorhandenen Wechsel von textlichen und bildlichen Handlungsschritten erkennen kann.

Diese Methode ist meist nur dann sinnvoll, wenn es darum geht, Platz zu sparen, und die Anleitung insgesamt grafisch aufwändig gestaltet wird. Sie kann tendenziell also eher bei Produkten eingesetzt werden, die in Massenproduktion hergestellt werden.

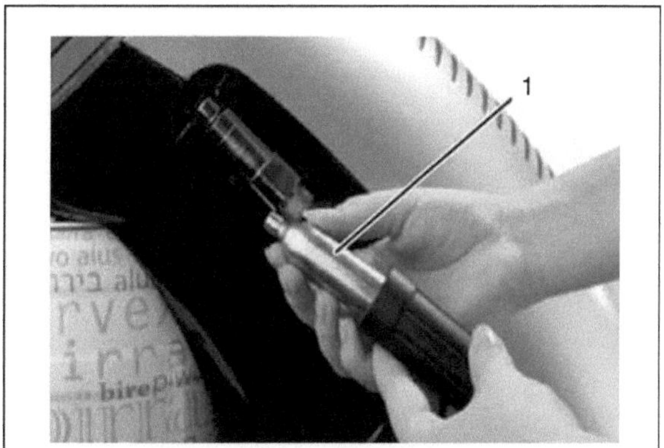

Abb. 8.12 Darstellung einer Handlung mit Hand. (Quelle: DSI)

2. Innenmantel (Abb. 12/1) nach vorne aufklappen (Abb. 12/Pfeil).

Abb. 12: Innenmantel aufklappen

Abb. 8.13 Darstellung einer Handlung mit Bewegungspfeilen. (Quelle: Dedotec)

Abb. 8.14 Beispiel für Grafiken, die den Text von Handlungsschritten vollkommen ersetzen. (Quelle: Elster Kromschröder)

Ausgangsdruck p_a umstellen

▷▷ Der Ausgangsdruck p_a wird werksseitig bei stehendem Federdom eingestellt. Wenn der VGBF mit liegendem Federdom eingebaut wird, den Ausgangsdruck p_a überprüfen und neu einstellen.

▷▷ Messpunkte am Gerät nur für Messungen bei Nulldurchfluss oder sehr geringem Durchfluss benutzen.

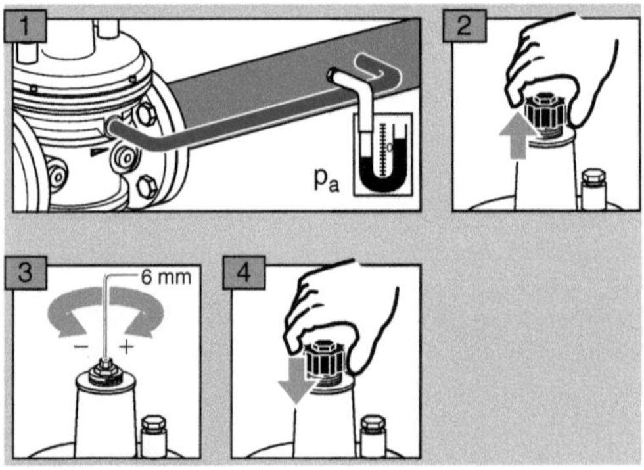

5 Eingestellten Wert des Ausgangsdrucks p_a deutlich auf dem Typenschild vermerken.

Theoretische Sachverhalte visualisieren In Diagrammen (z. B. Abb. 8.15) lassen sich Zusammenhänge und theoretische Sachverhalte für eine anspruchsvolle Zielgruppe in der Regel besser darstellen als nur mit Texten. Wichtig ist hier jedoch, dass die Aussage von Diagrammen wie unten abgebildet im zugehörigen Text erläu-

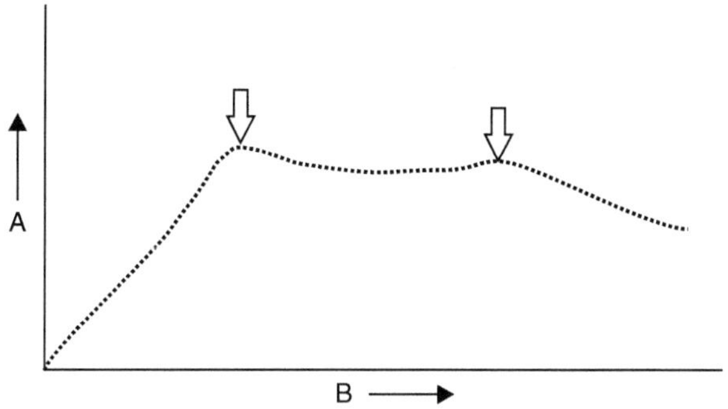

Abb. 8.15 Beispiel für ein Diagramm

tert wird. Der Schwerpunkt der Beschreibung sollte dabei auf dem Nutzen liegen, den der Anwender aus dem Diagramm für die praktische Anwendung des Produktes ziehen kann.

Solche Diagramme sind niemals Selbstzweck und dürfen nur verwendet werden, wenn der Nutzer ohne das im Diagramm vermittelte Wissen das Produkt nicht oder nur eingeschränkt benutzen kann. Gerade bei unbestimmten Zielgruppen mit geringerem Bildungshorizont führen abstrakte Darstellungen eher zu Verunsicherung, als dass sie nützen.

8.3.2 Text-Bild-Anordnung

Es gibt verschiedene Möglichkeiten, Texte und Bilder auf einer Seite anzuordnen. In den meisten Print-Publikationen geht es jedoch darum, Texte und Bilder möglichst hübsch und ausgewogen auf der Seite zu platzieren. Im Zweifel muss der Text gekürzt werden.

In der Technischen Dokumentation geht das natürlich nicht. In den Regelwerken findet man zudem die Aussage, dass die Zugehörigkeit von Text und Bild klar erkennbar sein muss. Das geht in der Regel zu Lasten der Ästhetik.

Daher braucht man für die Technische Dokumentation eine andere Vorgehensweise als im klassischen Schriftsatz. Wir stellen Inhalte und Textstrukturen in den Vordergrund, auch wenn das Ergebnis aus gestalterischer Sicht optimierbar ist.

Wichtigkeit der Text-Bild-Zuordnung Bilder und Texte müssen zusammenstehen, damit der Nutzer die inhaltliche Verknüpfung schnell erfassen und erkennen kann. Ohne vernünftige und einheitliche Zuordnung ist es für den Nutzer zunächst einmal so, als würde entweder nur das Bild oder der Text alleine als Information zur Verfügung stehen. Er hat also zunächst nur die Hälfte der Informationsmenge zur Verfügung. Der Nutzer, der den Inhalt der Information zunächst also nicht versteht (oder falsch versteht), muss jetzt aktiv nach der fehlenden Information suchen, bis ihm ein Licht aufgeht oder er frustriert aufgibt.

Für die Verständlichkeit ist es also enorm wichtig, dass der Nutzer die Verknüpfung zwischen den zusammengehörigen Informationsquellen „Text" und „Bild" eigenständig und auf den ersten Blick herstellen kann.

Bildführung Beim Durchschauen von Informationen auf Papier oder auch auf dem Bildschirm wird unser Auge in den meisten Fällen zuerst die Bildinformationen wahrnehmen. Erst wenn wir dort nicht fündig werden, schauen wir uns die Texte an.

Aus diesem Grund ist es empfehlenswert, die Bild-Text-Zuordnung so aufzubauen, dass die Bilder vorne stehen und danach die passenden Texte erscheinen (Abb. 8.16 rechts). Man spricht hier auch von der „Bildführung".

Was passiert, wenn die Reihenfolge umgekehrt ist: Ich sehe die gewünschte Bildinformation, z. B. die Abbildung eines Bauteils, und lese danach den Text. Was ich aber finde, ist die Beschreibung für ein ganz anderes Bauteil, weil sich die Beschreibung des gesuchten Bauteils vor der Abbildung befindet.

Besser ist es mit Bildführung: Ich sehe das Bild und lese den danach zu findenden passenden Text.

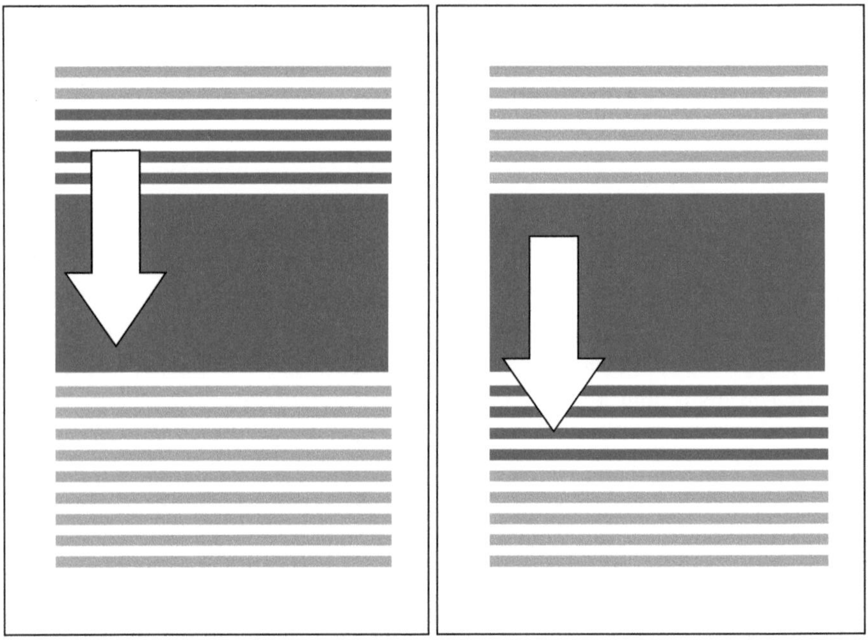

Abb. 8.16 Text-Bild-Zuordnung: *links* Textführung, *rechts* Bildführung. Der Pfeil symbolisiert den Lesefluss

Wichtig ist natürlich, dass die gewählte Systematik durchgängig verwendet wird. Besonders unschön ist es für den Benutzer, wenn der Text mal vor und mal hinter dem Bild steht.

Optimale Anordnung des Bildes im Text Optimal ist es also, wenn zuerst das Bild und dann der passende Text erscheint. Hiervon kann es verschiedene Abwandlungen geben, z. B. in mehreren Spalten (Abb. 8.17).

In diesem Fall sollte man darauf achten, dass bei Spaltenumbrüchen möglichst das Bild mitgenommen wird (Abb. 8.18 unten). Andernfalls kann es dazu führen, dass der Nutzer die Zuordnung nicht sofort auflösen kann (Abb. 8.18 oben).

Gleiches gilt im besonderen Maße auch für Seitenumbrüche. Auch hier sollte das Bild unbedingt mit auf die nächste Seite genommen werden.

Eine andere Variante ist die Platzierung des Bildes in der Marginalspalte (Abb. 8.19). Diese sehe ich als ideal an, weil Text und Bild so in besonders engem Zusammenhang stehen. Durch die in unserem Kulturraum übliche Leserichtung von links nach rechts muss das Bild links stehen, wenn es führen soll.

Besonders ungünstig sind übrigens Layouts, bei denen die Marginalspalte wechselt, also auf der linken Seite links und auf der rechten Seite rechts steht. Hier wechseln sich Bild- und Textführung ohne inhaltlichen Grund permanent ab, was beim Nutzer größtmögliche Verwirrung hervorruft.

In der Praxis wird es wegen der geringen maximalen Bildbreite kaum möglich sein, alle Bilder in der Marginalspalte zu platzieren. Daher sind auch Mischformen denkbar (Abb. 8.20). Wichtig ist nur, dass das Konzept der Bildführung erhalten bleibt.

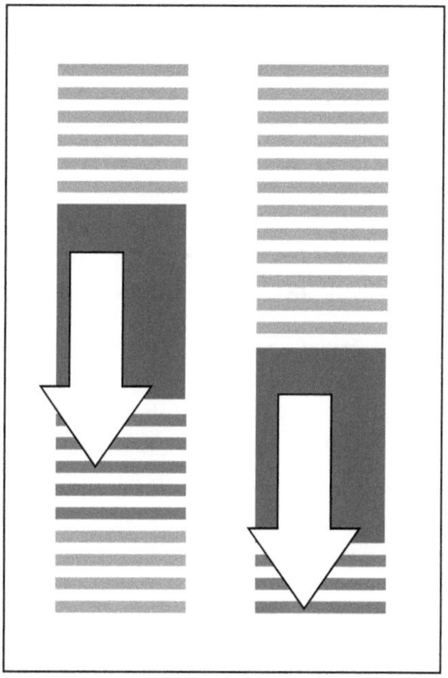

Abb. 8.17 Text-Bild-Zuordnung in mehrspaltigen Layouts

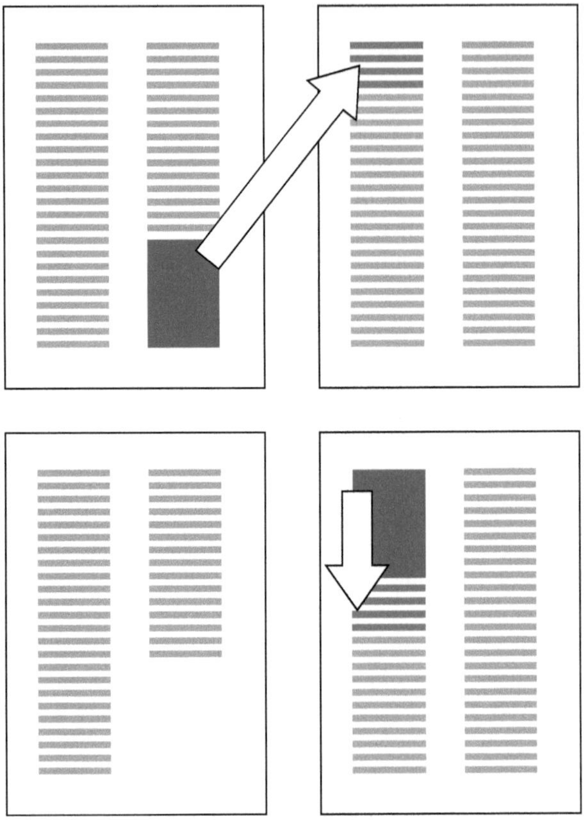

Abb. 8.18 Beispiel für Spaltenumbrüche: *oben* schlechter Umbruch mit Auflösung der Bild-Text-Zuordnung, *unten* korrekter Umbruch

In diesem Fachbuch wurde entgegen den oben genannten Empfehlungen eine Textführung gewählt. Schließlich handelt es sich ja nicht wie bei der Anleitung um ein Nachschlagewerk, sondern eben um ein Fachbuch, von dem zu erwarten ist, dass es der Leser von vorne bis hinten durchliest. In diesem Fall ist die Textführung besser, weil Sie als Leser erst einmal informiert werden, worum es geht. Das anschließend präsentierte Bild können Sie so gleich verstehen.

Bildverweise Sinnvollerweise werden alle Abbildungen in einer Anleitung mit einer Abbildungsnummer versehen. Um den Bezug zu einem Bild herzustellen, kann man im Text auf die Abbildungsnummer verweisen, z. B. so wie in Abb. 8.21.

Es ist aber grundsätzlich ungünstig, wenn die Abbildung, auf die verwiesen wird, auf der Seite nicht sichtbar ist. Deshalb ist es in der Regel besser, eine Abbildung zu wiederholen, als darauf zu verweisen – insbesondere dann, wenn diese Abbildung in der Anleitung weit entfernt von der verweisenden Textstelle steht.

Falls für die Anleitung wenig Raum zur Verfügung steht, kann eine Abbildung, auf die oft verwiesen wird, auch auf einer Klappseite platziert werden (Abb. 8.22). Diese kann der Nutzer ausklappen und hat so zwar keine direkte Zuordnung, wie oben beschrieben, muss aber wenigstens nicht mehr blättern.

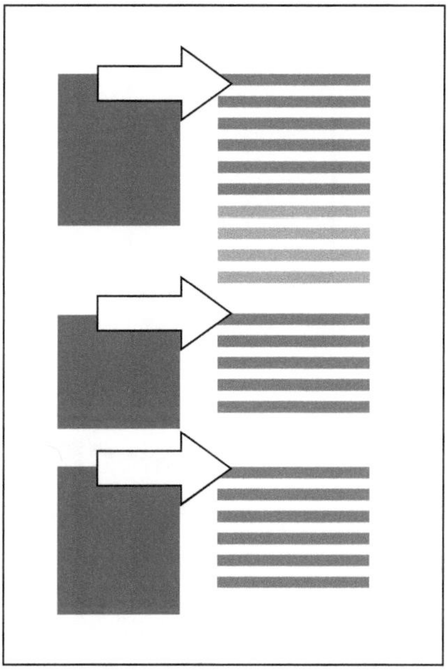

Abb. 8.19 Bildführung mit Platzierung in der Marginalspalte

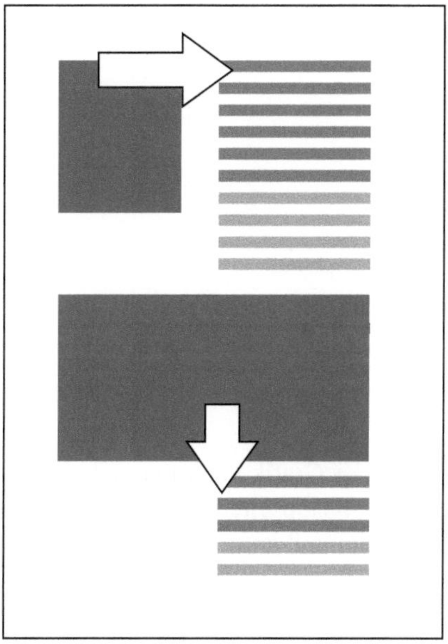

Abb. 8.20 Platzierung der Bilder in der Marginalspalte und über die ganze Seitenbreite gemischt. Die Bildführung bleibt dabei erhalten

Abb. 8.21 Beispiel für einen Bildverweis

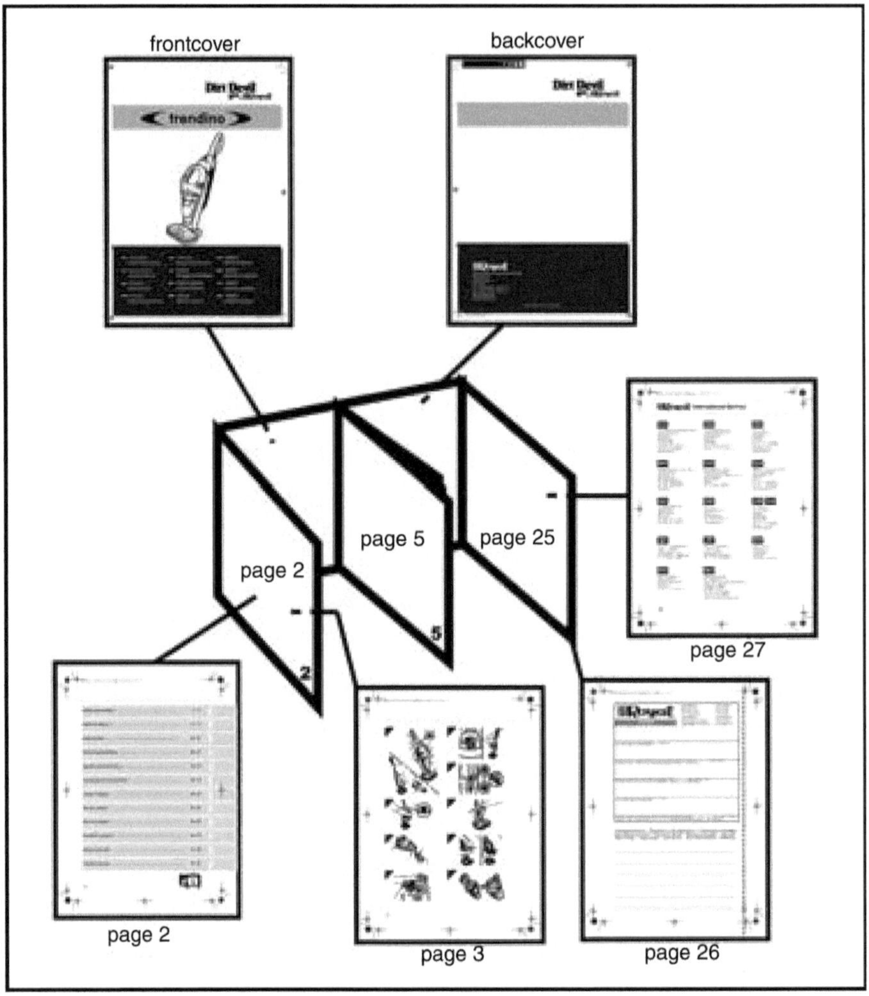

Abb. 8.22 Beispiel für ein Layout mit Klappseite. (Quelle: Royal)

An der Grafik kann man allerdings schon erkennen, dass die Herstellung einer solchen Klappseite recht kompliziert und nur bei Massenartikeln mit großen Auflagen sinnvoll ist.

Bezug zu Bildelementen Oft möchte man in der Anleitung nicht nur ein Bild zeigen, sondern dem Nutzer auch mitteilen, welche Einzelheiten dort zu sehen sind. Hier gibt es grundsätzlich zwei Möglichkeiten: den Text direkt ins Bild hineinschreiben oder Positionsnummern verwenden. Beide Varianten haben Vor- und Nachteile.

Der Vorteil von Text in den Bildern (Abb. 8.23) ist die leichte Zuordnung eines Bildteils zu der Bezeichnung. Nachteilig ist jedoch, dass die Texte in den Bildern in

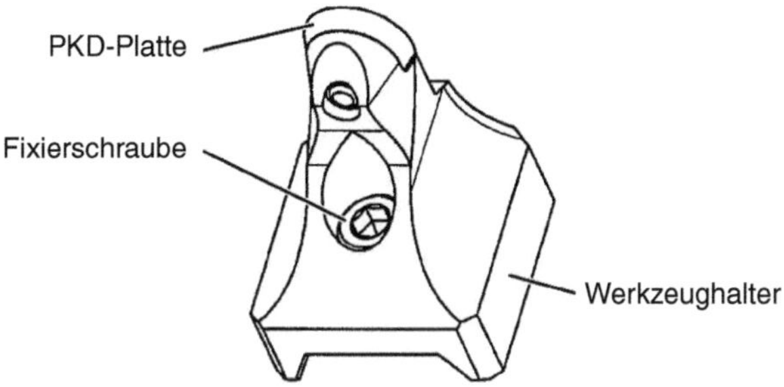

Abb. 8.23 Bild mit Text. (Quelle: Schneider)

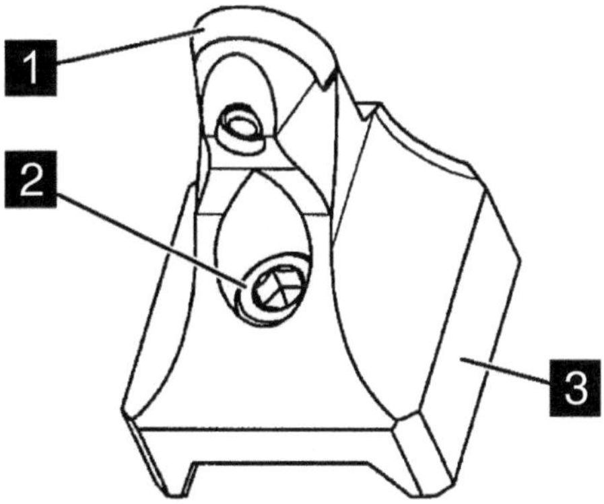

1 PKD-Platte
2 Fixierschraube
3 Werkzeughalter

Abb. 8.24 Bild mit Positionsnummern und Legende. (Quelle: Schneider)

der Regel Schwierigkeiten im Übersetzungsprozess bereiten. In den meisten Fällen müssen die Bilder nach der Übersetzung aufwändig nachbearbeitet werden, da die Texte nun andere Lauflängen aufweisen.

Diese Arbeiten kann man sich durch die Verwendung von sprachneutralen Positionsnummern im Bild sparen (Abb. 8.24). Nur die Bildlegende, die außerhalb des Bildes im Textfluss steht, muss übersetzt werden.

Der Vorteil des besseren Bild-Text-Bezuges von Text-in-Bild relativiert sich übrigens dann, wenn Bauteile aus dem Text heraus angesprochen werden. In unserem Beispiel würde im Text entweder stehen:

Entfernen Sie die Fixierschraube (Abb. X).

oder

Entfernen Sie die Fixierschraube (Abb. X/2).

Es lässt sich leicht erkennen, dass die zweite Variante präziser ist. Insbesondere dann, wenn die Abbildung deutlich mehr Bauteile enthält als in unserem Beispiel, machen wir es dem Nutzer mit der ersten Variante unnötig schwer, das Bauteil aufzufinden. Er kann die Texte einfach nicht so schnell erfassen wie die Positionsnummern. Bei Positionsnummern haben wir außerdem den Vorteil, dass wir die Legende

Abb. 5: Bedienelemente und Anschlüsse

Pos.	Beschreibung
1	Markierung *[NORMALBETRIEB]*: Zeigt die Markierung des Drehknopfs *[BETRIEBSART]* auf diese Markierung, ist die Betriebsart "Normalbetrieb" eingestellt
2	Drehknopf *[BETRIEBSART]*: Mit dem Drehknopf *[BETRIESBSART]* wird die Betriebsart bzw. die Leistungsstufe des Leuchtmittels eingestellt. Es stehen drei Betriebsarten/Leistungsstufen (Dimmung, Normal, Boss) zur Verfügung.
3	Markierung *[BOOSTBETRIEB]*: Zeigt die Markierung des Drehknopfs *[BOOSTBETRIEB]* auf diese Markierung, ist die Bertriebsart "Boostbetrieb" eingestellt.
4	Taste *[STOP]*: Durch Drücken der Taste *[STOP]* wird das System sofort abgeschaltet.

Abb. 8.25 Beispiel für eine Legende mit Erläuterungen. (Quelle: Dedotec)

um weitere Erläuterungen ergänzen können, die im Bild gar keinen Platz finden, wie in Abb. 8.25 der Fall ist.

Besonderheiten bei der Ausgabe auf dem Bildschirm Bei der Ausgabe auf dem Bildschirm, z. B. bei einer Online-Hilfe, ist die Text-Bild-Anordnung besonders wichtig. Schließlich kann der Nutzer hier beim Zurückblättern nicht einfach den Daumen in der Seite halten, um die Textstelle wiederzufinden. Das bedeutet, Verweise auf entfernt stehende Bilder sind hier äußerst ungünstig. Text und Bild sollten immer zusammen stehen. Hier müssen wir schließlich nicht sparen, um die Papiermenge gering zu halten.

Das eben noch angepriesene Marginalien-Layout ist für den Bildschirm ungünstig. Schließlich schiebt sich der Nutzer das Hilfefenster je nach Platz auf seinem Bildschirm zusammen. Bilder, die in der Marginalspalte stehen, würden dann irgendwann dafür sorgen, dass der rechts neben ihnen befindliche Text nicht mehr zu sehen ist. Ich könnte das Fenster als Nutzer also nicht so schmal zusammenschieben.

Deshalb sollten in den Online-Formaten Bilder immer vor dem betreffenden Text stehen (Abb. 8.26). Das sorgt für größtmögliche Flexibilität und Übersichtlichkeit.

8.3.3 Bildgröße

Die Bildgröße sollte so gewählt werden, dass die Bildteile, die die Information beinhalten, gut zu erkennen sind. Damit ein ausgewogenes Layout entsteht, sollten unterschiedliche Bildgrößen vorgesehen werden. Gibt es z. B. nur seitenbreite Bilder, kann die Darstellung von kleineren Teilen recht verloren wirken bzw. viel zu groß ausfallen, wenn diese auf die Seitenbreite skaliert wird (Abb. 8.27).

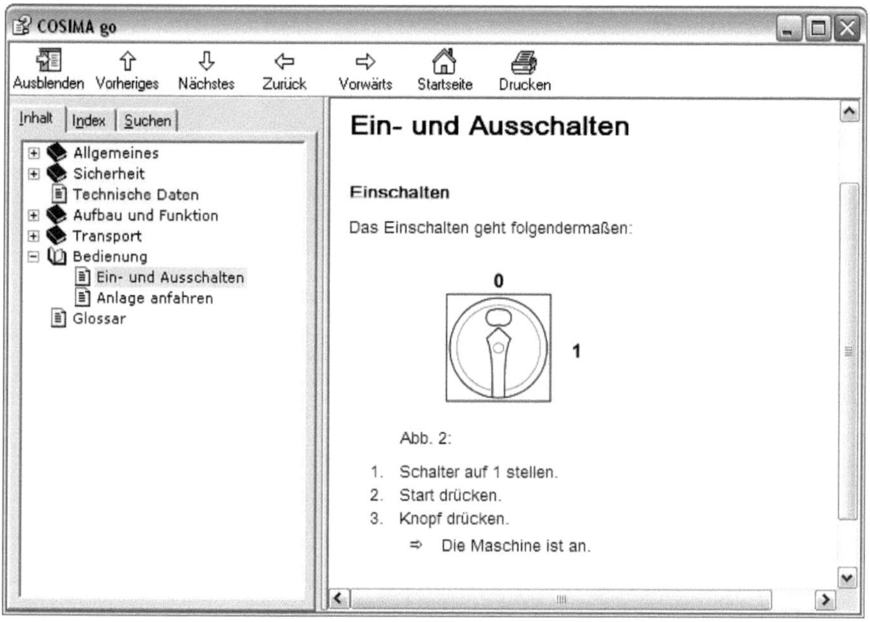

Abb. 8.26 Ideale Platzierung des Bildes vor dem Text in der Online-Hilfe

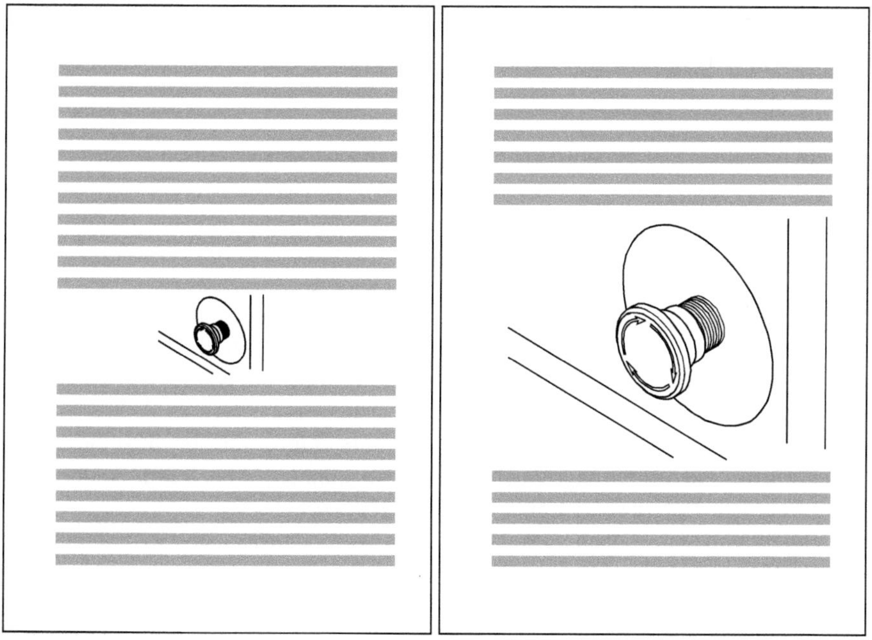

Abb. 8.27 Beispiel für die Darstellung eines Schalters bei nur einer Bildgröße: *links* wirkt er verloren, *rechts* ist er viel zu groß

Abb. 8.28 Aufbau eines zweispaltigen Layouts mit 2 Bildgrößen

Besser ist es also, ein Gestaltungsraster aufzubauen, das mehrere Bildgrößen erlaubt. Diese sollten zumindest in ihrer Breite genormt sein. Für ein zweispaltiges Layout (Abb. 8.28) ergeben sich so zwei ideale Bildgrößen:

- Bild in der Spalte
- Bild über beide Spalten

Für ein Marginalien-Layout (Abb. 8.29) ergeben sich idealerweise 3 Bildgrößen:

- Bild in der Marginalspalte
- Bild in der Textspalte
- Bild über beide Spalten

Zusätzlich zu den „normalen" Bildern kommen in Anleitungen oft auch Piktogramme oder Darstellungen von Schaltflächen vor. Für diese Arten von Bildern sollte es eine zusätzliche Bildgröße geben, die geschickt im oder außerhalb des Textflusses platziert wird.

Wichtig ist, bei der Positionierung der Symbole drauf zu achten, dass diese dem zugehörigen Text eindeutig zugeordnet werden können (Abb. 8.30). Andernfalls muten wir dem Nutzer wieder unnötige Sucharbeit zu.

Schließlich kann es noch vorkommen, dass wir Schaltflächen oder Symbole direkt im Text verwenden möchten. Hierbei ist es ratsam, die Höhe der Symbole auf die Texthöhe zu begrenzen (Abb. 8.31). Andernfalls ergeben sich je nach Einstellung des DTP-Systems entweder Überlappungen oder unterschiedlich große Zeilenabstände.

Das bedeutet im Umkehrschluss, dass man im Text nur solche Symbole verwenden sollte, die in der Skalierung auf die Texthöhe auch noch erkennbar sind.

Abb. 8.29 Aufbau eines Marginalien-Layouts mit 3 Bildgrößen

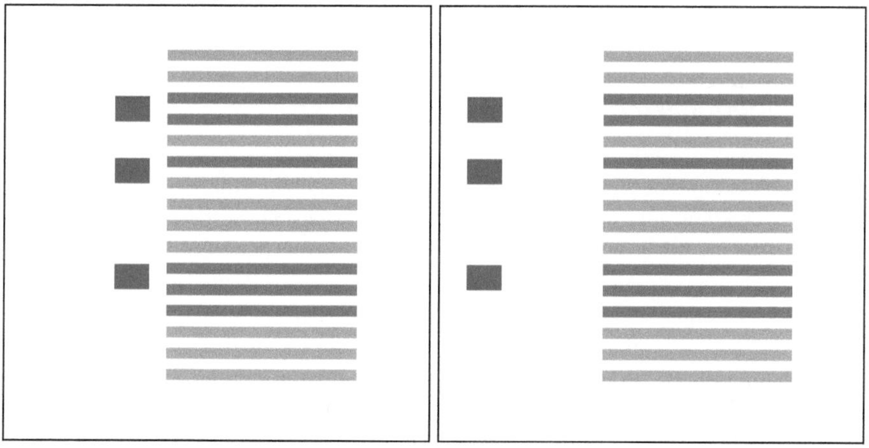

Abb. 8.30 Beispiel für die Positionierung von Symbolen außerhalb des Textflusses: *links* günstig, weil nah am Text, *rechts* ungünstig, weil zu weit vom Text entfernt

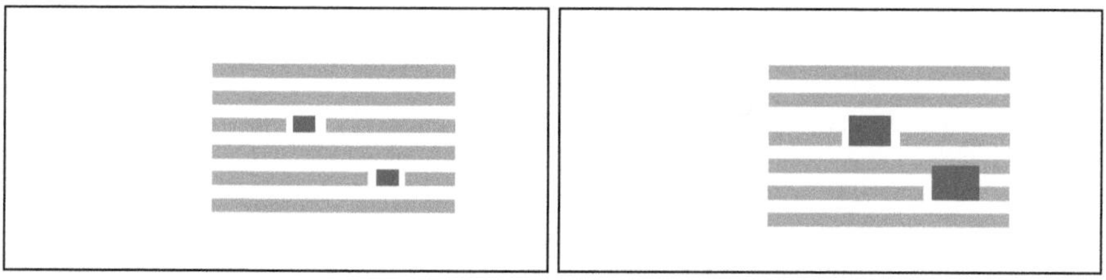

Abb. 8.31 Beispiel für die Positionierung von Symbolen im Textfluss: *links* Symbole in Texthöhe, *rechts* Symbole zu groß

Wenn das nicht klappt, sollte man die Symbole besser außerhalb des Textflusses platzieren.

8.3.4 Ausschnitte

Um für Bilder nicht unnötig Platz zu vergeuden, kann es sinnvoll sein, Ausschnitte zu wählen, die die wichtigen Bildbereiche zeigen. Das ist insbesondere dann wichtig, wenn das Drumherum keine Informationen enthält, die z. B. für das Ausführen der auf dem Bild dargestellten Handlung notwendig sind.

Bei Ausschnitten besteht jedoch immer die Gefahr, dass diese zu eng gewählt werden und der Nutzer dann nicht mehr erkennen kann, an welcher Stelle am Produkt die Handlung gerade stattfindet. Um dieses Problem zu lösen, gibt es mehrere Möglichkeiten:

- In einer Handlungsanweisung wird auf die Situation hingearbeitet. Dadurch ist der Ort der Handlung klar. Der Ausschnitt kann ruhig eng bleiben.
- Der Ausschnitt wird etwas vergrößert, damit ein wenig Umfeld sichtbar und der Ort der Handlung klar wird.
- Eine verkleinerte Übersichtsgrafik im Bild gibt den Ort des Ausschnittes an.

8.3.5 Bildunterschriften und Legenden

Um dem Nutzer eine zusätzliche Orientierung zu geben, können die Bilder mit Bildunterschriften, wie in Abb. 8.32, versehen werden. Diese geben kurz an, was auf dem Bild zu sehen ist. Bildunterschriften sind insbesondere dann erforderlich, wenn es sich um umfangreiche Anleitungen für komplexe Produkte handelt.

Bei der visuellen Suche nach einer Information kann sich der Nutzer dann, nachdem er das Bild als möglicherweise zutreffend identifiziert hat, in der Bildunterschrift vergewissern, ob hier tatsächlich das steht, was er sucht.

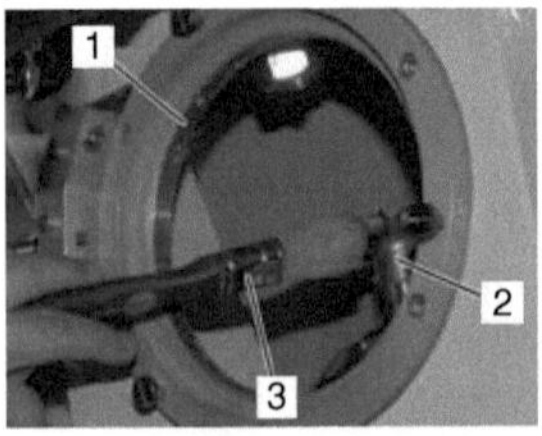

Abb. 288: Fräswerkzeug reinigen

4. Späne und Schmutz vom Fräswerkzeug (Abb. 288/2) und der Kühlschmiermitteldüse mithilfe eines Pinsels (Abb. 288/3) entfernen.
5. Ränder der Zugangsöffnung (Abb. 288/1) reinigen.
6. Deckel der Zugangsöffnung reinigen.

Abb. 8.32 Beispiel für ein Bild mit Bildunterschrift, die Zusatzinformationen für die visuelle Suche enthält. (Quelle: Schneider)

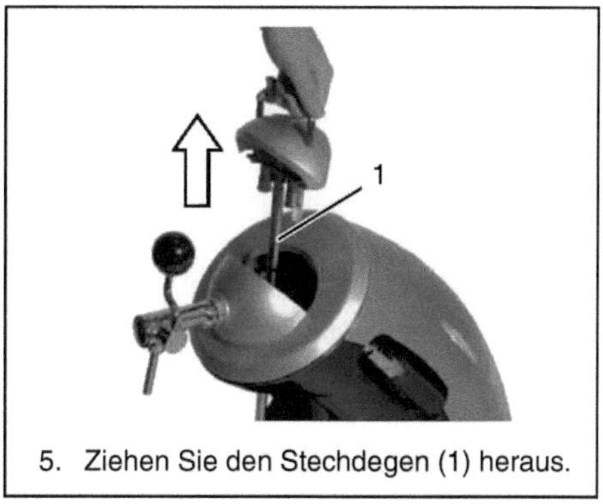

Abb. 8.33 Beispiel für ein Bild in einer Anleitung für ein Verbraucherprodukt, das ohne Bildunterschrift auskommt. (Quelle: DSI)

Bei einfacheren Produkten ist diese zusätzliche Unterstützung nicht erforderlich (Abb. 8.33). Im Gegenteil, hier könnte der zusätzliche Text unter Umständen auch störend wirken.

Zusätzlich zur Bildunterschrift kann man noch eine Bildlegende platzieren. Diese erläutert die im Bild befindlichen Positionsnummern. Wenn Sie sich dafür entscheiden, die Texte direkt ins Bild hineinzuschreiben, kann die Legende natürlich entfallen.

Eine Legende sollte bei Bildern im beschreibenden Teil der Anleitung möglichst immer vorhanden sein. Bei den Handlungsanweisungen ist eine Legende eher fehl am Platze, denn die Bildpositionen werden ja vom Text der Handlungsanweisung aufgegriffen.

Außerdem sollten die Abbildungen innerhalb der Handlung keine Bildpositionen enthalten, die im Text nicht angesprochen werden. Sonst fragt sich der Nutzer zu Recht, was denn nun mit dem zusätzlichen positionierten Bauteil passieren muss, und schon herrscht bei ihm wieder Verwirrung.

Die Legende kann unter oder neben dem Bild platziert werden. Hauptsache, es gibt eine klare Zuordnung.

8.4 Abbildungsarten

Je nach Produkt und technischen Möglichkeiten in der Redaktion kommen in der Anleitung unterschiedlichste Abbildungsarten zum Einsatz. Alle haben Vor- und Nachteile, die wir im Folgenden erläutern.

8.4.1 Fotos

Vor- und Nachteile von Fotos Fotos sind dank Digitalfotografie schnell gemacht und leicht bearbeitbar. Sie haben jedoch den entscheidenden Nachteil, dass das zu beschreibende Produkt auch tatsächlich vorhanden sein muss, und zwar in allen Details. Das kann manchmal schwierig bis unmöglich sein, z. B. wenn im Anlagenbau die fertige Anlage erst beim Kunden errichtet wird und der Technische Redakteur das Produkt nie zu Gesicht bekommt.

Ein weiterer Nachteil von Digitalfotos ist gleichzeitig auch ein Vorteil: die hohe Detailgenauigkeit. Auf dem Foto sehen die Dinge wirklich genau so aus, wie der Nutzer sie sieht. Das ist positiv, weil auch Nutzer mit geringem Abstraktionsvermögen die Bilder leicht dem Produkt zuordnen können. Der Nachteil ist jedoch, dass die Fotos schon bei kleinen Veränderungen am Design des Produktes ausgetauscht werden müssen, sonst stimmen sie nicht und irritieren den Nutzer.

Ausrüstung Gute Fotos werden Ihnen nur mit dem entsprechenden Handwerkszeug gelingen. Leider sieht der Alltag vieler Redaktionen, was das angeht, ziemlich grau aus. Oft sind Technische Redakteure mit einfachen Knipskisten ausgestattet, wie ich sie noch nicht einmal für meine privaten Urlaubsfotos einsetzen würde. Das Ergebnis sieht dann entsprechend aus. Die Bilder sind unscharf, oder es ist nicht das scharf, was wichtig ist, sie sind schlecht belichtet und wirken einfach unprofessionell.

Deshalb hier die Einkaufsliste für die Fotoausrüstung einer guten Technischen Redaktion:

- Digitale Spiegelreflexkamera mit Wechselobjektiv und ISO-Blitzschuh
- Standard-Zoom-Objektiv, das eher in den Weitwinkelbereich geht. Telezoom braucht man für die Dokumentation in der Regel nicht.
- Optional ein zusätzlicher Weitwinkelzoom. Der ist vor allem dann hilfreich, wenn man große Dinge in kleinen Räumen fotografieren muss.
- Externes Blitzgerät zum Aufstecken auf den ISO-Blitzschuh mit möglichst hoher Leitzahl. In Kameras eingebaute Blitze taugen nie etwas, weil sie zu schwach sind.
- Stativ mit Kugelkopf
- Doppelter Akkusatz für Kamera und Blitz mit Ladegerät
- Eine Tasche, in die der ganze Krempel reinpasst

Fotos erstellen Hochwertige Fotos zu erstellen ist eine Kunst für sich. Das fängt schon bei der Kamera an und hört bei den individuellen Fertigkeiten des Redakteurs auf. Fotograf ist schließlich ein eigener Beruf mit 3 Jahren Ausbildung. Wenn Sie Fotos in Ihren Anleitungen einsetzen möchten, sollten Sie einen Fotokurs besuchen und Fotografie zu Ihrem Hobby machen. Sie werden sehen, dass Fotografie nicht nur im Beruf Spaß macht, und nur durch viel Übung werden Sie Ihre Ergebnisse verbessern.

Um die Nachbearbeitung möglichst gering zu halten, sollten Sie das Foto gut vorbereiten:

- Sorgen Sie für einen möglichst aufgeräumten Hintergrund, um Freistellen zu vermeiden oder zu vereinfachen. Bei kleineren Produkten bietet es sich an, ein kleines Fotostudio mit weißem Hintergrundkarton mit Hohlkehle einzurichten.

Größere Objekte können vor eine möglichst einheitliche Hallenwand gestellt werden. Alternativ dazu eignen sich auch tragbare weiße Wände.
- Sorgen Sie für eine gute Beleuchtung. Verwenden Sie einen Blitz, wenn es zu dunkel ist, blitzen Sie aber möglichst nicht direkt, sondern indirekt. Dadurch verhindern Sie Schlagschatten. Verzichten Sie bei metallisch glänzenden Oberflächen ganz auf den Einsatz von Blitzlicht, um störende Reflexionen zu vermeiden.
- Achten Sie darauf, dass sich keine unnötigen Gegenstände (Putzlappen, Schraubendreher etc.) im Bild befinden.
- Achten Sie darauf, dass abgebildete Personen die vorgeschriebene persönliche Schutzausrüstung sowie keine Uhren, Schmuck o. Ä. tragen.
- Wenn Sie Handlungssequenzen fotografieren, achten Sie darauf, dass Sie die Perspektive nicht unnötig wechseln. Wechselnde Perspektive kann beim Nutzer zu Verunsicherung führen.
- Prüfen Sie am Monitor der Kamera vor Ort, ob die Aufnahme scharf und korrekt belichtet ist.
- Machen Sie immer mehrere Aufnahmen aus verschiedenen Perspektiven und fotografieren Sie auch Dinge, die Sie zunächst nicht benötigen. Nichts ist ärgerlicher, als später festzustellen, dass einem eine Aufnahme fehlt.

Fotos bearbeiten Nahezu jedes Foto muss nachbearbeitet werden, bevor es in die Anleitung eingefügt werden kann. Im einfachsten Fall reicht es aus, Helligkeit und Kontrast zu optimieren und den passenden Ausschnitt zu wählen. Wichtig ist, dass das Bild mit dem Setzen des Ausschnitts auf eine einheitliche Auflösung heruntergerechnet wird. Die Digitalkameras produzieren mittlerweile viel höhere Auflösungen als für den Druck nötig. Das ist gut, weil wir dadurch Reserve für Ausschnitte haben. Es ist aber nicht sinnvoll, die Dateigröße einer Anleitung durch unnötige Pixel, die keinerlei Vorteil in der Druckqualität bieten, aufzublähen. Für die Ausgabe im Digitaldruck reichen 300 dpi in der Regel völlig aus.

Manchmal kommt es vor, dass man Fotos weitergehend bearbeiten muss. Vielleicht muss man etwas wegretuschieren oder den Hintergrund entfernen (das Bild freistellen, wie in Abb. 8.34). Auch diese Arbeit ist eigentlich einer eigenen Berufsgruppe, dem Mediengestalter, vorbehalten. Sie verlangt ähnlich wie das Fotografieren viel Erfahrung und zusätzlich ein gewisses künstlerisches Geschick im Umgang mit Bildbearbeitungsprogrammen. Außerdem erfordert diese Arbeit in der Regel viel Zeit, die man in der Technischen Redaktion üblicherweise nicht hat. Deshalb sollten Sie diese Arbeiten (auch wenn's Spaß macht) auf ein Minimum reduzieren. Wenn Sie im Redaktionsteam arbeiten, gibt es vielleicht einen Kollegen, der besonders viel Spaß an dieser Aufgabe hat. Dieser sollte seinen Kollegen die kniffligen Fälle abnehmen. Jemand, der kein Händchen für diese Arbeiten hat, braucht meiner Erfahrung nach 10-mal länger, um ein deutlich schlechteres Ergebnis zu produzieren, als jemand, der Bildbearbeitung aus dem Effeff beherrscht.

Übrigens: Auch für die Bildbearbeitung braucht man ein professionelles Werkzeug. Es muss ja nicht gleich ein Bolide wie Photoshop sein, aber die Bildbearbei-

Abb. 8.34 Digitalfoto vom Technischen Redakteur im Studio aufgenommen. Dank des schon vorher vorhandenen weißen Hintergrundes macht das Freistellen keine Mühe. (Quelle: Dedotec)

tungsfunktionen von Word und Paint reichen für die Technische Redaktion bei weitem nicht aus.

8.4.2 Strichzeichnungen

Vor- und Nachteile von Zeichnungen Die direkte Alternative zum Foto ist die Strichzeichnung, die auf unterschiedlichen Wegen entstehen kann. Die Strichzeichnung hat einen höheren Abstraktionsgrad als das Foto. Das hat den Vorteil, dass auf der Zeichnung nicht unbedingt alle Details des Originals abgebildet sind. Dadurch wird die Zeichnung universeller einsetzbar und muss nicht bei jeder Designänderung des Produktes angepasst werden. Außerdem kann die Zeichnung auch dann erstellt werden, wenn noch gar kein Produkt existiert. Das macht sie in einigen Fällen alternativlos.

Zeichnungen eignen sich außerdem dazu, Dinge zu visualisieren, die man sonst gar nicht sehen kann. So lässt sich z. B. das Innenleben eines Getriebes zeichnerisch recht einfach darstellen. Für ein Foto müsste man dieses schon durchsägen.

Zeichnungen erstellen Das Erstellen von Strichzeichnungen ist meiner Meinung nach noch anspruchsvoller als die Nachbearbeitung von Fotos. Auch hier gibt es wieder einen eigenen Ausbildungsberuf, den Technischen Illustrator. Da dieser in den meisten Redaktionen nicht vorhanden ist, muss auch hier wieder das Universalgenie Technischer Redakteur ran.

Wir haben nur einen Vorteil: in der Regel existieren von den zu beschreibenden Produkten schon irgendwelche Zeichnungen aus der Konstruktion, die wir für die Anleitung verwenden können. Diese müssen oft nur noch aufbereitet und angepasst werden, was die Sache erheblich vereinfacht. Im Folgenden werden die verschiedenen Arten von Strichzeichnungen und die Möglichkeiten, sie zu erstellen, kurz erläutert.

2-D-Konstruktionszeichnung In vielen Konstruktionsabteilungen wird noch in 2-D gezeichnet. Das gilt insbesondere für den Anlagenbau, wo Layouts und weitere Pläne zu raumgreifenden Anlagen erstellt werden.

Es spricht nichts dagegen, solche Zeichnungen oder Teile daraus in der Anleitung zu verwenden. Es muss allerdings zur Zielgruppe passen. Dementsprechend funktionieren 2-D-Zeichnungen nur bei technisch vorgebildeten Nutzern, die es gewohnt sind, die abstrakte Darstellung der Konstruktionszeichnung zu verstehen. Endverbraucher oder Nutzerkreise, die eine solche Vorbildung nicht haben (z. B. medizinisches Fachpersonal), haben unter Umständen Schwierigkeiten, die Zeichnungen zu verstehen.

Wenn Konstruktionszeichnungen verwendet werden, sollten diese für die Anleitung aufbereitet werden. Das bedeutet:

- unnütze Informationen wie Maße und Angaben für die Fertigung entfernen
- überflüssige Linien wie Mittellinien und verdeckte Kanten, so weit es geht, ebenfalls entfernen
- Linienstärken ggf. anpassen, z. B. Umrisse dicker machen
- wenn erforderlich, Flächen einfärben

Die Aufbereitung der Konstruktionszeichnungen für die Technische Dokumentation sollte idealerweise nicht in einer CAD-Software erfolgen, da diese Systeme in der Regel viel zu umständlich in der Bedienung sind. In der Dokumentation kommt es ja nicht auf die Genauigkeit und Maßstäblichkeit an, die solche Systeme mit sich bringen. Besser geeignet ist da eine handelsübliche Grafiksoftware, in die die CAD-Daten importiert werden.

3-D-Konstruktionszeichnung 3-D-Daten bieten für die technische Dokumentation eine schier unendliche Vielfalt an Möglichkeiten. Dabei ist es natürlich besonders vorteilhaft, wenn der Technische Redakteur einen vollwertigen CAD-Arbeitsplatz besitzt. Das ist aber sehr teuer. Außerdem sind diese Systeme so komplex in der Bedienung (schon wieder ein eigenes Berufsbild: Technischer Zeichner), dass ein gewöhnlicher Technischer Redakteur damit wohl kaum effektiv arbeiten kann. Stattdessen kann man auch wunderbar mit den Viewern der Systemhersteller arbeiten. Mit denen kann man die Produkte meist drehen, zoomen, Ausschnitte nehmen, Teile ausblenden und Schnitte setzen – ein Paradies für jeden Technischen Redakteur. Die aus den Viewern erstellten Pixelbilder müssen allerdings in einer Grafiksoftware noch mit Positionsnummern etc. versehen werden.

Einige Tools erlauben auch das Umwandeln der 3-D-Daten in Strichzeichnungen. Die Abb. 8.35 und 8.36 zeigen den Unterschied zwischen Strichzeichnung und fotorealistischer Ausgabe.

Mittlerweile gibt es aber auch schon Systeme, die speziell für die Technische Redaktion entwickelt wurden, mit denen sich 3-D-Daten vollständig weiterbearbeiten lassen. Diesen Systemen gehört meiner Meinung nach die Zukunft.

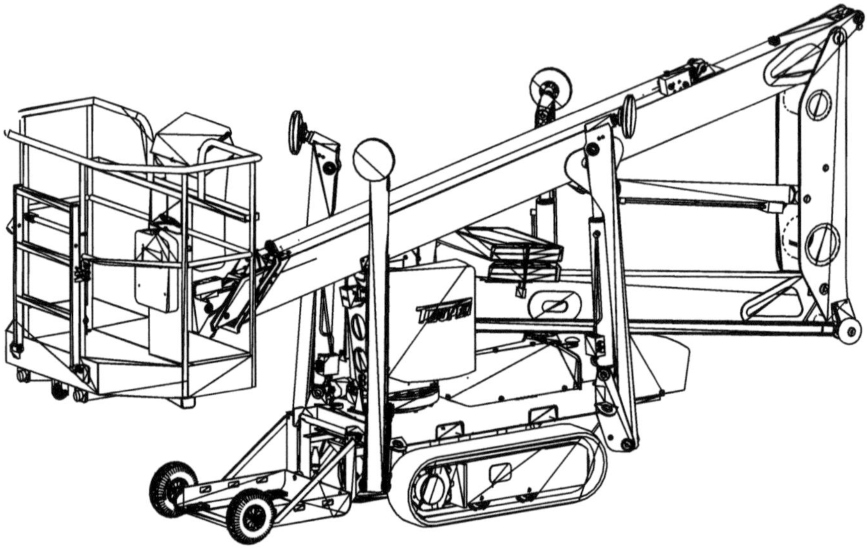

Abb. 8.35 Beispiel für eine Strichzeichnung aus 3-D-Konstruktionsdaten. (Quelle: Teupen)

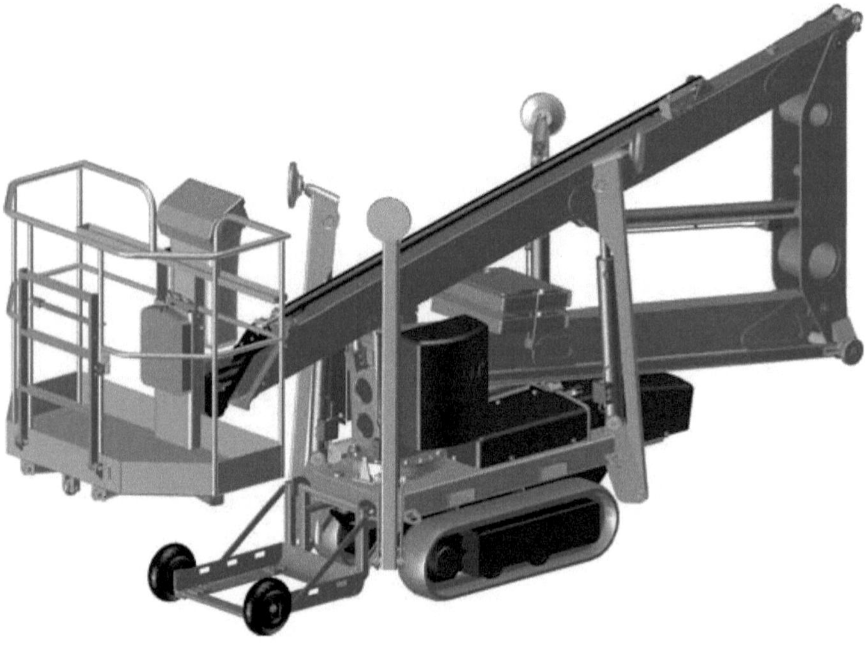

Abb. 8.36 Die gleiche Abbildung als fotorealistische Darstellung. (Quelle: Teupen)

Bei gut gewählten Ansichten von 3-D-Zeichnungen ist die Abbildung ähnlich wirklichkeitsgetreu wie bei einem Foto. Dann gilt das oben Gesagte zum Thema Abstraktionsvermögen der Zielgruppe nicht mehr. Solche fotorealistischen Darstellungen werden üblicherweise auch von Anwendern verstanden, die keinen technischen Hintergrund haben.

Einen Nachteil gibt es bei den 3-D-Daten aber doch. Meist wird nicht wirklich alles in 3-D gezeichnet. Es fehlen meist Rohre und Kabel, auch Aufkleber, Tasterbezeichnungen und Stecker fehlen in der Regel. Es ist für die Konstruktion schlichtweg zu aufwändig, diese Details mitzuzeichnen. Sie sind für manche Kapitel in der Anleitung aber von entscheidender Bedeutung. Hier hilft dann nur Nachzeichnen oder das Ausweichen auf andere Bildtypen.

Perspektivzeichnung Die Perspektivzeichnung ist eine 2-D-Zeichnung mit perspektivischer Darstellung, die von einem Menschen (Technischer Illustrator oder talentierter Technischer Redakteur) angefertigt wird. Die Perspektivzeichnung wird oft aus einem Foto angefertigt. Dieses legt sich der Technische Illustrator in den Hintergrund und paust quasi die relevanten Kanten als Linien durch.

Alternativ können Strichzeichnungen auch aus 3-D-Konstruktionszeichnungen abgeleitet werden. Diese werden erst in die gewünschte Perspektive gedreht und dann in 2-D umgewandelt.

Der Unterschied zur direkten Ableitung einer Strichzeichnung aus den 3-D-Daten liegt darin, dass die Perspektivzeichnung von einem Menschen erstellt wird. Das schafft erheblich mehr Flexibilität als bei einem Foto oder der direkten Ableitung aus 3-D. Der Technische Illustrator kann so Dinge darstellen, die auf dem Foto oder in den 3-D-Daten gar nicht existieren. Andersherum kann er nicht relevante Inhalte weglassen oder vereinfachen.

Ein guter Technischer Illustrator ist auch in der Lage, eine Perspektivzeichnung nur auf der Basis von 2-D-Konstruktionszeichnungen oder einer Skizze zu erstellen. Er kann außerdem wichtige Teile des Bildes durch Einfärbung oder Vergrößerung hervorheben, Schnitte und Lupen setzen, Hände und Bewegungspfeile einzeichnen etc. (Abb. 8.37).

Demnach ist die gut gemachte Perspektivzeichnung die qualitativ hochwertigste Art der Visualisierung. Sie kann so gestaltet werden, dass sie auch von Nutzern mit geringem Abstraktionsvermögen verstanden werden kann. Mit Perspektivzeichnungen ist es auch am einfachsten möglich, textarme oder textlose Anleitungen zu erstellen.

Explosionszeichnung Explosionszeichnungen (Abb. 8.38) sind spezielle Ausprägungen der Perspektivzeichnung, die meist für den Ersatzteilkatalog verwendet werden, aber auch in der Anleitung Anwendung finden können. Explosionszeichnungen können wie Perspektivzeichnungen vom Technischen Illustrator erstellt werden. Mittlerweile bieten aber auch viele 3-D-CAD-Systeme Funktionen, mit denen Explosionszeichnungen automatisch abgeleitet werden können.

In der Anleitung können diese Zeichnungen z. B. für Reparaturanleitungen eingesetzt werden. Wichtig ist aber, dass diese Art der Darstellung von Laien in der Regel nicht verstanden wird. Ausnahme bilden Montageanleitungen für Verbrau-

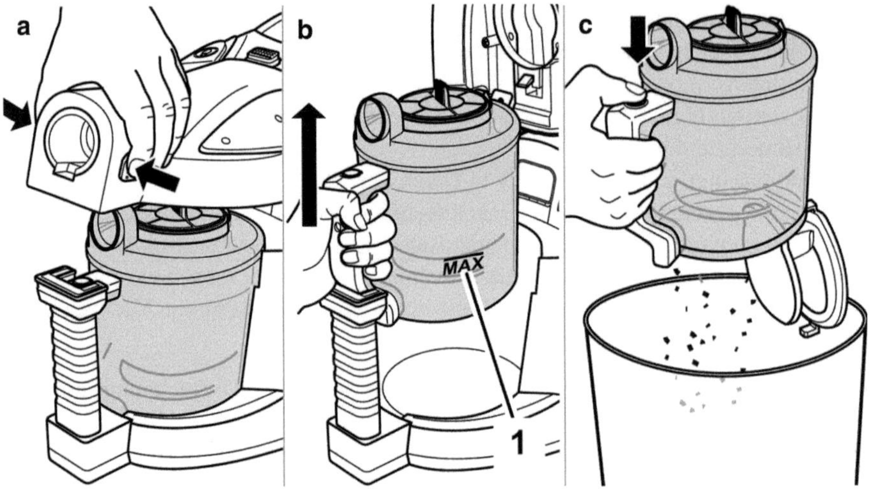

Abb. 8.37 Beispiel für eine vom Technischen Illustrator erstellte Perspektivzeichnung. (Quelle: Royal)

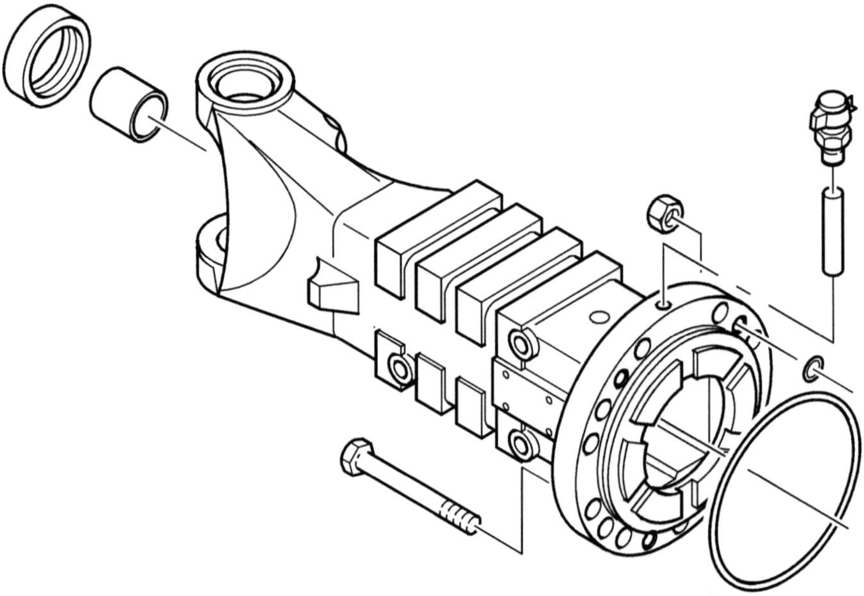

Abb. 8.38 Beispiel für eine Explosionszeichnung

cherprodukte, bei denen nicht eine ganze Baugruppe als Explosion dargestellt wird, sondern nur das eine Bauteil, das in dem Handlungsschritt montiert wird. Auf diese Weise sind die typischen IKEA-Anleitungen aufgebaut, die mittlerweile erheblich besser sind als ihr Ruf.

8.4.3 Screenshots

Screenshots werden für Softwareanleitungen verständlicherweise recht häufig eingesetzt. Wahrscheinlich weil sie so einfach hergestellt werden können, werden Sie in der Praxis leider oft inflationär verwendet. Zu viele Screenshots schaden aber in der Regel mehr als sie helfen. Insbesondere vollflächig eingesetzte Screenshots ganzer Bildschirme zerstören in der Regel jeden Lesefluss, wie Abb. 8.39 zeigt.

Würde eine komplexere Handlungsanweisung in einem Softwarehandbuch wie oben gezeigt mit Screenshots zu jedem Handlungsschritt versehen werden, müsste der Nutzer alle 2 Klicks weiterblättern. Das kann nicht sinnvoll sein.

Was viele beim Erstellen von Softwareanleitungen nicht bedenken, ist die Tatsache, dass der Nutzer den Bildschirm ja vor der Nase hat und daher die Abbildung in der Anleitung ohnehin sieht. Was er braucht, sind lediglich Ankerpunkte, die ihm aufzeigen, dass er auf dem richtigen Weg ist. Das können Abbildungen von Schaltflächen oder kleinere Ausschnitte der Software-Oberfläche, wie in Abb. 8.40, sein. Auf ganzseitige Screenshots kann man also getrost verzichten. Das macht auch die

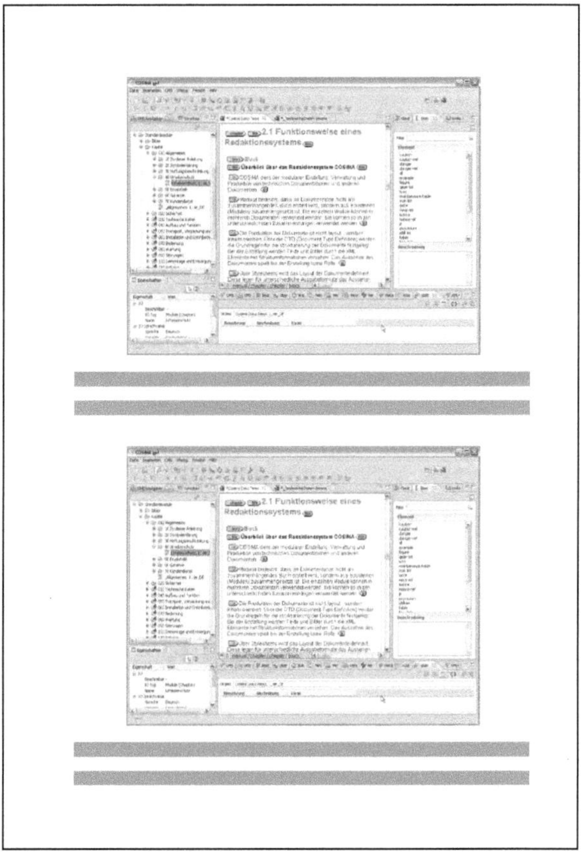

Abb. 8.39 Großflächige Screenshots lassen dem Text zu wenig Raum und zerstören den Lesefluss

Abb. 8.40 Beispiel für das dezente Einsetzen von Screenshot-Ausschnitten. (Quelle: DOCUFY)

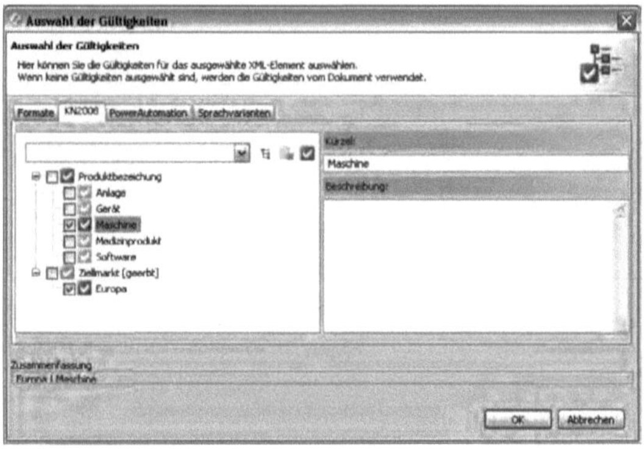

Abb. 91: Dialog "Auswahl der Gültigkeiten"

4. Bei Bedarf können Sie für die Darstellung der Gültigkeiten-Hierarchie Filter setzen.

Nutzen Sie dazu die folgenden Schaltflächen:

- aktiviert die automatische Filterung. Damit startet die Filterung, noch während Sie tippen.
- löscht die Filterung. Der Suchbegriff wird gelöscht, die volle Gültigkeiten-Hierarchie wird angezeigt.
- zeigt nur die Elemente der Gültigkeiten-Hierarchie an, bei denen der Haken gesetzt ist.

Pflege der Software-Anleitung leichter, weil bei einer Weiterentwicklung nicht auf allen Seiten die Screenshots ausgetauscht werden müssen.

Wegen der Übersetzung ist es übrigens ungünstig, Screenshots mit Positionsnummern, Pfeilen etc. zu versehen. Schließlich müssen die Screenshots in den Fremdsprachen immer ausgetauscht werden, was leichter geht, wenn sie ohne Schnickschnack eingebettet sind.

8.4.4 *Symbole und Piktogramme*

Symbole und Piktogramme lockern die Anleitung optisch auf. Sie sollten aber möglichst dezent verwendet werden. Zu viele davon erzeugen einen für den Nutzer undurchdringlichen Schilderwald.

Grundsätzlich sollten Piktogramme nie Selbstzweck sein, sondern einen Nutzen für den Anwender mit sich bringen. Hier gibt es eigentlich nur zwei sinnvolle Anwendungen:

- Kennzeichnung von bestimmten Textarten, wie Sicherheitshinweise, Tipps und Tricks, Querverweise, Handlungsschritte etc.
- inhaltliche Unterstützung des Textes, wie eine Abbildung

Im Folgenden werden wir beide Varianten näher betrachten.

Kennzeichnung von bestimmten Textarten Solche Symbole müssen beim Aufbau des Layouts einmal definiert und dann auf immer gleiche Weise angewendet werden. Nur dadurch ergibt sich der Wiedererkennungseffekt, der dem Nutzer die Aufnahme der Informationen dadurch erleichtert, dass er die Informationsart dem Piktogramm zuordnen kann. Wie schon erwähnt sollte diese Form der Textauszeichnung äußerst dezent eingesetzt werden. Der normale Nutzer einer Anleitung wird sich sicher nicht mehr als 10 verschiedene Symbole für unterschiedliche Informationsarten merken können.

Wichtig ist auch, dass die verwendeten Symbole zu Beginn der Anleitung, wie z. B. in Abb. 8.41, erläutert werden, denn die Bedeutung solcher Symbole erschließt sich nicht allen Nutzern gleichermaßen automatisch.

Folgende Informationsarten eignen sich besonders gut für die Auszeichnung mit Symbolen:

- Sicherheitshinweise (müssen ja hervorgehoben werden), siehe *Kap. 7.3 „Sicherheitshinweise* gestalten“
- Tipps, Zusatzinformationen
- Handlungsschritte
- Arbeitsergebnisse
- Querverweise
- etc.

Inhaltliche Unterstützung des Textes Solche Piktogramme können wie Bilder eingesetzt werden (Abb. 8.42). Auch hier sollte die Anzahl begrenzt sein. Einsatzbereiche für solche Piktogramme sind:

- Persönliche Schutzausrüstung
- Taster, Schaltflächen

Weiterhin kann es vorkommen, dass Piktogramme, die sich in Form von Warnaufklebern auf dem Produkt oder der Verpackung befinden, in der Anleitung erläutert werden. Diese sollten natürlich in der Anleitung auch entsprechend dargestellt werden.

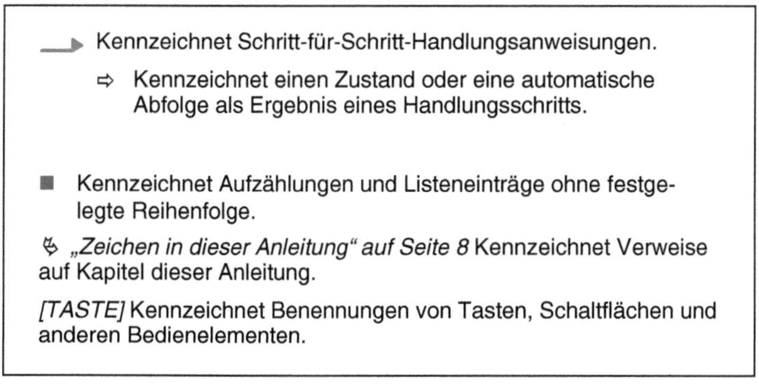

Abb. 8.41 Beispiel für die Erläuterung von Symbolen zu Beginn der Anleitung

Schutzhelm
Der Schutzhelm dient zum Schutz vor herabfallenden und umherfliegenden Teilen und Materialien.

Sicherheitsschuhe
Sicherheitsschuhe dienen zum Schutz vor schweren herabfallenden Teilen und Ausrutschen auf rutschigem Untergrund.

Abb. 8.42 Beispiel für den Einsatz von Piktogrammen bei der Beschreibung der persönlichen Schutzausrüstung

8.5 Grafische Auszeichnungen

Den vollen Informationsumfang erhalten Abbildungen erst, wenn sie mit den entsprechenden Auszeichnungen, wie Positionsnummern und Bewegungspfeile, versehen sind.

Problem der Skalierung Wird ein Bild mit Auszeichnungen versehen, sollte es anschließend nicht mehr skaliert werden. Bei der nachträglichen Skalierung in der Textverarbeitung würden die Auszeichnungen nämlich mit verkleinert werden. Das hätte zur Folge, dass die Positionsnummern in den Abbildungen unterschiedlich groß dargestellt werden und die Strichstärken schwanken. Das ist nicht wirklich schlimm, sieht aber unschön aus und lässt die Anleitung schnell unprofessionell oder handgestrickt wirken. Deshalb sollte die Bildgröße beim Erstellen des Bildes im Grafikprogramm festgelegt und nachher nicht weiter verändert werden.

Vorlage anlegen Damit die Auszeichnungen immer einheitlich verwendet werden, sollte es eine Grafikvorlage (Abb. 8.43) für alle geben, die Bilder für Anleitungen erstellen. Die Vorlage sollte die verschiedenen Arten von Positionsnummern und alle anderen standardmäßig vorgesehenen Auszeichnungselemente beinhalten. Außerdem ist es sinnvoll, gleich Rahmen für die verschiedenen Grafikformate in der Vorlage anzulegen. Diese könnten sich z. B. auch auf einem Layer befinden, der bei der Ausgabe nicht berücksichtigt wird.

Erstellt jemand ein neues Bild, kopiert er zunächst die Vorlage, erstellt dann sein Bild und entfernt anschließend die nicht benötigten Elemente.

Positionsnummern richtig setzen Für das Setzen der Positionsnummern (Abb. 8.44) gibt es verschiedene Ansätze. Manche bestehen darauf, dass die Nummern im Bild von links nach rechts im Kreis durchnummeriert werden, andere ziehen die Nummern heraus und platzieren sie außerhalb des eigentlichen Bildes, wieder andere machen es eher nach dem Chaosprinzip.

Wie Sie es machen, ist eigentlich egal, wenn Sie folgende Regeln beachten:

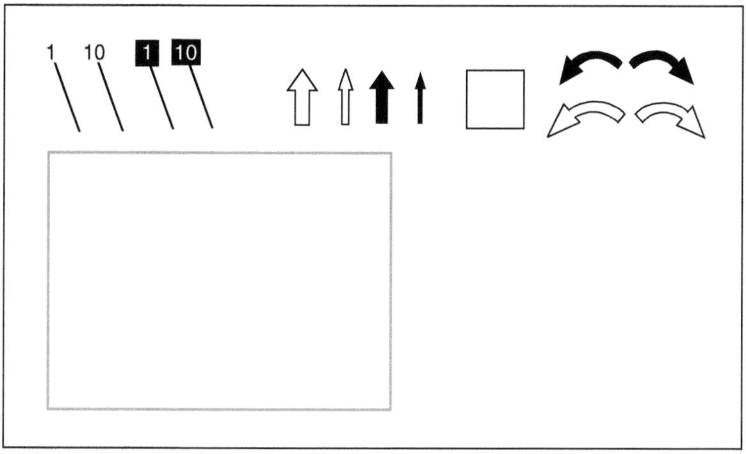

Abb. 8.43 Beispiel für eine Grafikvorlage mit Auszeichnungen

Abb. 8.44 Beispiel für ein Foto mit Positionsnummern. (Quelle: Schneider)

- Positionsnummern sollten durchgängig gleich gestaltet sein.
- Die Ziffer kann zusätzlich mit einem Rahmen (Rechteck, Kreis etc.) versehen werden. In jedem Fall muss eine einfarbige Fläche hinterlegt werden, wenn die Positionsnummer sich auf einem Foto befindet oder wenn sie Linien der Strichzeichnung kreuzt.
- Die Positionslinie sollte sich gut von dem Bild abheben. Einfarbige Linien sind oft ungünstig, insbesondere dann, wenn sie die Linien der Strichzeichnung kreuzen. Das beste Ergebnis bekommen Sie, wenn Sie eine dickere weiße Linie unter

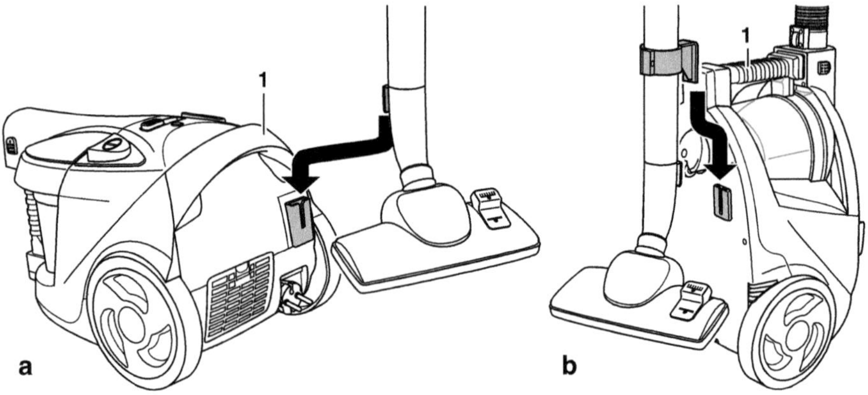

Abb. 8.45 Beispiel für den sinnvollen Einsatz eines Bewegungspfeils. (Quelle: Royal)

eine dünnere schwarze Linie legen. Die schwarze Linie hat dann eine weiße Umrandung.

- Die Positionsnummer sollte möglichst nah an dem Objekt stehen, auf das die Positionslinie zeigt. Positionslinien dürfen sich nie kreuzen.
- Waagerechte und senkrechte Positionslinien sind ungünstig. Besser die Positionsnummer so setzen, dass sich eine schräge Positionslinie ergibt. Diese hebt sich besser von den übrigen (meist senkrecht und waagerecht) verlaufenden Gestaltungselementen auf der Seite ab.
- Zu viele Positionsnummern in einer Abbildung sind ungünstig. Setzen Sie eine Positionsnummer nur, wenn im Text auch darauf Bezug genommen wird.

Weitere Auszeichnungen Zusätzlich zu den Positionsnummern können Abbildungen mit Hervorhebungen, Bewegungspfeilen (Abb. 8.45) oder anderen grafischen Elementen angereichert werden. Diese Elemente dienen dazu, zusätzliche Informationen, wie z. B. eine Drehrichtung oder die Kenntlichmachung eines bestimmten Bauteils, in das Bild aufzunehmen. Solche Elemente sollten niemals als Schmuck oder aus Designgründen eingesetzt werden. Dadurch würden sie ihren Nutzen verlieren.

Auch hier gilt, dass ein sparsamer Einsatz dieser Elemente besser ist als eine inflationäre Verwendung.

Für die standardmäßig verwendeten Auszeichnungselemente sollten Sie sich Vorlagen anlegen. Denn auch diese Elemente sollten in der Anleitung möglichst einheitlich verwendet werden.

8.6 Textlose Anleitungen

Textlose Anleitungen (Abb. 8.46) sind eine Spezialdisziplin beim Einsatz von Grafiken in der Technischen Dokumentation. Hier geht es nicht nur darum, den Text durch die Grafiken zu ergänzen, sondern den Text komplett zu ersetzen. Das zu

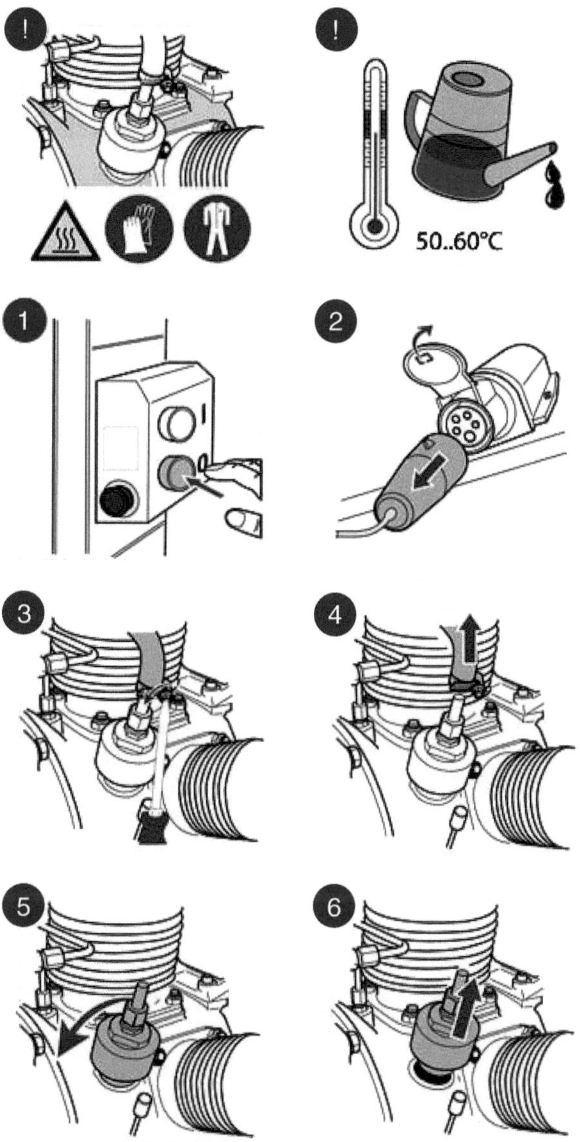

Abb. 8.46 Beispiel für eine textlose Anleitung

erreichen, erfordert eine Menge Fingerspitzengefühl und viel Erfahrung. Hier besteht die immense Gefahr, dass man selbst, als derjenige, der die textlose Anleitung erstellt hat, alles wunderbar einleuchtend findet, der Nutzer aber überhaupt nicht versteht, was gemeint ist. Leider reicht oft schon eine einzige unverständliche Stelle aus, um den Nutzer abzuhängen, was dazu führt, dass er die Handlung nicht komplett ausführen kann.

Es sind verschiedene Faktoren, die dazu führen können, dass die bildliche Darstellung nicht verstanden wird. Hier ein paar Beispiele:

- Zu hohe Abstraktion in den Grafiken
  Der Nutzer kann das Dargestellte nicht mit der Wirklichkeit übereinbringen.
- Ort der Handlung ist nicht klar.
  Der Nutzer sieht zwar, was zu tun ist, weiß aber nicht, wo am Produkt er das Gezeigte wiederfindet.
- Abstraktes wird nicht verstanden.
  Abstrakte Informationen, wie z. B. Sicherheitshinweise, müssen in der textlosen Anleitung über Symbole oder andere Grafikelemente mitgeteilt werden. Wenn der Nutzer diese falsch interpretiert, kann das zu fehlerhaften Handlungen bis hin zu Unfällen führen.
- Kultureller Hintergrund wird nicht beachtet.
  Gerade bei der bildlichen Darstellung abstrakter Sachverhalte spielt der individuelle Erfahrungsschatz eine sehr große Rolle. Ist dieser unterschiedlich, kann das dazu führen, dass Sachverhalte vollkommen anders interpretiert werden als beabsichtigt.

Deshalb ist es bei textlosen Anleitungen zwingend erforderlich, dass ein Usability Test durch die Zielgruppe stattfindet. Das kann durchaus dazu führen, dass man für unterschiedliche Länder oder Zielgruppen unterschiedliche Ausführungen herstellen muss.

Im Folgenden einige Punkte, die Sie beim Erstellen von textlosen Anleitungen unbedingt beachten sollten:

Zuerst ein Textmanuskript erstellen Bevor Sie anfangen, die Grafiken für eine textlose Anleitung zu erstellen, sollten Sie die komplette Anleitung als Textmanuskript vorbereiten. Dieses sollte die üblichen Korrekturschleifen durchlaufen, damit sichergestellt ist, dass die Anleitung fachlich zunächst einmal korrekt ist. So verhindern Sie umfangreichere Änderungen an der textlosen Anleitung, denn die Grafikerstellung und -änderung ist erheblich aufwändiger als das Erstellen von Texten.

Kleinschrittig vorgehen Achten Sie bei der Manuskripterstellung darauf, dass es wirklich für jeden Teilschritt ein eigenes Bild gibt. Die Nutzer werden es in der Regel nicht verstehen, wenn Sie versuchen, mehrere Schritte, die nacheinander ablaufen sollen, in einem Bild darzustellen.

Symbolsprache entwickeln Um abstrakte Zusammenhänge zu vermitteln, können Sie eigene Symbole erfinden oder auf normierte Symbole (z. B. für Warnhinweise oder die persönliche Schutzausrüstung) zurückgreifen. Diese sollten in immer gleicher Art und Weise in den Abbildungen verwendet werden.

Perspektive möglichst beibehalten Wenn Sie Handlungsfolgen darstellen, achten Sie unbedingt darauf, die Perspektive nicht unnötig zu wechseln. Der Perspektivwechsel alleine kann schon dazu führen, dass Sie den Nutzer abhängen.

Wenn es gar nicht anders geht: Text verwenden Falls die Gefahr besteht, dass die von Ihnen verwendeten Symbole nicht verstanden werden, sollten Sie eine kleine Legende voranstellen, in der die Bedeutung der Symbole mit kurzen Texten erläutert wird.

Wenn Sie feststellen, dass Handlungsschritte nicht verstanden werden, ist es auch nicht ehrenrührig, hier ebenfalls kurze Texte zur Erläuterung einzufügen. Es kann auch sein, dass sich im Usability Test herausstellt, dass man das ganze Vorhaben in Frage stellen muss. Dann sollten Sie den Mut besitzen, von der textlosen zu einer textarmen Anleitung umzuschwenken, auch wenn der Vorteil der Sprachneutralität dann vollends verloren geht. Das ist allemal besser als eine Anleitung, die keiner versteht.

Kapitel 9
Anleitungen modular erstellen

Die Anforderungen an die Technische Dokumentation steigen stetig an. Als letztes Glied in der Kette ist die Dokumentation gezwungen, die Trends in der Produktentwicklung mitzumachen:

- kürzere Entwicklungszyklen
- kürzere Lieferzeiten
- Variantenkonstruktion
- individuelle Produkte, die mit Produktkonfiguratoren zusammengestellt werden
- standortübergreifende, verteilte Entwicklung
- Wiederverwendung von Baugruppen, Plattformkonzepte
- Globalisierung und Lieferung an Kunden in der ganzen Welt

Das bedeutet für die Technische Dokumentation:

> Mehr Anleitungen in mehr Sprachen in kürzerer Zeit mit mehr Änderungszyklen.

Eine Anforderung, der man alleine mit der Aufstockung des Personals kaum noch begegnen kann.

Die Lösung heißt: Modularisierung der Anleitung und Automatisierung von Redaktionsprozessen. Wie das genau geht und was Sie dabei beachten sollten, erfahren Sie in diesem Kapitel.

9.1 Grundlagen der Modularisierung

9.1.1 Was ist Modularisierung?

Modularisierung in der Technischen Dokumentation bedeutet das Zerteilen der Anleitungen in kleine wiederverwendbare Häppchen, die Module. Diese können dann nicht nur in einer, sondern in vielen Anleitungen eingesetzt werden.

Dieses Prinzip findet sich analog auch in der Konstruktion. Auch moderne CAD-Systeme erlauben das Erstellen von Teilen oder Baugruppen und deren Wiederver-

DOI 10.1007/978-3-642-14668-8_9, © Springer-Verlag Berlin Heidelberg 2011

wendung in mehreren Konstruktionsprojekten. Die zunächst naheliegende Idee, die Modularisierung von Konstruktion und Anleitung gleichzuschalten, also durch Anfügen von Texten an die Bauteile oder Baugruppen, funktioniert in der Praxis jedoch nicht. Die Gliederung der Anleitung richtet sich ja nach rechtlichen und normativen Aspekten bzw. an den Lebensphasen aus und eben nicht an der Produktstruktur. Das Vorhandensein einer Baugruppe erfordert in der Regel Texte in unterschiedlichsten Kapiteln der Anleitung, z. B. Beschreibung, Bedienung, Wartung etc.

Wir kommen also nicht umhin, die Modularisierung in der Anleitung auf eine andere Art vorzunehmen als in der Konstruktion. Wir werden später jedoch sehen, dass es durchaus Gemeinsamkeiten gibt bzw. dass die Strukturen zur Automatisierung von Abläufen auch ineinandergreifen können.

9.1.2 Anwendungsbereiche

Bereiche der Technik Modularisierung ist in fast allen Bereichen der Dokumentation sinnvoll. Denn es gibt in den allermeisten Fällen bestimmte Inhalte in den Anleitungen, die sich wiederholen. Selbst in Bereichen der Technik, wo ausschließlich Prototypen oder individuelle Konstruktionen zu dokumentieren sind, gibt es Inhalte, die innerhalb von Anleitungen wiederverwendet werden können. Das sind häufig Inhalte in den Kapiteln „Allgemeines" und „Sicherheit". Es können aber auch Handlungsabläufe sein oder Beschreibungen bestimmter Technologien. Natürlich ist der Nutzen der Modularisierung dann besonders hoch, wenn ich besonders viele Module wiederverwenden kann, z. B. in der Variantenkonstruktion. Die Rationalisierungsmaßnahmen in der Konstruktion können durch die Modularisierung auch auf die Dokumentation übertragen werden.

Umfang Grundsätzlich ist der Nutzen der Modularisierung dann besonders hoch, wenn umfangreiche Anleitungen zu verwalten sind. Denn dann lassen sich viele Module bilden, die wiederverwendet werden können. Bei kleinen Anleitungen, z. B. 4 Seiten für einen einfachen Staubsauger, hat man gar nicht die Chance, viele Module zu bilden, weil die ganze Anleitung schon entsprechend klein ist. Dann lohnt Modularisierung in der Regel nicht.

Art der Dokumente Wie schon festgestellt, sind es gerade die Anleitungen, bei denen Modularisierung nutzbringend ist. Es lassen sich aber auch andere Dokumente modularisieren, die im betrieblichen Alltag vorkommen. So gibt es einige Firmen, die ihre Angebote oder Lastenhefte modular aufgebaut haben. Entscheidend ist, dass sich die Dokumente zumindest teilweise aus wiederverwendbaren Bausteinen zusammensetzen lassen. Dementsprechend eignen sich z. B. technische Berichte und Briefe etc. in der Regel nicht für die Modularisierung.

Mehrfachverwendung über verschiedene Medien Modularisierung kann auch über verschiedenen Medienarten funktionieren. So könnte z. B. die technische Beschreibung eines Produktes als Modul sowohl in der Anleitung als auch im Angebot oder in einer technischen Vertriebsinformation wiederverwendet werden.

Gleiches gilt auch für technische Daten, die ggf. in der Produktbeschreibung auf der Webseite genauso auftauchen wie in der Anleitung.

Natürlich ist auch die Ausgabe eines Dokumentes in verschiedenen Medien z. B. als Handbuch und als Online-Hilfe möglich. Die Modularisierung kann in solchen Fällen dabei helfen, dass bestimmte Inhalte je nach Medium unterschiedlich sind. So könnte die Online-Hilfe zusätzliche Inhalte umfassen, die aus Platzgründen nicht im gedruckten Handbuch erscheinen.

9.1.3 Chancen und Risiken

Mit der Modularisierung eröffnen sich ganz neue Möglichkeiten in der Technischen Redaktion. Diese haben gute und schlechte Seiten, die wir im Folgenden näher beleuchten.

Chancen Durch die Aufteilung der Anleitung in Module und die anschließende Wiederverwendung können Sie Zeit sparen. Das macht sich insbesondere bei Änderungen und Pflege der Anleitungen bemerkbar. Außerdem können Sie leichter mit einer vorgefertigten Struktur aus bestehenden Modulen starten, wenn Sie eine neue Anleitung erstellen möchten.

Modularisierung kann auch helfen, Anleitungen in kürzerer Zeit zur Verfügung zu stellen. Insbesondere dann, wenn mehrere Personen an einer Anleitung parallel arbeiten sollen, geht das in einer modularen Umgebung viel besser. Jeder kann seine Module unabhängig vom anderen erstellen. Der sonst nötige Aufwand zur Angleichung der verschiedenen Stände kann komplett entfallen.

Ein großer Vorteil der Modularisierung liegt auch in der Wiederverwendung der Module in den Fremdsprachen. Einmal übersetzte Module können im fremdsprachlichen Dokument 1:1 übernommen werden. Hierdurch lässt sich die Textmenge, die der Übersetzer bekommt, deutlich reduzieren, was in der Regel auch mit einer Reduzierung der Übersetzungskosten einhergeht. Denn die meisten Übersetzer lassen sich auch für 100-%-Treffer im Translation Memory bezahlen, und von denen gibt es durch die Modularisierung einfach weniger.

Auch in der Qualitätssicherung kann die Modularisierung Vorteile bringen. Die Qualitätssicherung kann zumindest zu einem gewissen Teil auf Modulebene stattfinden. Ein einmal geprüftes und freigegebenes Modul kann so sicher wiederverwendet werden und muss den QS-Prozess nicht jedes Mal erneut durchlaufen. Hierdurch ist es auch besser möglich, einheitliche Formulierungen und eine firmenspezifische Terminologie durchzusetzen.

Weiterhin wird es durch Modularisierung bei einer Variantenkonstruktion oft erst möglich, das hochgesteckte Ziel zu erreichen: die individuelle Anleitung, die genau den Lieferumfang widerspiegelt. Gleiches gilt für Szenarien mit zielmarkt- oder zielgruppenabhängigen Inhalten, z. B. extra Sicherheitshinweise für den US-Markt oder die Betriebsanleitung für den einfachen Bediener, die aus der umfangreicheren Anleitung für den Supervisor extrahiert wird.

Weitere Zeit- und damit Kosteneinsparungen lassen sich zudem erreichen, wenn man durch Einsatz bestimmter Redaktionssysteme neben der Modularisierung zusätzliche Möglichkeiten der Automatisierung schafft. Dies könnten z. B. sein:

- automatisch generiertes Layout in diversen Ausgabeformaten
- automatische Erstellung von Verzeichnissen, z. B. Liste der Sonderwerkzeuge oder Personalanforderungen
- automatische Zusammenstellung von Lieferantendokumentation im Anhang

Risiken Natürlich gibt es auch eine Kehrseite der Medaille. Die Arbeit in modularen Redaktionsumgebungen verlangt in der Regel mehr vom Technischen Redakteur. Denn er muss nun bei Änderungen immer auch darüber nachdenken, wie sich diese auf die anderen Dokumente auswirken, in denen das geänderte Modul verwendet wird. Außerdem muss der Redakteur darauf achten, dass die modularen Strukturen, die er aufbaut, übersichtlich und handhabbar bleiben. Er muss Regeln hinsichtlich der Modularisierungstiefe festlegen und einhalten sowie eine sinnvolle Verschlagwortung der Module sicherstellen. Bei Lösungen, die sich an einer Variantenkonstruktion oder einem Baukastensystem orientieren, muss er intensiver mit der Technik zusammenarbeiten, um schon vorab die verschiedenen Kombinationsmöglichkeiten in seiner Modularisierung abzubilden.

Man wird als Redakteur also mehr Informationsmanager als einfacher Schreiberling und muss im Team viel klarere Regelungen treffen, an die sich alle halten müssen. Dadurch wird die Kreativität des Einzelnen zugunsten eines besseren Gesamtergebnisses ein wenig eingeschränkt.

Diese Risiken muss man ernst nehmen und ihnen mit einer fundierten Ausbildung in der Redaktion begegnen. Außerdem muss klar sein, dass die Redaktion nicht mehr das Ende der Nahrungskette sein kann, sondern sie muss in die Entwicklungsprozesse eingebunden werden, was bedeutet, dass mit der Modularisierung zwingend die Abläufe in der Dokumentationserstellung überdacht werden müssen. Hierbei müssen auch die anderen Abteilungen (Einkauf, Konstruktion, Vertrieb etc.) eingebunden werden, die vielleicht nur am Rande mit der Erstellung der Anleitung zu tun haben.

Neben den Prozessen müssen auch konkretere Vorgaben für die Inhalte der Anleitung und die Modularisierung existieren. Hierzu ist ein guter Redaktionsleitfaden absolut empfehlenswert.

In vielen Fällen ist es sinnvoll, für den Aufbau einer modularisierten Dokumentation einen Berater hinzuzuziehen, der bereits Erfahrungen auf diesem Gebiet aufweist. So vermeidet man, in Fallen zu laufen, in die andere bereits getappt sind.

9.1.4 Redaktionssysteme

Wer Modularisierung richtig betreiben möchte, wird schnell feststellen, dass die Funktionen, die die üblichen DTP-Systeme (Word, FrameMaker, InDesign etc.)

bieten, nicht ausreichen, um den Überblick zu behalten. Redaktionssysteme schließen diese Lücke.

Kern des Ganzen ist eine Datenbank, in der die Module verwaltet werden. Zu den Modulen werden Zusatzinformationen gespeichert, die so genannten Metadaten. Je nach System gibt es eine Reihe von Zusatzfunktionen, die das Arbeiten in einer modularisierten Umgebung erleichtern.

Die meisten Redaktionssysteme bieten die folgenden Funktionen:

- Inhalte erfassen und bearbeiten
- Module wiederverwenden
- Module verwalten
- Module auffinden, auflisten
- Module anzeigen
- Inhalte mit Verweisen verknüpfen
- Inhalte freigeben und versionieren
- Inhalte übersetzen und lokalisieren
- Dokumente in verschiedenen Formaten ausgeben

Je nach Anbieter kommen noch Sonderfunktionen hinzu, die den Arbeitsalltag in der Technischen Dokumentation erleichtern. Dies können z. B. sein:

- Medienobjekte (Grafiken, Videos etc.) einbinden
- Inhaltsvarianten verwalten
- Inhalte offline (ohne Anbindung an die Datenbank) editieren
- Externe Dokumente einbinden
- Projekte planen, steuern und kontrollieren
- Daten mit Drittsystemen austauschen
- Unterstützung von Lektorat und Qualitätssicherung

Insgesamt lässt sich feststellen, dass wir in Deutschland, was das Thema Redaktionssystem angeht, in der Welt Vorreiter sind, was wohl am allgemein hohen Lohnniveau und dem damit verbundenen Wunsch nach Rationalisierung einhergeht. Daher gibt es eine breite Palette an Systemanbietern, die sich auf dieses Thema spezialisiert haben. Die Auswahl fällt da schwer!

9.2 Vorgehensweise bei der Modularisierung von Anleitungen

Im Folgenden geht es darum, unabhängig von der Auswahl der Systems aufzuzeigen, auf was man bei der Modularisierung besonders achten sollte, damit diese einen Nutzen bringt und Sie nicht bei der Arbeit behindert. Denn die Grundlagen sind immer die gleichen. Es ist allerdings zu bedenken, dass sich nicht alle Konzepte mit allen Systemen umsetzen lassen. Wenn man also bei der Erarbeitung des Konzeptes noch gar kein konkretes System im Hinterkopf hat, kann es passieren, dass man kein System findet, mit dem sich das gewünschte Konzept standardmäßig umsetzen lässt. Dann muss man entweder das Konzept noch einmal überarbeiten oder hohe Anpassungskosten in Kauf nehmen. Deshalb ist es empfehlenswert, sich vorab schon einmal bei den Systemherstellern zu informieren, um festzustellen, was alles möglich ist. Ich persönlich erstelle das Konzept am liebsten erst dann, wenn schon ein System ausgewählt wurde. Dann kann man gleich testen, ob sich die Ideen auch in die Tat umsetzen lassen. Grundsätzlich gilt: Je einfacher das Konzept, umso besser lässt es sich in der Praxis anwenden.

9.2.1 Modularisierungskonzept festlegen

Grundsätzlich braucht man für die Modularisierung ein Konzept. Dieses beinhaltet im ersten Schritt die möglichen Schnitte in der Dokumentstruktur, mit denen sich Module einteilen lassen. Es ist besonders wichtig, dass es für die Einteilung der Module Regeln gibt. Andernfalls entsteht im Laufe der Zeit ein unüberblickbares Chaos und die Vorteile, die man mit der Modularisierung erreichen wollte, kehren sich in Nachteile um.

Analogie Hausbau Eine schöne Analogie zur modularen Anleitung ist der Bau eines Hauses (Abb. 9.1). Wenn ich ein Haus bauen möchte, habe ich mehrere Möglichkeiten, wie ich vorgehen kann. Ich könnte mir einzelne Steine kaufen und dar-

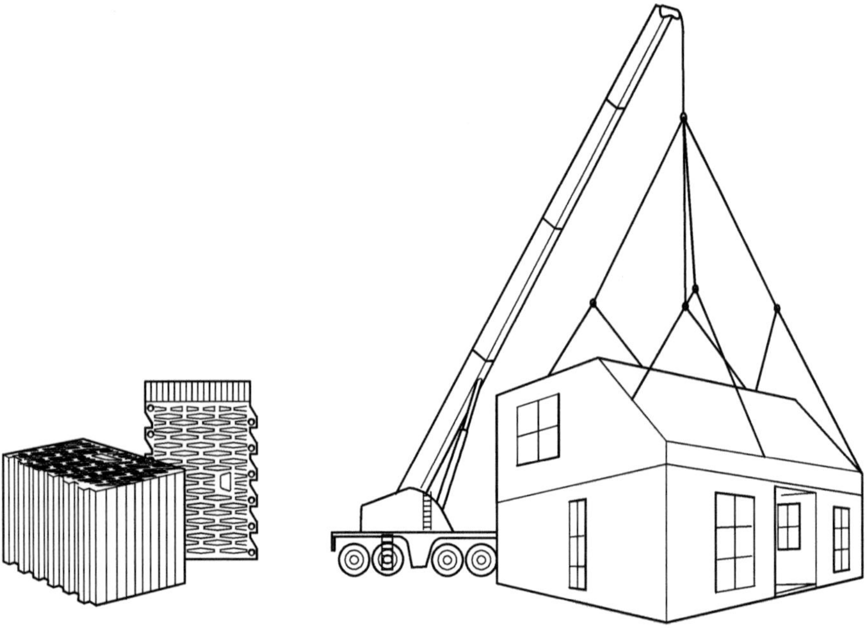

Abb. 9.1 Wie wähle ich die Module? Beim Hausbau und auch in der Technischen Dokumentation eine entscheidende Frage

aus das Haus bauen. Dann muss ich viel Zeit damit verbringen, passende Steine herauszusuchen und diese an die richtige Stelle zu platzieren. Das ist sehr mühsam, ich habe aber große Freiheiten, mein Haus in Ruhe zu gestalten, und bekomme ein sehr individuelles Ergebnis.

Ich könnte aber auch ein Haus von einem Komplettanbieter nehmen. Das wird quasi in einem Stück geliefert, ist schnell aufgebaut und ich habe überhaupt keinen Aufwand. Der Nachteil ist nur, dass das Haus vielleicht gar nicht so genau meinen Wünschen entspricht. Ein guter Mittelweg ist da vielleicht ein Fertighaus, das aus größeren Modulen zusammengesetzt wird. Aufgrund der Art der Module, die ich verschieden zusammenstellen kann, bekomme ich ein Haus, das genau meinen Wünschen entspricht, habe aber beim Zusammenstellen der Module nur wenig Arbeit. So stelle ich mir die Modularisierung in der Technischen Dokumentation auch vor. Damit das mit dem Zusammenstellen jedoch reibungslos funktioniert, muss der Architekt, der die Module gestaltet, einiges beachten. Sonst passen diese nicht zusammen. Das Gleiche gilt auch für den Technischen Redakteur.

Grundsätze der Modulbildung Für die Bildung der Module gelten die folgenden Grundsätze:

- Semantische Bestimmtheit
  Der Inhalt eines Moduls muss eindeutig bestimmt werden können. Das bedeutet, dass ein Modul genau ein Thema oder einen Abschnitt betrachtet und nicht zwei oder drei Themen beinhaltet. Bei nicht semantisch bestimmten Modulen wird die Wiederverwendung dadurch erschwert, dass in einem anderen Verwendungskontext vielleicht nur ein Teil der behandelten Themen wiederverwendet werden kann. In diesem Fall müsste also ein neues Modul erstellt werden.
- Inhaltliche Abgeschlossenheit
  Der Inhalt eines Moduls muss innerhalb des Moduls abgeschlossen sein. Also sollte ein zusammengehöriger Inhalt nicht auf mehrere Module aufgeteilt werden. Wäre ein Modul nicht inhaltlich abgeschlossen, wird dessen Wiederverwendung dadurch erschwert, dass man ja wissen muss, welche Module noch dazugehören, damit es einen Sinn ergibt.
- Planbarkeit
  Die Wiederverwendung eines Moduls muss planbar sein. Ich muss also schon beim Erstellen des Moduls an die Möglichkeiten seiner Wiederverwendung denken. Wenn abzusehen ist, dass eine größere Sinneinheit, die sich durchaus in kleinere Sinneinheiten unterteilen ließe, nur als Gesamtheit wiederverwendet werden kann, dann sollte auch nur diese größere Einheit ein Modul bilden.
- Identifizierbarkeit/Suchbarkeit
  Ein Modul muss wieder auffindbar sein, damit es überhaupt wiederverwendbar ist. Dazu muss es nach verschiedenen Merkmalen (Metadaten) klassifizierbar sein. Nur dann ist es möglich, dass auch Kollegen, die ebenfalls in der modularen Umgebung arbeiten, in der Lage sind, das Modul wiederzufinden, wenn sie es suchen. Sie werden zwar nicht genau dieses Modul suchen, aber irgendein Modul, das ein bestimmtes Thema abdeckt, damit sie es nicht neu schreiben müssen.

Modularisierungsgrad festlegen Sie müssen bei der Modularisierung dafür sorgen, dass ein Modul nicht zu klein und nicht zu groß wird. Zu große Module lassen sich nicht mehrfach verwenden, zu kleine sind nicht mehr handhabbar.

Das Problem mit den zu großen Modulen leuchtet jedem, der auf die modulare Erstellung von Anleitungen umsteigt, sofort ein. Schließlich hat er vorher Dokumente erstellt, die aus genau einem Modul bestanden, nämlich dem Dokument selbst. Die Wiederverwendung geht da gegen null.

Die Idee, sehr kleine Module zu machen, hört sich dagegen erstmal verlockend an. Schließlich will man die Module ja möglichst oft wiederverwenden, was besonders gut geht, wenn die Module sehr klein sind. Hier tappt man aber sehr schnell in eine Falle, denn bei zu vielen Modulen steigt der Verwaltungsaufwand, und zwar exponentiell. Ich habe selber schon schlechte Erfahrungen bei dem Versuch gemacht, Dokumente zu pflegen, die zu stark fragmentiert sind. Sie verlieren einfach den Überblick.

Mir ist bewusst, dass man als Einsteiger in die Modularisierung gerne entgegen allen Empfehlungen kleinteilig modularisieren möchte, um möglichst flexibel zu sein und Übersetzungskosten einzusparen. Aber glauben Sie mir: der Punkt wird kommen, an dem Sie sich für Ihre Entscheidung verfluchen. Sie müssen sich daran gewöhnen, dass manche Inhalte in der Anleitung zu variabel sind, um sie mit standardisierten Modulen zu erschlagen. In diesen Fällen muss man in Kauf nehmen, die Module zu kopieren, obwohl ein höherer Prozentsatz der Inhalte unverändert bleibt.

Wenn Sie die oben genannten vier Grundsätze der Modulbildung beachten, sollten die Module, die Sie bilden, eigentlich nicht zu klein werden. Damit es etwas plastischer wird, hier noch einige Beispiele für meistens unsinnige Modulgrößen:

- Einzelne Handlungsschritte
  Ein Handlungsschritt ist zwar in sich abgeschlossen und semantisch bestimmt, ist aber in der Regel zu vielen Veränderungen unterlegen, die vom Kontext abhängen (passendes Bild, Vorbedingung etc.). Daher ist es in den seltensten Fällen sinnvoll, Handlungsschritte zu modularisieren. Eröffnet man den Redakteuren diesen Weg dennoch, ist die Gefahr sehr groß, dass am Ende beinahe alle Handlungsschritte als Module vorliegen, unabhängig von ihrer Wiederverwendbarkeit. Dann wird es wirklich unübersichtlich.
- Einzelne Spiegelstriche von Maßnahmen in Sicherheitshinweisen
  Durch die Modularisierung der Inhalte eines Sicherheitshinweises würde die in sich geschlossene semantische Struktur aufgebrochen werden. Wollte der Redakteur eine Maßnahme ändern, wäre es für ihn kaum noch überblickbar, ob er damit einen anderen Hinweis so verändert, dass sein Sinn verfälscht wäre, was unter Umständen schlimme Folgen hinsichtlich der Produkthaftung mit sich bringen kann.
- Ausschnitte aus der Beschreibung einer Baugruppe
  Die Beschreibung einer Baugruppe ist eine abgeschlossene semantische Einheit. Wenn nun z. B. bei Varianten der Baugruppe nur kleine Teile geändert

werden müssen, sollte dennoch für jede Variante ein eigenes Modul angelegt werden. Man stelle sich vor, dass eine technische Änderung vorgenommen wird und nun bei einigen Varianten (dort, wo vorher die Beschreibung eines Details gleich war) eine abweichende Beschreibung notwendig wird. Hierdurch würde der erstgewählte Modularisierungsansatz komplett über den Haufen geworfen werden. Der Inhalt des Moduls muss nun auf eine der neuen Varianten umgeschrieben werden. Dann müssen mehrere Module mit den übrigen Varianten erstellt und den passenden Baugruppenbeschreibungen zugeordnet werden. Was passiert dann, wenn die erste Beschreibung noch woanders eingesetzt wurde, wo jetzt aber noch der alte Text gebraucht wird? Wer kann das alles in 2 Jahren noch nachvollziehen? Sie sehen, der Weg kann schnell ins Chaos führen.

Variantenmanagement Im letzten Beispiel oben ist ein Szenario beschrieben, das in der Praxis recht häufig vorkommt. Die Empfehlung lautet hier zunächst: lieber mehrere Module mit redundantem Inhalt schaffen, als das Modul auseinanderzureißen. Einige Redaktionssysteme bieten jedoch noch eine weitere Möglichkeit, mit diesem Problem umzugehen.

Dabei wird nur ein Modul mit der Beschreibung für alle Baugruppen erstellt. Dieses Modul enthält zum Teil Texte, die nur für eine bestimmte Baugruppe gelten. Diese Texte werden vom Redakteur mit einer Varianteninformation versehen. So enthält das Modul die Texte von allen Varianten und die Information, welcher Text bei welcher Variante verwendet werden soll. Das eine Modul kann nun in allen Anleitungen verwendet werden, in denen die Beschreibung der Baugruppe (egal in welcher genauen Ausprägung) vorkommen soll.

Im Publikationsprozess wird nun die Varianteninformation zur Konfiguration eines Filters herangezogen. Dieser sorgt dafür, dass alle nicht zu der benötigten Variante gehörigen Texte ausgefiltert werden.

Diese Methode ist ungemein praktisch. Denn Sie müssen nur ein einziges Modul der Braugruppenbeschreibung pflegen, erreichen aber gleichzeitig, dass der Nutzer variantenabhängig die richtige Information erhält.

Die Pflege eines solchen Moduls ist zudem sehr leicht möglich, da Sie ja alle Texte und Varianteninformationen gleichzeitig auf dem Schirm haben. So ist man vor bösen Überraschungen gefeilt.

Verschachtelte Strukturen der Modularisierung In der Modularisierung gibt es zwei Ansätze. Im linearen oder Stücklisten-Ansatz werden die Module einfach hintereinander aufgereiht. Dokumente lassen sich dann durch Hintereinanderreihung von Modulen in solchen linearen Stücklisten erzeugen.

Der Stücklisten-Ansatz kommt aber dann an seine Grenzen, wenn Teile von Modulen ebenfalls modularisiert werden sollen. So kann man sich z. B. vorstellen, dass ein Modul eine Handlungssequenz enthält. In dieser Handlungssequenz könnte ein wiederverwendbarer Sicherheitshinweis vorkommen. In einer linearen Modularisierung würde das bedeuten, dass ich mein Modul in 3 Teile teilen muss: den Teil vor dem Hinweis, den Hinweis selbst und den Teil nach dem Hinweis. Das wiederum hätte zur Folge, dass ich gegen die Regeln der semantischen Bestimmtheit und der inhaltlichen Abgeschlossenheit verstoße, da die Teile vor und hinter dem Sicherheitshinweis ja nicht abgeschlossen sind. Man kann sich auch gut vorstellen, dass sich hier recht schnell ein Wirrwarr an Modulen ansammeln würde. Insbesondere dann, wenn es mehrere Sicherheitshinweise sind, würde das ursprünglich kompakte, gut pflegbare Handlungsmodul in einen Scherbenhaufen zerfallen.

Dennoch möchte man auf die Modularisierung der Sicherheitshinweise oder anderer kleinerer Strukturen innerhalb von Modulen nicht verzichten. Die Lösung heißt hier verschachtelte Modularisierung. Diese Systematik erlaubt es, Module in andere Module einzufügen. Hierdurch werden die Nachteile der linearen Strukturen überwunden. Denn jetzt ist es möglich, den Sicherheitshinweis als Modul an die passende Stelle innerhalb des Handlungsmoduls einzufügen. Das Handlungsmodul bleibt dabei als semantische Einheit enthalten und ist weiterhin gut pflegbar und das auch, wenn darin vielleicht ganz viele verschiedene Sicherheitshinweismodule referenziert sind. Eine solche verschachtelte Modularisierung ist mit einigen Redaktionssystemen realisierbar.

9.2.2 Module einteilen

Modularisierungsstrategien Jetzt, wo die Regeln bekannt sind, steht nur noch die Frage im Raum, wie sich diese in die Praxis umsetzen lassen.

Grundsätzlich hat sich bewährt, mit einem bestehenden Dokument anzufangen und dieses in das modulare System zu überführen. Dabei sollten gleich die Struktur und alle Inhalte auf den Prüfstand gestellt werden. Die Modularisierung ist ein guter Anlass, hier einmal richtig aufzuräumen. In der Regel ist es ohnehin nur selten möglich, bestehende Dokumente 1:1 zu modularisieren. Dementsprechend ist hier Hand- und Kopfarbeit gefragt. Automatisierte Prozesse zur Modularisierung, wie sie manche Anbieter propagieren, führen in der Regel nicht zu Ergebnissen, die später den vollen Nutzen der Modularisierung ermöglichen.

Beim Aufbau der ersten Anleitung im modularen System sollte man jedoch immer auch die Varianten und weiteren Produkte im Kopf haben, die noch zu dokumentieren sind. Diese sollten sich auf die Modularisierung schon jetzt auswirken, auch wenn nicht gleich alles auf einmal beschrieben werden kann. Rom ist ja auch nicht an einem Tag gebaut worden.

Die folgenden Schritte helfen dabei, die richtige Moduleinteilung zu finden:

- Standardmodule schaffen
  In allen Technischen Redaktionen gibt es Inhalte, die sich in allen oder nahezu allen Anleitungen wiederholen. Bauen Sie aus der Grundstruktur der Anleitung und aus diesen wiederkehrenden Inhalten ein „Anleitungsgerippe“ auf. Diese wiederkehrenden Inhalte (z. B. die Unterkapitel im Kapitel „Allgemeines“) ergeben Ihre ersten Module.

- Schauen Sie auf das Produkt
  Ermitteln Sie, welche Varianten, Plattform- und Baugruppenstrukturen in den von Ihnen dokumentierten Produkten vorkommen. Wählen Sie die Modulgrenzen entsprechend den Modulen in der Technik. Dabei können Sie bei Bedarf auch die Methoden zum Variantenmanagement anwenden.
- Dokumentationsstruktur hinterfragen
  Die bisherige Art zu dokumentieren hat sich an Dokumenten, nicht an Modulen ausgerichtet. Es kann sein, dass Sie Strukturen umstellen müssen, damit sie sich besser modularisieren lassen. Halten Sie nicht an den alten Zöpfen fest, sondern versuchen Sie den modularen Gedanken durchzusetzen.
- Texte universeller schreiben
  Aus dem Dokumentgedanken heraus kommen auch viele Formulierungen, die der Modularisierung abträglich sind. So ist es z. B. ungünstig, den Produktnamen bzw. die genaue Produktbezeichnung in den Texten zu nennen. Auch Sicherheitshinweise und andere lassen sich ggf. verallgemeinern und so mehrfach nutzen.
- Semantische Inseln suchen
  Es kann sein, dass in Ihren Anleitungen ganz bestimmte Muster auftauchen, die sich modularisieren lassen, um Ihnen Arbeit zu sparen. Das kann besonders in Verbindung mit weiteren Automatisierungen in den Ausgabeformaten Vorteile schaffen. So könnte es für Sie z. B. einfacher sein, die Technischen Daten nicht als eigene Module zu pflegen, sondern diese mit der Baugruppenbeschreibung in ein Modul zu packen. Im Publikationsprozess könnte dann das Kapitel „Technische Daten" durch ein automatisiertes Zusammenstellen der Datentabellen aus den Baugruppenbeschreibungen erfolgen.

Beispiel für die Modularisierung eines einfachen Kapitels Diese sehr theoretischen Aspekte möchte ich nun an einem Beispiel verdeutlichen. Dabei geht es um ein Kapitel mit der Überschrift „Ein- und Ausschalten". Darin befinden sich die beiden Unterkapitel „Einschalten" und „Ausschalten". Beide enthalten Handlungsanweisungen, die das Ein- bzw. Ausschalten für einen Rasenmäher beschreiben. Das Ausschalten ist bei allen Rasenmähertypen immer gleich. Das Einschalten ist je nach Typ unterschiedlich.

In der Modularisierung würde man für das Einschalten und für das Ausschalten jeweils ein eigenes Modul erstellen. Das ist besser, als ein Modul für das ganze Kapitel zu erstellen, weil die Beschreibung der jeweiligen Tätigkeit schon eine abgeschlossene Einheit bildet. Außerdem ist ja bekannt, dass beim Einschalten Varianten vorliegen, beim Ausschalten aber nicht. Das würde bedeuten, dass man bei der Wahl des ganzen Kapitels als Modul in den Varianten immer den gleichbleibenden Text des Ausschaltens mitschleppen würde. Außerdem könnte es in Hinblick auf künftige Produktreihen ja durchaus vorkommen, dass es auch eine Variante für das Ausschalten gibt. Für das Einschalten würde man jeweils ein Modul je Variante erstellen.

Weiterhin kann es sein, dass in dem Modul zum Einschalten ein Sicherheitshinweis zum rotierenden Messer steht. Diesen könnte man auch gleich modularisieren, denn er wird ja in den verschiedenen Varianten des Moduls „Einschalten" wiederverwendet.

Abb. 9.2 Beispiel für die Modularisierung des Kapitels „Ein- und Ausschalten“

Das Ergebnis der Modularisierung könnte bei einer verschachtelten Modularisierung dann wie in Abb. 9.2 aussehen.

Wenn ein Variantenmanagement zur Verfügung steht, könnte man für das Einschalten die verschiedenen Varianten auch in einem Modul zusammenfassen. Dann würde es auch nichts mehr ausmachen, wenn man das Ausschalten gleich mit in das Modul packt, also ein einziges Modul für das Kapitel Ein- und Ausschalten erstellt, da es durch die Varianteninformationen, die in dem Modul enthalten sind, nicht mehr erforderlich ist, Module für die Varianten anzulegen. Der Vorteil liegt auf der Hand. Anstelle der vier oben vorkommenden Module plus die x Module der Varianten für das Einschalten muss jetzt nur noch ein einziges Modul verwaltet werden. Das bedeutet weniger Aufwand und ergibt einen Kostenvorteil für die Erstellung und Verwaltung des Dokuments.

9.3 Besonderheiten bei der Modularisierung

Bei der Arbeit in einer modularen Umgebung steht man plötzlich vor Aufgaben und Problemen, die man bei der dokumentorientierten Arbeit gar nicht hatte. Einige dieser Punkte werden im Folgenden erläutert.

9.3.1 Metadaten

Ein Kriterium bei den Grundsätzen der Modularisierung ist die Identifizierbarkeit/Suchbarkeit. Wenn Sie mit der Modularisierung anfangen, werden Sie recht bald feststellen, dass es nicht ausreicht, ein Modul nur über den Namen zu spezifizieren. So wird es nach kurzer Zeit z. B. viele Module mit dem Titel „Einschalten“ geben. Es ist dann z. B. nicht erkennbar, für welche Variante das einzelne Modul gilt.

Sie müssen also eine Möglichkeit schaffen, das Modul über weitere Eigenschaften zu klassifizieren. Das geht, indem man zusätzliche Datenfelder definiert. Diese werden als Metadaten (also Information über die Information) bezeichnet.

In unserem Beispiel wäre für den Modultyp „Kapitel“ also ein Metadatum „Produktvariante“ angebracht.

Die Metadaten ermöglichen eine einfache Suche nach Eigenschaften. So kann man das Modul „Einschalten“ für die Produktvariante „XY“ über eine Suchabfrage finden.

9.3.2 Statusverwaltung

Wenn Sie mit mehreren Leuten in einer modularen Umgebung arbeiten, brauchen Sie ein Instrument, mit dem Sie den Arbeitsstand der einzelnen Module nachverfolgen können. Hierzu sollte für jedes Modul ein Status z. B. als Metadatum gepflegt werden. Typische Statuswerte sind:

- Neu
- In Arbeit
- In Prüfung
- Fertig

Mithilfe solcher Statuswerte ist es leicht möglich, den Überblick zu behalten. Wenn man in einem Redaktionssystem arbeitet, lassen sich darüber auch die Prozesse in der Technischen Redaktion steuern. Sinnvollerweise ist mit einem Status wie „Fertig“ auch eine Sperrung des Moduls verbunden, damit es nicht unbeabsichtigt verändert werden kann.

9.3.3 Versionierung

Damit man den Werdegang eines Moduls nachverfolgen kann und alte Stände nicht einfach gelöscht werden, braucht man beim modularen Arbeiten eine Versionierung der Module. Diese sollte so ausgestaltet sein, dass die in einem Dokument verwendeten Module nicht automatisch aktualisiert werden, wenn eine neue Version eines Moduls erstellt wird. Sonst würden sich nachträglich Änderungen in freigegebene Dokumente einschleichen. Es sollte aber eine Abfrage geben, mit der man erkennen kann, für welche Module in einem Dokument bereits neue Versionen bestehen. Praktisch ist dann noch eine automatische Übernahme der neuesten Version in eine neue Arbeitsversion des Dokumentes.

9.3.4 Verwendungsnachweis

Wenn Sie ein Modul ändern möchten, ist es zwingend notwendig, dass Sie wissen, in welchen anderen Modulen oder Dokumenten dieses Modul auch noch verwendet wird. Sonst kann es Ihnen passieren, dass sie unwissentlich den Sinn eines anderen Dokumentes verfälschen. Daher ist eine Abfrage zum Verwendungsnachweis eines Moduls in einer modularen Umgebung unerlässlich. Diese Abfrage sollten Sie tatsächlich vor jeder Änderung abrufen. Denn solche unbeabsichtigten Änderungen können in Hinblick auf die Produkthaftung üble Auswirkungen haben.

9.3.5 Querverweise

In modularen Umgebungen ist das Thema Querverweise besonders heikel. Es kann Ihnen passieren, dass ein Querverweis ins Leere schießt, wenn z. B. das Modul, auf das der Querverweis zeigt, in einem anderen Dokument nicht enthalten ist. Deshalb brauchen Sie eine Querverweisprüfung, die Sie auf kaputte Links hinweist. Außerdem ist es gut, wenn man das Linkverhalten im Fehlerfall einstellen kann, z. B. Link wird in der Publikation unterdrückt, oder Link erzeugt eine Fehlermeldung in der Publikation.

9.3.6 Übersetzungsmanagement

Ein wesentlicher Grund, mit der Modularisierung zu beginnen, liegt oft in den Übersetzungskosten. Man will einfach nicht mehr ständig ganze Dokumente übersetzen oder alternativ geänderte Texte von Hand heraussuchen, an den Übersetzer schicken und anschließend von Hand wieder einsetzen.

Durch die Modularisierung ist es möglich, zu jedem Modul die entsprechenden Sprachvarianten zu pflegen. Bei der Übersetzung eines Dokumentes brauchen dann nur noch die Module übersetzt zu werden, die in der jeweiligen Fremdsprache noch nicht vorliegen. Man kann also die Menge des zu übersetzenden Textes reduzieren, sofern das Dokument Module beinhaltet, die in anderen Projekten schon in die passende Sprache übersetzt wurden.

Diese Grundidee leuchtet ein, doch es gibt auch ein paar Dinge, die dabei zu beachten sind:

Kontextverlust Wenn man anstelle von ganzen Dokumenten auf einmal Module an den Übersetzer schickt, hat dieser ein Problem: Er kennt den Kontext nicht.

In der Übersetzung ist es von Vorteil, wenn ein Dokument von vorne bis hinten durchübersetzt wird. Der Übersetzer hat dann eine Chance, die Zusammenhänge zu verstehen und die nach und nach komplexer werdenden Beschreibungen und Handlungsanweisungen in die Fremdsprache zu übertragen. Sein Wissen über das Produkt wächst also im Laufe des Übersetzens immer weiter an.

Bekommt der Übersetzer nun Module, geht dieser Vorteil zunächst einmal verloren. Zum einen bekommt er ja nicht mehr alle Module zum Übersetzen, sondern nur die neuen und geänderten. Es gibt also unter Umständen große textliche Lücken zwischen den Modulen. Zum anderen können die Module in einer anderen Reihenfolge übersetzt werden als sie im Text vorkommen.

Durch den Kontextverlust kann es zu Verständnisproblemen beim Übersetzer kommen, die in vielen Fällen zu falschen Übersetzungen führen können. Außerdem wird es dem Übersetzer schwer gemacht, eine einheitliche Terminologie in der Fremdsprache einzuhalten. Er kann ja nicht sehen, wie er oder ein Kollege ein bestimmtes Bauteil im Modul vorher benannt hat, dessen Übersetzung vielleicht schon Jahre zurückliegt.

Wir brauchen in einer modularen Umgebung also Mechanismen, die sicherstellen, dass der Übersetzer trotz der gestückelten Übersetzung Informationen zum Kontext erhält. Das kann z. B. dadurch geschehen, dass dem Übersetzer zum Übersetzen ein ganzes Dokument zur Verfügung gestellt wird, in dem die bereits übersetzten Module markiert sind. Dann hat er die richtige Reihenfolge und sieht, was in den nicht zu übersetzenden Modulen steht. Nach der Übersetzung muss das System das Dokument wieder zerlegen und die übersetzten Module zuordnen.

Außerdem könnte man ihm ein Dokument zur Verfügung stellen, das die Übersetzung der in der Sprache bereits vorhandenen Module zusammen mit den neuen ursprachlichen Texten enthält. Damit liefern wir dem Übersetzer die Information, die er zur Einhaltung einer einheitlichen Terminologie und konsistenten Sprache benötigt.

Starker Anstieg der zu übersetzenden Einheiten Wenn einzelne Module übersetzt werden und nicht wie oben beschrieben ganze Dokumente, steigt die Anzahl der zu übersetzenden Einheiten beim Übersetzer schlagartig an. Das kann zu diversen Problemen führen. Zum einen braucht der Übersetzer mehr Zeit, um sich die Module zu sortieren und im Translation-Memory-System vorzubereiten. Leider kann es je nach System sehr zeitraubend sein, viele kleine Dokumente (Module) in das System zu laden. Allerdings dürfen die Einheiten aber auch nicht zu groß sein, sonst wird die Bearbeitung im Translation-Memory-System unter Umständen sehr langsam und zäh.

Besser ist es also, die Module, wie bereits oben beschrieben, in einem Dokument zusammenzufassen. Damit dieses nicht zu groß wird, sollte zusätzlich eine Möglichkeit bestehen, das zu übersetzende Dokument in mehrere Teile aufzuteilen, z. B. nach Hauptkapiteln.

Es kann aber auch Konstellationen geben, in denen die Module, sobald sie freigegeben sind, einzeln übersetzt werden sollen, z. B. wenn bestimmte Standardsprachen bei Serienprodukten innerhalb sehr kurzer Zeit verfügbar sein müssen. Dann bekommt man das mit der Kontextinformation nicht hin und muss mit der Schnipselübersetzung leben. Das bedingt aber, dass die Module auf jeden Fall den oben beschriebenen „Grundsätzen der Modulbildung“ entsprechen. Dann sollte man auf jeden Fall ein Terminologie-Management einführen, denn der Übersetzer hat jetzt keine Chance mehr, sich die Terminologie aus dem Kontext herauszuholen.

Weiterhin steht man dann noch vor der Frage, wie man denn so viele einzelne kleine Übersetzungsaufträge an den Übersetzer übermittelt und mit ihm abrechnet. Hier hilft eigentlich nur eine automatisierte Anbindung des Übersetzungsbüros.

Diese muss die Module automatisch in das Tool des Übersetzers transferieren und die fertigen Übersetzungen entgegennehmen. Hat man so etwas nicht, werden die Verwaltungskosten die Kosten der Übersetzung deutlich übersteigen.

Sprachprüfung und Korrekturen Die folgenden Gedanken haben eigentlich nichts mit der modularen Arbeitsweise zu tun. Wenn man jedoch seine Arbeitsweise gerade umstellt, sollte man auf diesen Punkt besonders achten:

Grundsätzlich ist es in vielen Fällen sinnvoll, Übersetzungen noch einmal von eigenen Mitarbeitern oder Partnern z. B. in Auslandsniederlassungen prüfen zu lassen. Diese Menschen vereinen in sich zwei Vorteile: Sie sind Muttersprachler der Sprache, in die übersetzt werden soll, und beherrschen diese damit perfekt. Und sie kennen sich mit Ihren Produkten bestens aus. Dieses Wissen sollte man sich zu Nutze machen, um die Qualität der Übersetzungen zu verbessern, was in vielen Firmen auch schon gelebte Praxis ist. Die Frage ist jedoch, wer arbeitet die Korrekturen an welcher Stelle ein?

Was in der Praxis recht häufig passiert, ist, dass die Änderungen von demjenigen selbst oder vom Technischen Redakteur in das Dokument bzw. in unserem Fall in die Module eingepflegt werden. Das ist aber falsch, weil die Korrekturen so nie beim Übersetzer ankommen. Dieser muss jedoch zwingend sein Translation-Memory korrigieren, damit sich der Fehler bei der nächsten Übersetzung eines ähnlichen Satzes nicht wieder einschleicht. Außerdem ist eine erneute sprachliche Prüfung im Sinne eines Korrektorats auch bei Änderungen durch einen Muttersprachler nötig und sinnvoll.

Für die modulare Arbeitsweise bedeutet das, dass es einen Prozess geben muss, bei dem die Korrekturen vom Übersetzer im TM und damit gleichzeitig in den zu übersetzenden Modulen eingepflegt werden. Das bedeutet, dass es zusätzlich möglich sein muss, die korrigierten übersetzten Module nochmals in das System zu laden und den falschen alten Stand zu überschreiben.

So kann man eine klassische Regelschleife für die Sprachqualität aufbauen. Die Freigabe der Übersetzung erfolgt dabei durch denjenigen, der auch die Prüfung in der Fremdsprache vornimmt.

Übersetzungsangebote Manchmal möchte man erst einmal wissen, wie teuer eine Übersetzung wird, bevor man den Auftrag erteilt. Das ist in einer modularen Umgebung auf einmal gar nicht so einfach. Denn wenn man zur Kostenabschätzung ein ganzes Dokument an den Übersetzer gibt, würden in die Kalkulation ja auch die Module einfließen, die bereits übersetzt sind.

Wenn man stattdessen einen Export für die Übersetzung vornimmt, hat man das Problem, dass der Status der Module in der Regel vom System auf „in Übersetzung" umgestellt wird. Das führt dazu, dass die exportierten Module bei Übersetzungen anderer Dokumente nicht mehr an den Übersetzer gehen. Denn das System denkt, dass die Module in Übersetzung sind. Es weiß ja nicht, dass Sie den Export nur für einen Kostenvoranschlag veranlasst haben.

Daraus ergibt sich in der modularen Umgebung die Forderung nach einem Testexport für die Angebotserstellung bzw. der Möglichkeit, den Übersetzungsauftrag gleich nach seiner Erstellung zu stornieren. So kann der Übersetzer auf Basis der tatsächlich zu übersetzenden Textmenge sein Angebot erstellen, ohne dass die Übersetzung anderer Dokumente dadurch blockiert wird.

Übersetzungen rückgängig machen Hier kommt auch gleich die nächste Anforderung an die modulare Übersetzung ins Spiel. Es kann passieren, dass man den Übersetzungsprozess für ein Dokument fälschlicherweise angestoßen oder abgeschlossen hat. Oder man hat im Nachhinein festgestellt, dass der Übersetzer richtig schlechte Arbeit abgeliefert hat oder gar die Übersetzung in der komplett falschen Sprache abgeliefert hat. Solche Dinge passieren. Dann muss es in der modularen Umgebung möglich sein, eine Übersetzung auch nachträglich zu verwerfen und wieder bei null anzufangen.

Übersetzungsaufträge können sich überholen Das Überholen von Übersetzungen ist ein Sonderfall, der nur beim Übersetzen in modularen Umgebungen auftritt und dort regelmäßig Ärger verursacht. Der entsteht so:

Sie erzeugen einen Übersetzungsauftrag, in dem sich diverse Module befinden, darunter auch ein Modul mit einem Sicherheitshinweis. Das zu übersetzende Dokument ist sehr umfangreich. Die Übersetzung dauert 10 Wochen.

Eine Woche später möchte ein Kollege sein Dokument in dieselbe Sprache übersetzen lassen wie Sie. Sein Dokument enthält auch das Modul mit dem Sicherheitshinweis. Korrekterweise wird dieses Modul in seinen Übersetzungsauftrag nicht mit aufgenommen, denn es ist ja schon in Ihrem enthalten und soll nicht zweimal übersetzt werden.

Jetzt kommt das Problem: Ihr Kollege braucht sein Dokument schon nächste Woche und kann nicht noch 9 Wochen zu warten, bis der Sicherheitshinweis mit Ihrem Dokument in der Sprache vorliegt. Was also tun?

Sie brauchen eine Funktion, die es Ihnen ermöglicht, einzelne Module nachträglich aus laufenden Übersetzungsaufträgen zu entfernen, um sie in andere Übersetzungsaufträge einzubinden. Im Fall des oben genannten Beispiels bedeutet das, dass Ihr Kollege erkennt, dass er den Sicherheitshinweis nicht rechtzeitig erhalten wird. Dann kann er einfach hingehen und den Hinweis aus Ihrem Übersetzungsauftrag herauslösen, um ihn anschließend in seinen Übersetzungsauftrag aufzunehmen. So ist allen gedient.

9.4 Neue Arbeitsabläufe durch Modularisierung

Mit der Modularisierung verändern Sie nicht nur die Art, wie Sie Ihre Dokumente erstellen. Sie haben gleichzeitig auch die Chance, die Arbeitsabläufe in der Dokumentationserstellung zu optimieren und die anderen an der Dokumententstehung beteiligten Abteilungen besser in die Prozesse zu integrieren. Wie die Prozesse im Einzelnen aussehen und wie sie sich verbessern lassen, hängt sehr stark von den individuellen Gegebenheiten ab. Deshalb können wir hier nur Möglichkeiten anreißen, die sich durch die Modularisierung bieten.

Prozessanalyse Mit dem Start in die Modularisierung sollte auf jeden Fall eine Prozessanalyse und anschließende Prozessverbesserung einhergehen. Hierbei ist es durchaus sinnvoll, sich eines externen Beraters/Moderators zu bedienen, der über Erfahrungen auf diesem Gebiet verfügt und auch weiß, was in anderen Firmen bereits an Verbesserungen umgesetzt wurde. Hat man so eine Person nicht, kann es vorkommen, dass man sich zu niedrige oder zu hohe Ziele steckt oder sich zukünftige Optionen verbaut.

Weiter gelten für die Prozessoptimierung die bereits beschriebenen Grundsätze, siehe *Kap. 3 „Dokumentationsprozess"*.

Individuelle Wünsche durch Standardisierung eindämmen Modularisierung heißt immer auch Standardisierung und Standardisierung bedeutet das Eindämmen individueller Wünsche. Dieser Tatsache muss man sich bewusst sein, wenn man die modulare Erstellung von Anleitungen anstrebt. Allerdings sind es oft auch die Sonderwünsche aus Vertrieb, Konstruktion oder vielleicht auch vom Kunden, die in der Technischen Redaktion Zeit kosten.

Im Sinne der Prozessoptimierung sollte allen Beteiligten klar sein, dass Sonderwünsche auf ein Minimum reduziert oder gar vollständig eliminiert werden müssen. Was es jedoch geben darf, sind geplante Varianten, wie z. B. verschiedene kundenspezifische Layouts für die Printausgabe oder eine alternative Strukturierung der Dokumente. Wenn solche Varianten schon beim Aufbau des modularen Systems geplant werden, kostet ihre Umsetzung im redaktionellen Alltag nur noch wenig Zeit. Um solche Varianten rechtzeitig zu erkennen und zu planen, müssen die Verursacher der individuellen Wünsche an einen Tisch geholt werden, um gemeinsam mit ihnen die offiziell erlaubten Varianten festzulegen. Wenn damit alle einverstanden sind, kann man die Sonderlocken guten Gewissens abschneiden, ohne die ernst zu nehmenden Ansprüche an die Anleitung zu vernachlässigen.

Informationslieferanten einbinden Technische Redakteure bekommen ihre Informationen in der Regel aus verschiedenen Fachabteilungen. Es gibt unterschiedliche Methoden, diese Informationen einzusammeln. Diese sind aber oft nicht standardisiert, so dass neben den eigentlichen technischen Fragen viel zusätzliche Kommunikation erforderlich ist. Diese kann reduziert werden, indem bestimmte Konventionen für die Ablage von Dokumenten, die in den technischen Abteilungen entstehen, eingehalten werden.

Vielleicht ist es sogar möglich, dass einzelne Personen in den Fachabteilungen Module verfassen oder vorschreiben, die dann vom Technischen Redakteur weiterverarbeitet werden. Eine modulare Umgebung kann z. B. durch die Anbindung der verschiedenen Abteilungen eine bessere Verzahnung zwischen Informationslieferant und Technischem Redakteur ermöglichen.

Korrekturläufe systematisieren Diese Verzahnung kann sich auch positiv auf die Korrekturläufe auswirken. Einige Systeme bieten Korrekturservices z. B. über eine Weboberfläche an. Dabei werden die einzelnen Korrekturen als Arbeitsaufträge an den Technischen Redakteur vom System verwaltet. So haben alle Beteiligten die Übersicht über die offenen Punkte. Außerdem werden durch ein Portal für die

Korrekturen widersprüchliche Meinungen schon vorab von den Korrekturlesern erkannt und schlagen nicht erst beim Technischen Redakteur auf.

Die modulare Arbeitsweise ermöglicht außerdem das Kenntlichmachen der bereits freigegebenen Module, so dass diese von den Korrekturlesern übersprungen werden können. Das spart Zeit.

Freigabeprozesse etablieren In vielen Technischen Redaktionen findet nicht eigentlich eine Freigabe der Anleitung statt. Das hat zur Folge, dass immer wieder Änderungen eintrudeln, die der Technische Redakteur kurz vor knapp noch einarbeiten muss, ohne zu wissen, ob sich daran nicht doch noch etwas ändert. In einer modularen Umgebung brauchen Sie jedoch saubere Freigaben, sonst wird das Wiederverwenden der Module unmöglich. Schließlich muss man sich bei der Wiederverwendung darauf verlassen können, dass der Inhalt eines Moduls fix ist. Daher sollten mit der Einführung der Modularisierung auch klare Freigabeprozesse eingeführt und vom System abgebildet werden.

Übersetzungsprozess verbessern Mit der Modularisierung will man Übersetzungskosten sparen. Da liegt es nahe, auch die Übersetzungsprozesse auf den Prüfstand zu stellen. Wichtig ist eine gute Einbindung der Übersetzer, denn diese müssen mit dem Übersetzen der modularen Inhalte klarkommen. Fakt ist auch, dass die bisher durchgeführten Billigübersetzungen z. B. durch Mitarbeiter in Auslandsniederlassungen oder ausländische Vertriebspartner in der Regel nicht mehr funktionieren. Diese sind häufig alleine schon mit den technischen Anforderungen der modularen Übersetzung überfordert, ganz zu schweigen von den gesteigerten inhaltlichen Anforderungen der „Schnipselübersetzung". Man wird hierfür also Alternativen finden müssen oder die entsprechenden Mitarbeiter so weit schulen, dass sie mit der neuen Technik klarkommen.

Für die Verbesserung der Übersetzungsprozesse gelten außerdem die Hinweise in *Kap. 9.3.6 „Übersetzungsmanagement"*.

9.5 Auswahl eines Redaktionssystems

Wir schon erwähnt, wird man, wenn man modular arbeiten möchte, um die Einführung eines Redaktionssystems nicht herumkommen. Im Folgenden erfahren Sie, was bei der Auswahl des passenden Systems zu beachten ist.

9.5.1 Basistechnologie XML

Die meisten Redaktionssysteme nutzen mittlerweile XML (Extensible Markup Language) als Basistechnologie. Um XML gibt es in Deutschland nach wie vor einen Hype, dabei handelt es sich eigentlich nicht um etwas bahnbrechend Neues, sondern um eine ziemlich alte Technologie, deren Nutzen für die Technische Dokumentation aber unbestreitbar auf der Hand liegt.

XML-Grundlagen Bei XML geht es darum, Texte zu strukturieren, und zwar unabhängig von einem bestimmten Ausgabeformat. Die Regeln der Strukturierung werden in einer DTD (Document Type Definition) oder in einem Schema festgelegt. Dort werden die XML-Elemente definiert. Diese Elemente bilden die Bausteine der Text-Strukturierung. Typische XML-Elemente sind z. B.:

- Kapitel
- Titel
- Absatz
- Sicherheitshinweis

Neben dem reinen Vorhandensein der Elemente werden in DTD oder Schema auch Regeln für die Verwendung der Elemente definiert, z. B.:

- Ein Kapitel muss als erstes einen Titel beinhalten.
- Ein Sicherheitshinweis besteht in festgelegter Reihenfolge aus Signalwort, Art und Quelle der Gefahr, einer Beschreibung und mindestens einer Instruktion.

Am letzten Beispiel kann man auch erkennen, dass es Elemente gibt, die gar keinen Text enthalten, sondern die ausschließlich dazu dienen, andere Elemente zu Gruppen zusammenzufassen, eben zu strukturieren.

Da man Elemente verschachteln kann, ergibt sich für das Dokument eine Baumstruktur. Im Dokument selbst werden alle Inhalte mit den Elementen ausgezeichnet. Dazu hat jedes Element einen Start-Tag und einen End-Tag, mit dem der Inhalt quasi eingeklammert wird, wie man in Abb. 9.3 erkennen kann.

Diese Strukturierung ist ein wesentlicher Unterschied zu herkömmlichen Textverarbeitungs- oder DTP-Programmen. In letzteren können eigentlich immer Formatvorlagen definiert werden, die mit den XML-Elementen vergleichbar sind, auch wenn sie im Gegensatz zu den XML-Elementen schon Formatierungsinformationen beinhalten.

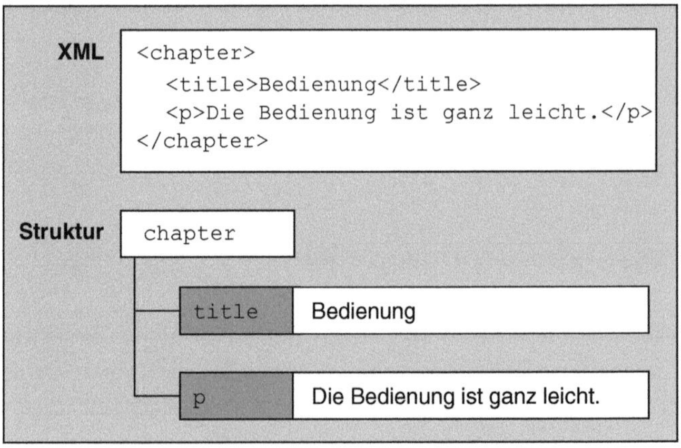

Abb. 9.3 Beispiel für eine einfache Struktur in XML-Dokument und als Baumstruktur

Was man in DTP-Programmen aber nicht definieren kann, sind die Regeln für die Verwendung, und die machen XML so spannend. Denn mit der Modularisierung streben wir ja auch die Standardisierung der Dokumente an und XML hilft uns dabei, einheitliche, also gleichartig strukturierte Dokumente zu erzeugen. Der Technische Redakteur wird also in ein Korsett gezwängt, das, wenn es gut gemacht ist, viele Freiheiten lässt, an den entscheidenden Stellen aber zur Einhaltung des Standards zwingt.

Medienneutralität Ein Grundgedanke von XML ist die Trennung von Inhalt und Layout. Das XML-Dokument beinhaltet ausschließlich die mit den Elementen strukturierten Inhalte. Erst nachgelagerte Prozesse erzeugen das Layout automatisch. Das geht mit XML deshalb so gut, weil die XML-Strukturen sowohl von Menschen als auch vom Computer verstanden werden können. Daher bietet XML für die Ausgabe eines Dokumentes in verschiedenen Medien die größtmögliche Prozesssicherheit.

Typische Ausgabemedien aus XML sind:

- PDF
- HTML
- Online-Hilfe
- E-Book
- etc.

Es gibt aber auch Möglichkeiten, XML in klassische Textverarbeitungen zu überführen, z. B.:

- Word
- FrameMaker
- InDesign
- etc.

Standard-Strukturen Die Grundidee von XML ist es, dass sich jeder Anwender (jede Firma) seine Strukturen selbst definieren kann. Doch der Aufwand, den man betreiben muss, um solche Strukturen inklusive der nachgeschalteten Prozesse für die automatische Formatierung zu schaffen, ist nicht zu unterschätzen.

Daher haben sich verschiedene Standards etabliert, die öffentlich zugänglich sind (Tab. 9.1).

Die eigentliche Idee der öffentlichen DTDs liegt darin, dass Dokumente, die mit solchen DTDs erstellt wurden, leicht untereinander ausgetauscht werden können.

In der Praxis muss man aber feststellen, dass diese Standards aus unterschiedlichen Gründen in der Praxis kaum eingesetzt werden, weshalb zurzeit die größte Verbreitung bei den Standard-DTDs der diversen Systemhersteller liegt.

Keine Angst vor XML Viele schrecken erst einmal zurück, wenn sie zum ersten Mal ein in XML strukturiertes Dokument sehen. Da hört man oft Aussprüche wie: „Das ist ja wie früher in DOS!“ oder „Da muss man sein Dokument ja programmieren!“. Diese ablehnende Haltung ist unbegründet, aber verständlich. Schließlich wurde uns jahrelang von den diversen Programmherstellern eingetrichtert, dass es

Tab. 9.1 Die wichtigsten öffentlichen DTDs

DTD	Kurzbeschreibung
DocBook	Recht alte DTD, die für das Erstellen von Anleitungen vorgesehen ist. Sie enthält allerdings eine extrem große Anzahl an Elementen, die für einen Redakteur kaum überschaubar ist. Die praktische Anwendung ist daher nur sinnvoll möglich, wenn man konsequent Elemente entfernt, die man nicht benutzen möchte. www.oasis-open.org
DITA	Neuerer Standard aus dem Bereich Software-Dokumentation, der einen gegenteiligen Ansatz verfolgt im Vergleich zu DocBook. Die DITA-DTD ist eher knapp gehalten und kann bei Bedarf erweitert (spezialisiert) werden. Dabei leidet die Austauschbarkeit zwischen DITA-Anwendungen mit der Spezialisierung. DITA ist vor allem in den USA sehr beliebt, weil es ein Freeware-Toolkit gibt, mit dem man sich quasi kostenlos eine Arbeitsumgebung (allerdings ohne Redaktionssystem) zusammenbasteln kann. www.oasis-open.org
MUMASY	Der MUMASY-Standard wurde vom VDMA als Branchen-DTD für den Maschinen- und Anlagenbau entwickelt. Die DTD findet in der Praxis aber nur wenige Anwender. www.vdma.org
PI-MOD	PI-MOD verfolgt ähnliche Ziele wie MUMASY, ist allerdings ein wenig jünger. PI-MOD ist Freeware und soll auch als solche weiterentwickelt werden. Es bleibt abzuwarten, wie dieser Standard von den Nutzern akzeptiert wird. www.pi-mod.de
ASD S1000D	Die ASD S1000D ist ein Standard aus den Bereichen Luftfahrt und Militär. Er ist ähnlich umfangreich und schwer zu handhaben wie DocBook, wird aber in der Praxis deutlich öfter angewendet, weil er sich als einziger XML-Standard tatsächlich in den beiden Branchen etabliert hat und von den Auftraggebern explizit verlangt wird. Der Standard kennt allerdings ausschließlich eine lineare Modularisierung mit dem Kapitel als einzigem Modultyp. http://s1000d.org

eine tolle Sache ist, wenn man am Bildschirm gleich sehen kann, wie das gedruckte Dokument aussieht. Die berühmte What-You-See-Is-What-You-Get-Anzeige ist dann tatsächlich sinnvoll, wenn man Seiten gestalten möchte. Aber wollen wir das in der Technischen Redaktion?

Von mir bekommen Sie auf diese Frage ein klares: „NEIN".

Das hat mehrere Gründe:

- Strukturieren statt formatieren
  In vielen Technischen Redaktionen wird nach wie vor viel zu viel Zeit mit Formatierungsarbeiten verbracht. Insbesondere dann, wenn hinsichtlich des verwendeten Tools nur ein Halbwissen vorliegt, sinkt die Produktivität erheblich. Als Technische Redakteure werden wir für das Erstellen und Aufbereiten von Inhalten bezahlt und nicht für deren hübsche Darstellung. Deshalb plädiere ich dafür, die Layoutarbeiten komplett aus der Redaktion zu eliminieren und zu automatisieren.

- Wahre Effektivität ergibt sich nur, wenn man die Strukturen offen sieht.
  Wer egal in welchem DTP-Tool professionell arbeitet, schaltet die Steuerzeichen in der Bildschirmansicht ein. Doch diese Systeme zeigen Ihnen selbst bei Einblendung aller verfügbaren Steuerzeichen nur einen Teil des tatsächlichen internen Aufbaus der Dokumente. Bei XML ist das anders: es gibt nur die Struktur und sonst nichts. Das bedeutet, es gibt absolut keine Überraschungen beim Aufbau der Dokumente und beim Verschieben von Texten. Außerdem prüft der XML-Editor permanent die Einhaltung der DTD, so dass man als Redakteur keine Fehler begehen kann, die dazu führen, dass Formatierungen verlorengehen oder das Layout „verstrubbelt". Auch unerfahrene Nutzer können nie etwas kaputt machen.
- Am Ende kommt es doch anders.
  Schon in Word ist es so, dass Ihnen What-You-See-Is-What-You-Get nur vorgegaukelt wird. Sobald Sie die Steuerzeichen einblenden, sind die Seitenumbrüche im Dokument schon ganz andere als die im Ausdruck (z. B. wegen der Darstellung der Indexmarken). Dann kann man auch gleich darauf verzichten, sich Gedanken über das Layout zu machen.
- Verwendung von Modulen in unterschiedlichen Dokumenten
  Durch die Verwendung von Modulen in unterschiedlichen Dokumenten scheidet das manuelle Setzen z. B. von Seitenumbrüchen von vornherein aus, da man ja nicht weiß, an welcher Stelle auf der Seite das Modul in einem anderen Dokument auftaucht. Also muss man sich auf eine gute Umbruchsteuerung verlassen können. Hier bietet XML die weitreichendsten Möglichkeiten, weil Sinnzusammenhänge durch strukturbildende Elemente, wie z. B. Sicherheitshinweise, zusammengehalten werden können.
- Variantenabhängige Module
  Wenn sich Inhalte von Modulen durch Variantenabhängigkeit ändern, gilt das zuvor Gesagte umso mehr, da sich das Modul in sich auch noch verändert, was eine automatische Umbruchsteuerung umso mehr erforderlich macht.
  Außerdem würde es in einem What-You-See-Is-What-You-Get-Editor kaum noch möglich sein, die Übersicht zu behalten, wenn ein Dokument zahlreiche Varianten beinhaltet. Diese lassen sich in den XML-Strukturen viel übersichtlicher darstellen, weil man nicht auf ein Layout Rücksicht nehmen muss.
- Ausgabe in verschiedenen Medien
  Spätestens dann, wenn Sie planen, in verschiedenen Medien auszugeben, hat sich das Thema Layout gestalten endgültig erledigt. Denn welches Layout wollen Sie denn gestalten, den Druck in A4 oder den in A5 oder gar die Online-Hilfe und das alles gleichzeitig? Keine Chance.

Sie sehen also: Für die Technische Dokumentation und die zukünftigen Herausforderungen kommt man mit dem What-You-See-Is-What-You-Get-Ansatz auf lange Sicht nicht weiter. Also müssen wir uns als Technische Redakteure mit Technologien wie XML auseinandersetzen und dafür eintreten, dass diese im Unternehmen etabliert werden.

Die Erfahrung zeigt außerdem, dass sich Mitarbeiter aus egal welcher Abteilung sehr schnell an die neue Technologie gewöhnen. Die XML-Editoren sind mittlerweile auch so gut, dass der Nutzer hervorragend bei der Erstellung der Inhalte und dem Zuweisen der passenden Elemente unterstützt wird. Sie werden nach kurzer Zeit eine allgemeine Begeisterung für die neue Arbeitsweise feststellen, weil alle merken, dass das, was sie machen, immer die erwarteten Ergebnisse produziert und der sonst übliche Frust bei der Verwendung von DTP-Tools ausbleibt.

Nicht-XML-Systeme Einige Redaktionssysteme nutzen die Datenformate von DTP-Systemen (Word, FrameMaker, InDesign etc.) und verzichten bewusst auf die Nutzung der XML-Technologien. Das hat den Vorteil, dass sich die Nutzer nicht auf ein neues System und die enger geführte Arbeitsweise in XML umstellen müssen. Die Leistungsfähigkeit dieser Systeme ist dann aber stark von der jeweils verwendeten Basistechnologie für Informationseingabe und Layoutausgabe abhängig.

9.5.2 Auswahl der passenden Software

Wenn man sich entscheidet, modular zu arbeiten, braucht man ein System. Es gibt auch Ansätze, die propagieren, dass man erst einmal ohne System quasi trocken modularisiert, um zu üben. Diese Vorgehensweise halte ich nicht für zielführend, da die Modularisierungsstrategien und die in der DTD festgelegte Dokumentstruktur in der Regel schon vom gewählten Redaktionssystem abhängen. Macht man sich vorher zu viele Gedanken, kann es passieren, dass man noch einmal von vorne anfangen muss, wenn man das System erworben hat.

Außerdem ist das Modularisieren mit System um ein Vielfaches einfacher als ohne. Schon deshalb sollte man erst dann beginnen, wenn man auch ein System hat.

Die große Verantwortung bei der Systemauswahl Heute ein Redaktionssystem auszuwählen, ist keine leichte Aufgabe. Nie gab es so viele Anbieter, so viele Funktionen und so viele Versprechungen.

Das Problem an der Sache ist, Sie haben, wenn Sie ein System aussuchen, in der Regel keine Ahnung, was Sie erwartet, weil Sie ja vorher noch nicht mit einem solchen System gearbeitet haben. Das ist also eine ganz andere Situation als z. B. ein neues CAD-System auszusuchen, denn in der Regel hat man vorher schon CAD genutzt und weiß genau, was man von einem neuen System erwartet, damit es die Arbeit erleichtert.

Dieses Vorwissen und die klare Erwartungshaltung fehlen den meisten Technischen Redaktionen, wenn sie ein Redaktionssystem aussuchen. Was vorherrscht, ist eher ein nebulöses Verständnis von dem, was so ein System macht, verbunden mit vielen Ängsten, die eine solche radikale Umstellung der Arbeitsweise mit sich bringt.

Hinzu kommt noch etwas, das den Druck ungemein erhöht. In der Regel dauert es mehrere Jahre, um eine Geschäftsführung davon zu überzeugen, in ein solches System zu investieren, auch wenn der Nutzen auf der Hand liegt. Während dieser „Wartezeit“ steigern sich Arbeitsbelastung und Chaos durch die alte dokumentorientierte Arbeitsweise im gleichen Maße. Das kann dazu führen, dass man sich für die eigentliche Systemauswahl und Einführung gar nicht die erforderliche Zeit nehmen kann, um alles sauber auszuarbeiten, weil es dann, wenn das Budget endlich genehmigt ist, schnell gehen muss. Und das Schlimmste ist, Sie haben nur ein einziges Budget. Es ist nicht vorgesehen, dass es auch einmal schiefgehen kann und man sich später dann doch für ein anderes System entscheidet, weil sich das erstgewählte in der Praxis entgegen allen Versprechungen des Herstellers nun doch nicht bewährt hat. Ich habe schon Redaktionen erlebt, denen so etwas passiert ist.

Das beginnt schon damit, dass sich keiner traut, überhaupt zuzugeben, dass man einen Fehlkauf getätigt hat. Stattdessen beißt man die Zähne zusammen und mogelt sich irgendwie durch und das natürlich ohne den mit dem System gewünschten Einspareffekt. Dass das zu Lasten der Doku-Qualität geht, brauche ich hier wohl nicht zu erwähnen. Ich habe auch schon Fälle erlebt, wo das neu angeschaffte System aus unterschiedlichen Gründen nie zum Einsatz gekommen ist.

Mit anderen Worten: Sie haben in der Regel nur einen Schuss und der muss sitzen! Deshalb nehmen Sie sich genug Zeit zum Testen, holen Sie Mitarbeiter ins Team, die schon einmal mit solchen Systemen gearbeitet haben, oder ziehen Sie einen erfahrenen Berater hinzu. Auch dieser sollte allerdings nachweisen können, dass er schon erfolgreich Redaktionssysteme eingeführt hat.

Vorbereitung Bevor man sich mit der Auswahl des Systems befasst, sollte man sich messbare Ziele setzen, aus denen hervorgeht, was man mit der Systemeinführung erreichen möchte. Dabei sollte auch die bereits erwähnte Prozessanalyse erfolgen. Außerdem sollte man bei der Zielfindung den Blick in die Zukunft richten. Schließlich will man das System möglichst lange nutzen und auch Aufgaben, die vielleicht erst in einigen Jahren anstehen, damit lösen.

Marktübersicht Verschaffen Sie sich in der Vorbereitungszeit einen Überblick über die verschiedenen Systeme z. B. auf Messen oder im Internet. Suchen Sie Kontakt zu Technischen Redaktionen, die schon solche Systeme einsetzen, und fragen Sie diese nach Vor- und Nachteilen. Suchen Sie nach pfiffigen Lösungen oder Ideen und finden Sie heraus, was technisch machbar ist, um Ihre Ziele damit abzugleichen.

ROI-Berechnung Ermitteln Sie schon in einem frühen Stadium, welches Budget Sie sinnvollerweise für ein solches System investieren können, siehe *Kap. 9.5.3 „ROI-Berechnung“*.

Anbieterauswahl Suchen Sie sich aus dem großen Kreis der Systemanbieter die heraus, die für Sie überhaupt in Frage kommen. Achten Sie dabei auf Branchenerfahrung, grobe Funktionalität des Systems etc. Sie können hier auch schon das Budget als Auswahlkriterium nutzen; ist es eher ein Standardsystem oder eine maßgeschneiderte Lösung? Am Ende sollten 3–4 Systeme übrigbleiben, die Sie sich in einer Präsentation anschauen.

Präsentation Erstellen Sie sich zur Vorbereitung auf die Herstellerpräsentation eine Bewertungsmatrix mit Gewichtung der für Sie wichtigen Funktionen. Stellen

Sie diese Matrix dem Hersteller als Leitfaden für die Präsentation zur Verfügung. So sorgen Sie für eine bessere Vergleichbarkeit.

Achten Sie darauf, dass man Ihnen alles, was Sie wissen wollen, auch zeigen kann. Vertrauen Sie nicht auf Aussagen wie: „Ja, das geht so und so, ist im Demosystem aber nicht konfiguriert". Notieren Sie solche Stellen und machen Sie einen zweiten Termin z. B. für eine Online-Demo aus, an dem Sie sich die kritischen Stellen noch einmal zeigen lassen.

Lastenheft Fertigen Sie aus Ihrer Matrix ein einfaches Lastenheft mit allen Ihren Anforderungen an und versenden Sie dieses als Basis für die Angebotserstellung an alle Anbieter. So sorgen Sie dafür, dass die Angebote auch tatsächlich alle Funktionen beinhalten, die Sie haben möchten.

Angebot Nun können Sie die Angebote miteinander vergleichen und Ihre Favoriten heraussuchen. Wenn Sie es zeitlich einrichten können, sollten Sie nicht nur eines, sondern zwei Systeme weiterverfolgen.

Test Lassen Sie sich von dem/den Favoriten eine (kostenlose) Teststellung geben, um eigene Erfahrungen mit dem System zu machen. Dazu ist es allerdings nötig, dass Sie eine Schulung besuchen, um den Umgang mit dem jeweiligen System zu lernen. Übrigens, wenn ein System so kompliziert ist, dass es nicht möglich ist, den groben Umgang damit innerhalb eines Tages zu erlernen, lassen Sie bitte gleich die Finger davon …

Dann sollten Sie sich eine Aufgabe vornehmen (z. B. Aufbau einer kleinen Referenzanleitung mit anschließender Freigabe und Überarbeitung einiger Module). Stoppen Sie die Zeit, die Sie zur Erledigung der Aufgabe im jeweiligen System benötigen, und machen Sie sich Notizen, wenn Sie an irgendeiner Stelle nicht weiterkommen. Versuchen Sie nicht nur zu bewerten, ob eine Funktion vorhanden ist, sondern auch festzustellen, wie aufwändig es ist, die Funktion abzurufen, und wie intuitiv der Umgang mit der Software für Sie ist.

Referenzbesuch Um noch mehr Sicherheit zu bekommen, können Sie sich vom Hersteller auch einen Referenzkunden nennen lassen und diesen besuchen. Hierbei sollten Sie sich natürlich darüber im Klaren sein, dass man Ihnen nur überaus zufriedene Referenzkunden präsentieren wird, aber wenigstens können Sie sich davon überzeugen, dass es mindestens einmal gut geklappt hat.

Auswahl Mit dem Wissen, das Ihnen jetzt vorliegt, sollte sich eigentlich ein klarer Favorit herauskristallisiert haben, bei dem Sie sicher sein können, dass Sie eine zukunftssichere Sache starten.

9.5.3 ROI-Berechnung

Die Wirtschaftlichkeit von Redaktionssystemen lässt sich berechnen. Das ist die gute Nachricht. Die schlechte Nachricht ist, dass in der Praxis häufig die für die

Berechnung notwendigen Zahlen fehlen und man hier auf Schätzungen angewiesen ist. Deshalb möchte ich Ihnen im Folgenden die wichtigsten Zusammenhänge aufzeigen. Damit lassen sich zumindest grobe Schätzungen machen.

Kosten in der Technischen Dokumentation Die Kostenarten, die in der Technischen Dokumentation vorkommen, beschreiben wir in *Kap. 12.3 „Dokumentationskosten“* ausführlich. Der erste Schritt zur ROI-Berechnung besteht darin, dass Sie Ihre aktuellen Kosten kennen oder zumindest abschätzen können.

Zukünftige Entwicklung Neben der aktuellen Lage sollten Sie auch die Planungen für die Zukunft in Ihre Überlegungen einbeziehen. Dabei sollten folgende Fragen im Raum stehen:

- Wie viele zusätzliche Sprachen müssen wir in Zukunft übersetzen?
- Wie wird sich das Dokumentationsvolumen in Zukunft entwickeln?
- Müssen wir zusätzliche Medien (z. B. Online-Hilfe) bereitstellen?
- Wie ist der Trend in der Produktentwicklung, dem die Dokumentation folgen muss (z. B. Individualisierung/Standardisierung, Baukastensystem, Plattformkonzept)?

Einsparungspotenziale durch Modularisierung und Redaktionssysteme Wie groß die Einsparpotenziale in Ihrer Redaktion sind, hängt stark davon ab, wo Sie gerade stehen, also wie gut Ihre Prozesse und Ihr Strukturierungsgrad zurzeit sind.

Die größten Einsparungen ließen sich demnach in einer absolut unorganisierten chaotischen Technischen Redaktion erreichen. Das stimmt so aber nicht, da hier zu erwarten ist, dass das System auch nur chaotisch benutzt wird und deshalb nicht zu Entlastungen führt. Wichtig ist also, dass man nicht nur das System einführt, sondern parallel auch die Prozesse optimiert und die Mitarbeiter ausbildet.

Dann lassen sich Einsparungen in folgenden Bereichen erzielen:

- Verwaltung
  Mit System wird die komplette Redaktion aufgeräumter, denn sie wird durch das System dazu gezwungen. Dadurch können einige Verwaltungsaufgaben automatisiert werden und das Auffinden alter Stände wird erheblich erleichtert.
- Recherche
  Bei der eigentlichen Recherchearbeit kann ein Redaktionssystem eigentlich nicht unterstützen. Hier wird es in der Regel kaum zu Einsparungen kommen.
- Erstellung
  Durch den Wegfall der Formatierungsarbeit und die Vorteile der modularen Erstellung sind hier deutliche Einsparungen möglich. Werden Funktionen zu Variantenmanagement und zur automatisierten Zusammenstellung von Lieferantendokumentationen genutzt, kann dies einen zusätzlichen Schub bei der Einsparung bringen.
- Qualitätssicherung
  Werden die Prozesse zur Qualitätssicherung, insbesondere das Korrekturlesen und Kommentieren, vom System gestützt, geht das Einarbeiten der Korrekturen deutlich flotter von der Hand und ist entsprechend weniger zeitaufwändig. Un-

Tab. 9.2 Beispiel für Einsparpotenziale mit einem Redaktionssystem

Bereich	Einsparung
Verwaltung	25 %
Recherche	0 %
Erstellung	30 %
Qualitätssicherung	40 %
Übersetzung	40 %

terstützt das System zusätzlich den Redakteur, z. B. durch Terminologie-/sprachprüfung und Authoring Memory, sinkt auch der Aufwand in der Qualitätssicherung.

- Übersetzung
  Durch die modulare Übersetzung sinkt die Menge des zu übersetzenden Textes. Somit sinken auch die Kosten für die Übersetzung. Außerdem entfällt je nach System die Nachformatierung, was zusätzliche Einspareffekte mit sich bringt.

Damit das Ganze etwas plastischer wird, zeigt Tab. 9.2 Beispielwerte für eine idealtypische Einführung eines Redaktionssystems.

Systemkosten und Einführungskosten Ermittelt man die Gesamtkosten für das Erstellen der Anleitungen, wird man relativ schnell feststellen, dass die Anschaf-

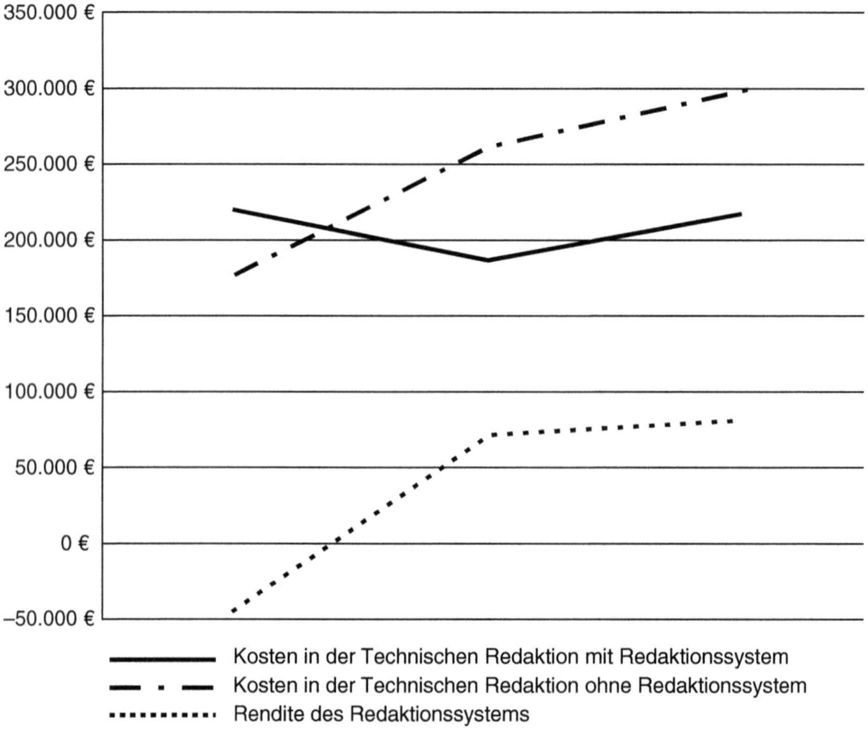

Abb. 9.4 Beispiel für die ROI-Berechnung eines Redaktionssystems

fungskosten für ein Redaktionssystem relativ gering sind. Man darf aber nicht vergessen, dass zu den Anschaffungskosten auch noch die Kosten für die Einführung des Systems hinzukommen. Diese übersteigen die Anschaffungskosten meist bei weitem.

Daher sollte man (auch wenn das schwer fällt) bei der Anschaffung weniger auf den Preis des Systems schauen, sondern vielmehr auf den Nutzen und die Einsparpotenziale achten. Diese können je nach System sehr unterschiedlich ausfallen, weil bestimmte Programmfunktionen unterschiedlich gut gelöst sind.

ROI-Berechnung Der ROI (Return on Investment) des Redaktionssystems bestimmt sich aus den vorhandenen Kosten und den Kosten der Folgejahre (extrapoliert mit Hilfe der Erwartungen für die Zukunft). Diese werden pro Jahr in den jeweiligen Bereichen (Verwaltung, Recherche etc.) aufgelistet. So erhält man die Referenzkosten ohne System für die nächsten 3–4 Jahre.

Anschließend kann die Einsparung für jedes Jahr mit Hilfe der zu erwarteten Einsparungen in den jeweiligen Bereichen erfolgen. Hierzu kommen dann noch die Kosten für das System und dessen Einführung. Außerdem muss für die Folgejahre noch ein gewisser Betrag für die Pflege des Systems angesetzt werden.

Nun können Sie die Kostenentwicklung mit und ohne Redaktionssystem gegenüberstellen. In einem Diagramm wie in Abb. 9.4 sieht man den Effekt am besten. In der Regel kostet die Einführung erst einmal mehr Geld. Erst nach einer gewissen Zeit reduzieren sich die Kosten und man spart Geld.

Kapitel 10
Redaktionsleitfaden

Der Redaktionsleitfaden ist die Bibel einer jeden Technischen Redaktion. Er vereint die typischen Inhalte eines Qualitätsmanagementhandbuchs mit den fachlichen Anforderungen aus der Technischen Dokumentation. Das folgende Kapitel beschreibt kurz die Bedeutung dieses wichtigen Arbeitspapiers, seinen Inhalt und einen Weg, diesen zu erarbeiten.

10.1 Anforderungen an einen Redaktionsleitfaden

Der Redaktionsleitfaden dient als Nachschlagewerk und zur Einarbeitung neuer Mitarbeiter. Er bildet die Prozesse ab und legt die inhaltlichen Mindestanforderungen an die in der jeweiligen Redaktion produzierten Dokumente fest.

Viele Redaktionen arbeiten zurzeit noch ohne Redaktionsleitfaden. Das geht natürlich auch. Es besteht hierbei aber schnell die Gefahr, dass schon bei Redaktionen ab 2 Leuten die Arbeitsergebnisse der einzelnen Redakteure immer mehr auseinanderdriften.

Die Erstellung eines Redaktionsleitfadens zwingt Sie dazu, sich mit Ihren Prozessen und den fachlichen Anforderungen auseinanderzusetzen und gemeinsam den richtigen Weg für das Team, die Produkte und die Zielgruppe festzulegen.

Der Redaktionsleitfaden dient also dazu, einmal aufzuschreiben, worauf es ankommt und was vielfach sowieso schon immer gemacht wurde. Er dient aber auch dazu, bei seiner Erstellung Vorhandenes kritisch zu überprüfen und neue, bessere Wege zu finden. In der täglichen Praxis dient der Redaktionsleitfaden dann als Referenz und Nachschlagewerk. Er dient auch dazu, in Streitfällen herangezogen zu werden. Denn er hält ja die einmal getroffenen gemeinsamen Anforderungen und Ansprüche fest.

10.2 Inhalte eines Redaktionsleitfadens

Der Redaktionsleitfaden ist wie schon erwähnt eine Mischung aus Qualitätsmanagementhandbuch und fachlichen Mindestanforderungen. Er ist allerdings kein Fachbuch wie dieses hier. Statt einer Enzyklopädie zur Technischen Redaktion sollte er

L. Kothes, *Grundlagen der Technischen Dokumentation*,
DOI 10.1007/978-3-642-14668-8_10, © Springer-Verlag Berlin Heidelberg 2011

lediglich die Eckpunkte und Mindestanforderungen enthalten. Die Erfahrung zeigt: Wenn ein Redaktionsleitfaden zu umfangreich ist, wird er nicht gelesen. Wenn er nicht detailliert genug ist, reichen die Regelungen jedoch nicht aus, um die gewünschte einheitliche Richtung der Technischen Redaktion zu dokumentieren. Ein guter Redaktionsleitfaden hat daher je nach Inhalt zwischen 50 und 150 Seiten.

Er sollte folgende Themen abdecken:

- Personen und Prozesse in der Technischen Redaktion
- Ablagesystematik, Archivierung, Publikation
- Struktur/Aufbau der Dokumente
- Modularisierungskonzept (wenn modular gearbeitet wird)
- Schreibregeln
- Regeln für die Erstellung von Abbildungen

Die Inhalte sollten, wo immer es möglich ist, handlungsorientiert aufgebaut sein, eben so, wie man es bei einer guten Anleitung auch macht. Überhaupt sollte der Redaktionsleitfaden alles das vorleben, was man in den eigenen Anleitungen auch haben möchte. So sollte der Redaktionsleitfaden mit den Werkzeugen erstellt werden, mit denen in der Technischen Redaktion auch die Anleitungen erstellt werden. Wäre es nicht unglaubwürdig, von allen Redakteuren die strikte Arbeit im Redaktionssystem zu fordern, um dann die Anleitung mit Word zu schreiben?

Zur Ausformulierung der einzelnen Themen im Redaktionsleitfaden geben die übrigen Kapitel dieses Buches reichlich Anregungen. Daher wollen wir im Folgenden nur grob auf die oben angesprochenen Inhalte eingehen. Wichtig ist es, dass der Redaktionsleitfaden nur die wichtigsten Punkte in komprimierter Form enthält. Versuchen Sie nicht, Passagen aus diesem Buch zu übernehmen. Dann wird der Leitfaden viel zu lang. Viel wichtiger ist es, dass Sie sich an den Punkten, bei denen es mehrere Wege gibt, die zum Ziel führen, oder wo Interpretationsspielraum besteht, für genau eine Sichtweise entscheiden.

Unterlassen Sie es auch, im Redaktionsleitfaden irgendwelche Normen oder Gesetze zu zitieren. Der Redaktionsleitfaden soll ja nicht die Begründung für Ihr Tun liefern, sondern ausschließlich Ihre Festlegungen dokumentieren. Ich habe selbst schon Redaktionsleitfäden gesehen, in denen umfangreiche Passagen aus fremden Regelwerken übernommen wurden (z. B. die Regelungen zu Sicherheitshinweisen aus der ANSI Z535.6). Die Folge davon ist, dass immer noch niemand weiß, wie die Sicherheitshinweise denn nun konkret gestaltet werden sollen. Besser wäre es einfach festzulegen, wie es konkret gemacht wird, und maximal auf die Standards als Referenz zu verweisen.

Doch nun zu den eigentlichen Inhalten:

Einleitung Genauso wie die Anleitung sollte auch der Redaktionsleitfaden einen einleitenden Teil haben, in dem Zielgruppe, Zweck des Redaktionsleitfadens und Konventionen im Dokument erläutert werden.

Personen und Prozesse in der Technischen Redaktion In diesem Abschnitt werden die Prozesse und die an den Prozessen beteiligten Personen (Stellen) dokumentiert. Dies sollte idealerweise in Form von Ablaufdiagrammen erfolgen, die zusätzlich durch Texte erläutert werden, wo dies erforderlich ist.

Ablagesystematik, Archivierung, Publikation Damit es möglich ist, Projekte zwischen einzelnen Technischen Redakteuren zu tauschen, sollten einheitliche Ablagestrukturen im Dateisystem oder auch im Redaktionssystem geschaffen und eingehalten werden. Überall wo das nicht so ist, tut man sich sehr schwer, wenn man sich in den Projekten eines Kollegen zurechtfinden muss. Allein schon die Frage „Wo ist denn die aktuelle Version des Dokumentes?" kann einen so verzweifeln lassen. Das passiert nicht, wenn alle ihre Projekte auf die gleiche Weise in Ordnern strukturieren und gleiche Konventionen für die Dateibenennung anwenden.

Neben der Ablagesystematik sollte auch das Thema Archivierung geregelt sein. Schließlich besteht eine 10-jährige Aufbewahrungspflicht.

Struktur/Aufbau der Dokumente Ganz wichtig ist es, dass alle Anleitungen eines Typs, die in der Technischen Redaktion erstellt werden, den gleichen Grundaufbau haben. Dieser sollte entweder im Redaktionsleitfaden dokumentiert sein oder als praktische Kopiervorlage zur Verfügung gestellt werden. Neue Projekte können dann auf Basis der Kopiervorlage, in der die Standardstrukturen bereits enthalten sind, erstellt werden. Diese Kopiervorlagen sind dann gewissermaßen ausgelagerte Teile des Redaktionsleitfadens.

Modularisierungskonzept Wenn Sie modular arbeiten, müssen Sie nicht nur die Dokumentstrukturen definieren, sondern auch die Modulstrukturen und das Konzept der Modularisierung erläutern. Dadurch stellen Sie sicher, dass einmal erstellte Module auch wirklich wie geplant wiederverwendet werden können.

Schreibregeln Hier werden Regeln zur Formulierung und ggf. auch die Terminologie festgelegt. Die Schreibregeln sollten möglichst mit Beispielen illustriert werden, um sie auch für Nicht-Sprachwissenschaftler verständlich zu machen.

Regeln für die Erstellung von Abbildungen Auch die Erstellung von Abbildungen sollte geregelt werden. Hierbei geht es z. B. um Bildgrößen, Strichstärken oder auch Regeln für die Anwendung von Fotos oder Strichzeichnungen. Ähnlich wie bei den Dokumentstrukturen bietet es sich auch bei den Abbildungen an, Vorlagen als externe Teile des Redaktionsleitfadens zu erstellen.

10.3 Einen Redaktionsleitfaden erarbeiten

Einen Redaktionsleitfaden schreibt man eigentlich nie alleine, denn es sind ja nicht nur die Kollegen aus der Technischen Redaktion, die Einfluss auf den Inhalt des Redaktionsleitfadens nehmen möchten, sondern auch die Kollegen, die Informationen zuliefern, Dokumente prüfen oder anderweitig am Redaktionsprozess beteiligt sind.

Diese Personen sollte man an einen Tisch bringen und in einem Workshop die wichtigsten Anforderungen an den Prozess und damit auch an den Leitfaden dokumentieren. Das ist auch wichtig, um später eine möglichst hohe Akzeptanz für den Leitfaden zu erhalten, denn was nützt ein Redaktionsleitfaden, wenn ihn keiner liest und auch niemand anwendet.

Man wird also nicht umhinkommen, das Dokument in mehreren Durchläufen aus Workshops und anschließendem Niederschreiben der Ergebnisse zu erstellen. Hierbei ist es sicher sinnvoll, ein Kernteam aus 2 bis 3 Leuten zu bilden, die die eigentliche Schreibarbeit ausführen. Die Ergebnisse dieses Teams können dann von den Mitgliedern des Arbeitskreises Redaktionsleitfaden diskutiert, korrigiert und verabschiedet werden. Oft ist es zweckmäßig, einen „neutralen" Moderator einzuschalten, der innerhalb des Arbeitskreises die verschiedenen Strömungen aufnimmt und versucht, einen Konsens zu erreichen. Dieser Moderator sollte möglichst über Erfahrungen in der Erstellung solcher Leitfäden haben. Das erspart die eine oder andere Extrarunde, die in die falsche Richtung geht. Gut ist es, wenn der Moderator auch Teil des Kernteams ist, damit er das Dokument wirklich gut kennt und entsprechend argumentieren kann.

Kapitel 11
Anleitungen für den US-Markt

Dieses Kapitel ist ein kurzer Exkurs in die „Welt der Anleitungen für den US-Markt". Aufgezeigt und erläutert werden die grundsätzlichen Anforderungen an Anleitungen für den US-Markt.

In den USA gibt es im Gegensatz zu Europa nur sehr wenige Normen oder Gesetze, die Aussagen zur Technischen Dokumentation beinhalten. Die Anforderungen ergeben sich vielmehr aus bundesstaatsübergreifenden Standards, aus Präzedenzfällen und gerichtlichen Erfahrungen sowie aus Auswertungen individueller Zielgruppenbestimmungen. Dabei liegt das Hauptaugenmerk auf der Beachtung der kulturellen Besonderheiten sowie der Gegebenheiten des US-Gerichtssystems.

11.1 Produkthaftungsrecht in den USA

In den USA gibt es kein einheitliches Produkthaftungsrecht und somit auch kein einheitliches Produkthaftungsgesetz, das vergleichbar wäre mit dem GPSG. Das Produkthaftungsrecht ist Teil des Zivilrechts und liegt damit im Kompetenzbereich der einzelnen US-Bundesstaaten. Daraus ergibt sich, dass jeder Bundesstaat das Produkthaftungsrecht individuell auslegen kann. Die Standards entstehen dem angelsächsischen Gerichtssystem folgend durch Präzedenzfälle (Case Law). Die Feststellung der Fakten übernehmen dabei zwölf Geschworene, die allesamt Laien sind. Im Streitfall wird ein gegnerischer Anwalt unter Umständen jedes Wort der Anleitung auseinandernehmen, um aufgrund des Schadens nach Schwachstellen zu suchen.

Es gilt der Grundsatz, dass die gegnerische Seite einen Hinweis befolgt hätte, wenn dieser in der Anleitung enthalten gewesen wäre. Der Haken für das Erstellen von Anleitungen ist also, dass man sich nicht an vorhandenen Vorschriften orientieren kann, da diese zum Teil erst im Gerichtssaal, also nachdem die Anleitung schon lange fertiggestellt ist, entstehen.

Im europäischen Raum gibt es Richtlinien und Normen in Hülle und Fülle, welche länderspezifische und länderübergreifende, einheitliche Anforderungen an Produkte, Prozesse und Verfahren definieren. Sie dienen dazu, technische Handels-

L. Kothes, *Grundlagen der Technischen Dokumentation*,
DOI 10.1007/978-3-642-14668-8_11, © Springer-Verlag Berlin Heidelberg 2011

hemmnisse abzubauen und die Qualitätsanforderungen an Produkte, Dienstleistungen, Prozesse und Verfahren zu vereinheitlichen. Auch wenn diese Richtlinien und Normen häufig von jenen verteufelt werden, deren Aufgabe die Umsetzung der Anforderungen ist, so dienen sie auch als Hilfsmittel und Leitfaden. Häufig erübrigen sie eigene zeitaufwendige Überlegungen und Festlegungen.

Solche übergreifenden Richtlinien und Normen gibt es in den USA kaum. An Stelle der Normen treten sogenannte US-Standards, welche, einfach ausgedrückt, schriftliche Vereinbarungen sind, die von einem Expertengremium verfasst und von einer anerkannten Institution angenommen wurden. Standards enthalten ähnlich wie Richtlinien und Normen im europäischen Raum Regeln, Leitlinien oder Anforderungen an Materialien, Produkte, Prozesse und Dienstleistungen. Allerdings gibt es hier nicht die gesetzlich verankerte Konformitätsvermutung, wie sie in Europa üblich ist.

In den USA wird primär zwischen drei Arten von Standards unterschieden:

- OSHA (Occupational Safety and Health Administration)
- ANSI (American National Standard Institute)
- UL (Underwriters Laboratories)

OSHA-Standards Mit dem US-Bundesgesetz zum Arbeitsschutz (Occupational Safety and Health Act) von 1970 wurde die „Occupational Safety and Health Administration" ins Leben gerufen, die als Bundesbehörde die Durchsetzung des Arbeitsschutzgesetzes überwacht. Die OSHA gibt Standards heraus, deren Befolgung vorgeschrieben ist. Diese OSHA-Standards kommen den europäischen Richtlinien am nächsten. Ein Unterschied besteht allerdings darin, dass die OSHA-Standards konkrete technische Anforderungen beschreiben im Gegensatz zu vielen europäischen Richtlinien, die lediglich die Schutzziele festlegen. Die OSHA-Standards richten sich allerdings an die Arbeitgeber (oder allgemeiner den Käufer, Betreiber oder Eigentümer) der Produkte und sind daher für die Hersteller nur indirekt relevant.

ANSI-Standards ANSI-Standards werden im Gegensatz zu den OSHA-Standards durch private Organisationen entwickelt und herausgegeben. ANSI-Standards haben den Status von „freiwilligen Industriestandards". In vielen Fällen wird die Umsetzung der ANSI-Standards jedoch vertraglich festgelegt. Viele OSHA-Standards sind Umsetzungen von ANSI-Standards oder basieren zumindest auf diesen. Häufig basiert dabei der verpflichtende OSHA-Standard auf einer älteren Version eines freiwilligen ANSI-Standards. Daher ist es stets empfehlenswert, die aktuellsten Versionen beider zutreffenden Standards zu recherchieren und anzuwenden.

Kommt es zu einem Produkthaftungsfall oder einem Unfall, bei dem Regressansprüche gestellt werden, werden häufig OSHA-Inspektoren zur Prüfung des Falls hinzugezogen. Falls im Rahmen einer solchen Prüfung festgestellt wird, dass ANSI-Standards nicht beachtet und umgesetzt wurden und es dafür keine plausible Erklärung gibt, so können – auch im Falle von zivilrechtlichen Verfahren – Strafen und Bußgelder höher ausfallen.

UL-Standards UL-Standards sind Sicherheitsstandards, die sich hauptsächlich auf elektrische Gefahren beziehen. Einige der herausgegebenen UL-Standards wurden von den UL bei der ANSI eingebracht. Diese wurden als ANSI-Standards umgesetzt oder inhaltlich in solche aufgenommen.

In der Praxis lässt sich feststellen, dass Konstruktions-, Herstellungs- und Instruktionsfehler die wichtigsten Fehlerkategorien sind, die zur Produkthaftung führen können. Insbesondere jedoch die Verletzung der Instruktionspflicht – z. B. aufgrund fehlender oder fehlerhafter Informationen und Sicherheitshinweise in Anleitungen – führte jedoch schon in mehreren Fällen dazu, dass amerikanische Gerichte den Hersteller zur Leistung von Schadensersatz verurteilten.

11.2 Grundlegende inhaltliche Anforderungen an US-Anleitungen

Die inhaltlichen Anforderungen an US-Anleitungen unterscheiden sich nicht grundsätzlich von den Anforderungen an Anleitungen für andere Zielmärkte. So müssen auch US-Anleitungen so beschaffen sein, dass jeder, der mit oder an dem Produkt beschäftigt ist, das Produkt mit Hilfe der Anleitung ohne fremde Hilfe in kurzer Zeit, fehlerlos und sicher verwenden kann, und dass er die Informationen, die er benötigt, schnell findet.

Ein Problem hierbei ist, dass die Redakteure häufig viel zu viel Wissen beim Nutzer voraussetzen. Das kann zur Folge haben, dass Detailinformationen fehlen, die zu mangelndem Verständnis bei der US-amerikanischen Zielgruppe führen.

Bei der Erstellung von Anleitungen für den US-Markt muss daher beachtet werden, dass der Bildungs- und Wissensstand in den USA durchschnittlich geringer ist als in Deutschland. Dies resultiert aus der oft sehr teuren Ausbildung sowie aus einer Gesellschaft, die von Einwanderung geprägt ist und daher aus vielen verschiedenen Kulturen besteht und in der viele verschiedene Sprachen gesprochen werden.

Ein wichtiger Punkt, der insbesondere bei der Anleitungserstellung beachtet werden muss, ist der Unterschied der Ausbildungsstrukturen zwischen den USA und Deutschland. So können die in Deutschland formell ausgebildeten Facharbeiter (wie z. B. die Elektrofachkraft) in den USA nicht erwartet werden. Dies hat insbesondere Einfluss auf die Zielgruppenbestimmung zu Beginn der Anleitungserstellung.

Um diesen Besonderheiten gerecht zu werden, muss eine US-Anleitung folgende Kriterien erfüllen:

- Die Anleitung muss eine klare, sinnvolle, chronologisch-logische und an die Zielgruppe angepasste Struktur aufweisen. Strukturelle Abfolgen, die sich in den USA bereits etabliert haben, müssen dabei ebenfalls Beachtung finden.
- Es müssen verständliche und fachlich richtige Handlungsbeschreibungen integriert werden, die in möglichst vielen Einzelhandlungsschritten die zu vollziehende Handlung beschreiben. Dadurch ergeben sich notwendige Schritt-

für-Schritt-Handlungsanweisungen sowie detaillierte Beschreibungen von Handlungssequenzen.
- Die Anleitung muss viele Abbildungen enthalten, die den Text unterstützen bzw. verdeutlichen.
- Die Anleitung muss klare und präzise Sicherheitshinweise genau an den „Stellen“ beinhalten, an denen die Gefahr besteht. Die Sicherheitshinweise müssen nach aktuellen US-spezifischen Vorgaben und Standards aufgebaut sein.
- Die Anleitung muss verschiedene Strukturelemente beinhalten, mit denen Informationen innerhalb der Anleitung schnell gefunden werden können.
- Die Anleitung muss in der oder den Sprachen ausgeliefert werden, die voraussichtlich vorwiegend von der oder den Zielgruppen verstanden werden. Die Übersetzungen müssen fehlerfrei sein und eine einheitliche Terminologie vorweisen.

Je weniger Anforderungen erfüllt sind, desto höher ist das Risiko, im Schadensfall dafür haftbar gemacht werden zu können. Eine 100 %ige Sicherheit gibt es nicht. Es gilt daher, das immer vorhandene Risiko mit vertretbarem Aufwand zu minimieren. Was vertretbar ist, entscheidet dabei stets der Hersteller des Produktes, der für die Anleitung die Verantwortung übernimmt.

Der Dokumentationsprozess für Anleitungen für die USA unterscheidet sich nur in wenigen Punkten von dem bereits beschriebenen, siehe *Kap. 3 „Dokumentationsprozess“*.

11.2.1 Risikobeurteilung

In den USA wird die Risikobeurteilung gesetzlich nicht verlangt. Sie ist jedoch eine Nachweisdokumentation, mit der dokumentiert wird, welche Schritte und Maßnahmen zur Gefahrenreduzierung ergriffen wurden. Ein Fehlen der Risikobeurteilung ist daher im Schadensfall ein „gefundenes Fressen“ für die klägerische Seite. Die folgenden ANSI-Standards beschäftigen sich mit dieser Thematik:

- ANSI_B11.19-2003+(R2009):
  American National Standard for Machine Tools – Performance Criteria for Safeguarding
- ANSI_B11.TR3-2000:
  Risk Assessment and Risk Reduction – A Guide to Estimate, Evaluate and Reduce Risks Associated with Machine Tools

Die in diesen Normen beschriebenen Verfahren zur Risikobeurteilung sind denen in Europa sehr ähnlich, so dass man die in Europa erstellte Risikobeurteilung prinzipiell auch für die USA verwenden kann. Hierbei ist allerdings zu beachten, dass es bei den Produkten durchaus technische Unterschiede geben kann, wenn sie für die USA gebaut werden. Schließlich gelten hier andere Standards. Dementsprechend ist auch eine separate Normenrecherche und Angabe der US-Standards in der Risikobeurteilung erforderlich. Daher kann die europäische Risikobeurteilung in den meisten Fällen nur als Basis für die US-Risikobeurteilung dienen.

11.2.2 Normenrecherche

Auch für Anleitungen für die USA sollte im Vorhinein eine „Normenrecherche" durchgeführt werden, bei der aktuelle, zutreffende Standards und Vorgaben eruiert werden. Normenrecherchen von Deutschland aus sind schwierig und nur sehr zeitaufwendig durchzuführen, da viele US-Bundesstaaten unterschiedliche Richtlinien, Normen und Standards haben. Daher ist es empfehlenswert, einen ortsansässigen Spezialisten in den USA zu beauftragen oder die Recherche durch die Normungs-, Forschungs- und Entwicklungsabteilung des Herstellers oder durch Dienstleister vornehmen zu lassen, die auf solche Recherchen spezialisiert sind.

Einige interessante Internetseiten für Recherchen:

- American National Standards Institute (ANSI)
  http://www.ansi.org/
- National Institute of Standards and Technology (USA)
  http://www.nist.gov/
- Europäische Agentur für Sicherheit und Gesundheitsschutz am Arbeitsplatz OSHA
  http://osha.europa.eu/fop/eu-us/en/
- US Department of Labor, Occupational Safety & Health Administration
  http://www.osha.gov/
- Consumer Product Safety Commission
  http://www.cpsc.gov/

11.2.3 Kapitelstruktur

Festgelegte Vorgaben für die Kapitelstruktur in Anleitungen für die USA gibt es nicht. Eine sinnvolle Kapitelstruktur ergibt sich vielmehr aus chronologisch-logischen Überlegungen, Vorgaben aus der ANSI Z535.6 sowie aus der Beachtung anleitungsspezifischer Konventionen in den USA. So ergibt sich die Beispielstruktur in Abb. 11.1.

Bei der Betrachtung dieser Struktur fällt auf, dass sie sich kaum von der empfohlenen Struktur für EU-Anleitungen unterscheidet. Auch die Inhalte der einzelnen Kapitel unterscheiden sich nicht wesentlich von den im *Kap. 4 „Inhalte der Anleitung*" genannten. Lediglich die „Supplemental Directives" und das Kapitel „1. Überblick" sind hinzugekommen, und das Kapitel „Technische Daten" ist in der Struktur weiter nach unten verschoben worden.

Supplemental Directives Die „Supplemental Directives" sind eine spezielle Art von sicherheitsrelevanten Texten nach ANSI Z535.6, siehe *Kapitel „Typen von Sicherheitshinweisen*".

Kapitel „Überblick" Das Kapitel „Überblick" direkt zu Beginn der Anleitung dient zur Einführung des Produkts und Festlegung der Terminologie und dazu, dem

Abb. 11.1 Mögliche Gliederung einer US-Anleitung auf Ebene der Hauptkapitel

Deckblatt
Supplemental directives
Inhaltsverzeichnis
1. Überblick
2. Sicherheit (grundlegende Anforderungen)
3. Aufbau und Funktion
4. Transport, Verpackung und Lagerung
5. Installation/Erstinbetriebnahme
6. Bedienung
7. Störungen
8. Instandhaltung/Wartung
9. Außerbetriebnahme/Demontage/Entsorgung
10. Technische Daten
11. Glossar
12. Stichwortverzeichnis

Nutzer einen kurzen Überblick über das Produkt zu verschaffen. Es beinhaltet ein Übersichtsbild mit Positionsnummern und Legende, in der die wichtigsten Bauteile/Baugruppen benannt werden, sowie eine Kurzbeschreibung der wichtigsten Funktionen. Die Kurzbeschreibung soll den Leser in einer knappen Zusammenfassung darüber aufklären, wozu das Produkt dient, wo es eingesetzt wird und wie es funktioniert. Um keine Missverständnisse entstehen zu lassen, wird hier direkt auf die bestimmungsgemäße Verwendung (Intended use) und den vorhersehbaren Fehlgebrauch im Kapitel „Sicherheit" verwiesen.

Kapitel „Technische Daten" In Anleitungen für die USA hat sich etabliert, dass das Kapitel „Technische Daten" recht weit am Ende aufgeführt wird. Dies erwartet der Leser aufgrund seiner bisherigen Erfahrungen mit Anleitungen und er wäre recht irritiert, wenn er das Kapitel, wie beispielsweise in Anleitungen für den europäischen Markt, weit vorne finden würde. Häufig wird in diesem Kapitel auch der Fehler gemacht, dass lediglich SI-Einheiten angegeben werden. In den USA ist das SI-Einheitensystem jedoch nicht vollständig etabliert. Daher ist es sinnvoll, in Anleitungen für die USA Einheiten nach dem angloamerikanische Maßsystem (customary units) anzugeben sowie ggf. zusätzlich die Einheiten nach dem SI-Einheitensystem.

11.3 Sicherheitshinweise nach ANSI Z535.6

Schlechte, unvollständige oder fehlende Sicherheitshinweise sind bei Haftungsfällen vor amerikanischen Gerichten ein häufiges Problem für den Hersteller. Der Anwalt der Klägerseite wird versuchen klarzumachen, dass der Kläger einen Hinweis befolgt hätte, wenn er in angemessener Weise gegeben worden wäre.

Er wird dafür folgende Punkte prüfen und gegebenenfalls anführen:

- Ein Sicherheitshinweis hat gefehlt.
- Sicherheitshinweis/e war/en unvollständig.

- Sicherheitshinweis/e war/en inadäquat.
- Sicherheitshinweise war/en unverständlich (inhaltlich, Übersetzungsfehler ...).
- Sicherheitshinweis/e war/en unübersichtlich.

Das amerikanische „Restatement of the Law“ fordert daher, Sicherheitshinweise insbesondere bezüglich ihres Inhalts und der Verständlichkeit, der Eindeutigkeit und der Eigenschaften der zu erwarteten Zielgruppe zu erstellen. Und auch gemäß dem US-Fallrecht müssen Sicherheitshinweise adäquat, präzise, wirksam, eindeutig, vollständig und zielgruppengerecht sein.

Das übergeordnete Ziel ist demnach, ein Konzept für ein einheitliches Erscheinungsbild der Sicherheitshinweise zu erstellen, um Sicherheitshinweise klar erkennbar, übersichtlich, eindeutig, vollständig und konsistent aufzubauen und darzustellen.

Unterstützung dabei bietet die ANSI-Standard-Reihe ANSI Z535. Sie enthält Vorgaben zur Erstellung, Struktur, Farbgebung und Formatierung von US-konformen Sicherheitshinweisen. Dabei behandeln die einzelnen Standards der Reihe folgende Inhalte:

- ANSI Z535.1-2006 (February 16, 2006)
  Safety Color Code (Sicherheitsfarben)
- ANSI Z535.2-2007 (November 7, 2002)
  Environmental and Facility Safety Signs
- ANSI Z535.3-2007 (October 9, 2007)
  Criteria for Safety Symbols (Sicherheitssymbole)
- ANSI Z535.4 (May 15, 2007)
  Product Safety Signs and Labels (Sicherheitshinweise auf dem Produkt)
- ANSI Z535.5 (September 12, 2007)
  Safety Tags and Barricade Tapes (for Temporary Hazards)
- ANSI Z535.6-2006 (August 3, 2006)
  Product Safety Information in Product Manuals, Instructions, and Other Collateral Materials (Sicherheitshinweise in Anleitungen)

Im Folgenden betrachten wir die Erstellung von Sicherheitshinweisen nach ANSI Z535.6 im Detail.

11.3.1 Allgemeines zur ANSI Z535.6

Lange Zeit gab es keine US-spezifischen Vorgaben zur Gestaltung von Sicherheitshinweisen in Anleitungen. Die Ersteller von Anleitungen hatten somit eine gewisse „Gestaltungsfreiheit“. Weil es nichts anderes gab, hat man sich für die Sicherheitshinweise in Anleitungen an der ANSI Z535.4 orientiert, die Aufbau und Aussehen von Warnschildern regelt. Die Folge davon waren und sind großflächige, plakative Sicherheitshinweise, die den eigentlichen Anleitungstext überlagern.

Tab. 11.1 Übersetzung von may, shall, should

Begriff	Bedeutung
may	„darf“ oder „kann“
shall	„muss“
should	„sollte“

Der ANSI Z535.6-Standard gibt nun Hinweise zum Inhalt, zur Platzierung und zur Formatierung von Sicherheitshinweisen in Anleitungen. Die ANSI Z535.6 sagt allerdings auch nichts darüber aus,

- wann eine Warnung notwendig ist,
- was genau in der Warnung enthalten sein muss oder
- wie genau der Sicherheitshinweis formatiert werden soll.

Dabei geht es vielfach darum, die Hinweise optisch zurückzunehmen, um der eigentlichen Anleitung wieder Raum zu geben.

Die ANSI Z535.6 lässt weiterhin viel Freiheit und damit auch Unsicherheit. Deshalb sollte man sehr genau auf die Definitionen in Tab. 11.1 achten.

Aufgrund der Freiheiten, die die ANSI Z535.6 lässt, beschreiben die folgenden Ausführungen und Beispiele unsere Auslegung der ANSI Z535.6. Andere Interpretationen sind sicher auch richtig und legitim.

11.3.2 Struktur und Elemente

Beim inhaltlichen Aufbau der Sicherheitshinweise gilt – wie auch bei Sicherheitshinweisen für die EU – die Einhaltung der **SAFE**-Methode, siehe *Kap. 7.4 „Sicherheitshinweise formulieren und strukturieren*“. Hierbei ist es jedoch sinnvoll, die Reihenfolge der **SAFE**-Elemente leicht abzuändern.

So sollten in Sicherheitshinweisen nach ANSI Z535.6 die Instruktionen zur Abwendung der Gefahr (**E**) angegeben, bevor die Folgen bei Missachtung der Gefahr (**F**) beschrieben werden. Damit stellt man die Handlung in den Vordergrund, damit der Nutzer, den wir ja mit geringerem Bildungsstand annehmen, zuerst sieht, was er zu tun oder zu lassen hat, und erst danach zusätzliche Erläuterungen bekommt.

Es ergibt sich also folgende Reihenfolge für den Sicherheitshinweis:

- Schwere der Gefahr spezifizieren/Signalwort wählen (**S**)
- Art und Quelle der Gefahr nennen (**A**)
- Maßnahmen zur Abwendung der Gefahr nennen (**E**)
- Mögliche Folgen bei Missachtung der Gefahr nennen bzw. Gefahr erklären (**F**)

Der Sicherheitshinweis aus Kap. 7.4.4 würde demnach wie in Abb. 11.2 aufgebaut sein.

Signal Word Das „Signal Word“ lenkt die Aufmerksamkeit auf den Sicherheitshinweis und bezeichnet die Schwere der Gefahr. Die Signalwörter sind in der ANSI Z535.6 fest definiert (Abb. 11.3).

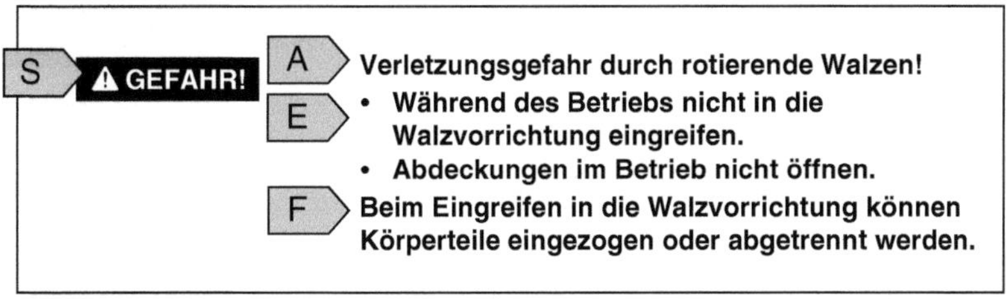

Abb. 11.2 Beispiel für einen Sicherheitshinweis nach ANSI Z535.6

DANGER	Warnt vor einer unmittelbar drohenden Gefahr, die zum Tod oder zu schweren Körperverletzungen führt.
WARNING	Warnt vor einer möglicherweise gefährlichen Situation, die zum Tod oder zu schweren Körperverletzungen führen könnte.
CAUTION	Warnt vor einer möglicherweise gefährlichen Situation, die zu mittelschweren oder leichten Körperverletzungen führen könnte.
NOTICE	Warnt vor einer möglicherweise gefährlichen Situation, die zu Sach- und Umweltschäden führen könnte.

Abb. 11.3 Signalworte nach ANSI Z535.6

Bei der Auswahl des zutreffenden Signalwortes hilft das im *Kap. 7.4.1 „Schwere der Gefahr spezifizieren“* aufgeführte Schema. Dabei gelten die folgenden Signalwortentsprechungen:

- DANGER = GEFAHR
- WARNING = WARNUNG
- CAUTION = VORSICHT
- NOTICE = HINWEIS

Alternativ zu „Notice“ kann auch „Caution“ ohne die Verwendung des weiter unten beschriebenen Safety Alert Symbols verwendet werden. Da diese Unterscheidung für den Nutzer aber nicht so einleuchtend ist, sollten Sie besser „Notice“ verwenden.

Die Signalworte werden – mit Ausnahme des Signalwortes „Notice“ – in serifenloser Schriftart verfasst und in Versalien (Großbuchstaben) gesetzt. Dabei hat das Signalwort mindestens die gleiche Schriftgröße wie der nachfolgende Sicherheitstext.

Safety Alert Symbol Das „Safety Alert Symbol“ ist ein Warndreieck mit Ausrufungszeichen, welches Sicherheitshinweise optisch kennzeichnet und hervorhebt, die vor Personenschäden warnen. Das „Safety Alert Symbol“ steht stets vor dem

Abb. 11.4 „Safety Alert Symbol" in „Signal Word Panels"

„Signal Word". Wenn das „Safety Alert Symbol" verwendet wird, hat das Warndreieck dieselbe Farbe wie die Buchstaben des Signalwortes bzw. wie der nachfolgende Sicherheitstext (Supplemental Directives) und das Ausrufungszeichen im Warndreieck dieselbe Farbe wie der Hintergrund.

Darüber hinaus ist die Grundlinie des Warndreiecks gleich der Grundlinie des Signalwortes und das Warndreieck ist mindestens so groß wie ein Großbuchstabe des Signalwortes bzw. des nachfolgenden Sicherheitstextes.

Signal Word Panel Das „Signal Word Panel" (Abb. 11.4) ist eine Kombination aus „Safety Alert Symbol" und „signal word", und kommt bei den „Grouped Safety Messages" und den „Section Safety Messages" zum Einsatz. Das „Signal Word Panel" darf entweder in Farbe, in Schwarz-Weiß oder in Graustufen dargestellt werden. Grundsätzlich wird die Verwendung von Farbe empfohlen, da dadurch die Abstufung der Schwere der Gefahr optisch dargestellt werden kann. Wenn das „Signal Word Panel" in Farbe dargestellt wird, müssen die Sicherheitsfarben gemäß ANSI Z535.1-2006 verwendet werden (Tab. 11.2).

11.3.3 Typen von Sicherheitshinweisen

In der ANSI Z535.6 werden 4 Typen von Sicherheitshinweisen unterscheiden:

- Supplemental Directives
- Grouped Safety Messages
- Section Safety Messages
- Embedded Safety Messages

Im Folgenden werden die einzelnen Sicherheitshinweis-Typen näher erläutert.

Supplemental Directives Die Supplemental Directives (Abb. 11.5) geben Hinweise auf grundlegende Informationen zur Sicherheit und zur Anleitung. Sie stehen

Tab. 11.2 Sicherheitsfarben nach ANSI Z535.1-2006

Signalwort	Farbe	CMYK	RGB
Danger	safety red	0,100,91,0	226,0,37
Warning	safety orange	0,51,100,0	242,146,0
Caution	safety yellow	0,9,94,0	255,223,0
Notice	safety blue	100,38,0,15	0,107,171

> This Operating Manual contains important instructions for safe and efficient handling of the **XXX-XX-XX xy** drill feed unit (hereinafter referred to as "machine"). This Operating Manual is part of the machine and must be kept accessible in the immediate vicinity of the machine for persons working on and with the machine.
>
> Carefully read and make sure you understand this Operating Manual prior to starting any work with the machine. The basic prerequisite for safe work is compliance with all specified safety and handling instructions.
>
> In addition, all local accident prevention guidelines and general safety regulations effective at the implementation site of the machine apply.
>
> Illustrations in this Operating Manual are provided for basic understanding and can vary from the actual model of the machine. No claims can be derived from the illustrations in this Operating Manual.

Abb. 11.5 Beispiel für Supplemental Directives

gleich am Anfang der Anleitung (noch vor dem Inhaltsverzeichnis) und beinhalten beispielsweise:

- Hinweis zur Anleitung und zum Umgang mit der Anleitung
  - Informationen dazu, auf welches Produkt sich die Anleitung bezieht
  - Informationen dazu, dass die Anleitung Produktbestandteil ist, dass sie vor allen Arbeiten gelesen werden muss, dass die Anleitung immer griffbereit gehalten werden muss etc.
- Hinweise zu Sicherheitshinweisen und ggf. anderen sicherheitsrelevanten Dokumenten

Zur Kennzeichnung der Supplemental Directives wird das „Safety Alert Symbol" verwendet, jedoch kein Signalwort.

Grouped Safety Messages Die Grouped Safety Messages (Abb. 11.6) sind vergleichbar mit den grundsätzlichen Sicherheitshinweisen, siehe *Kap. 7.5.1*

Vibrations	**WARNING! Long-term health impairment due to vibrations!** – In arrested status the drill feed unit does not need to be held. – Do not hold or touch the drill feed unit during the drilling process. Over time, vibrations can cause significant health impairments. When drilling, the drill feed unit releases vibrations.

Abb. 11.6 Beispiel für Grouped Safety Messages

„Grundsätzliche (allgemeine) Sicherheitshinweise“. Sie sind eine Bündelung der Sicherheitshinweise zu den allgemeinen Gefahren, die vom Produkt ausgehen (Restgefahren). Sie beziehen sich auf alle Inhalte der Anleitung. Die Grouped Safety Messages werden entweder als eigenständiges Dokument erstellt oder innerhalb einer Anleitung in einem Kapitel am Anfang der Anleitung eingefügt. Dabei muss die Dokument- oder Kapitelüberschrift aussagen, dass sicherheitsrelevante Informationen folgen.

Die Sicherheitshinweise selbst haben eine Überschrift, die die „Quelle“ der Gefahr kennzeichnet (z. B. Electrical hazard). Dabei werden die Sicherheitshinweise, die sich auf diese „Quelle“ beziehen, unter der Überschrift gebündelt. Zur optischen Kennzeichnung und hierarchischen Abstufung der Schwere der Gefahr werden die Sicherheitshinweise mit dem entsprechenden „Signal Word Panel“ versehen. Dabei muss nicht für jeden einzelnen Sicherheitshinweis eine eigene „Signal Word Panel“ oder ein eigenes „Safety Alert Symbol“ verwendet werden. Die Beschreibungen der Handlungsanweisungen zur Vermeidung der Gefahr werden mit Aufzählungszeichen versehen. Nach den Beschreibungen der Handlungsanweisungen zur Vermeidung der Gefahr folgt die Beschreibung der Folgen bei Nichtbeachtung.

Section Safety Messages Die Section Safety Messages sind mit den abschnittsbezogenen Sicherheitshinweisen vergleichbar, siehe *Kap. 7.5.2 „Abschnittsbezogene Sicherheitshinweise“*. Die Section Safety Messages stehen zu Beginn eines Kapitels und beziehen sich auf alle Inhalte des folgenden Kapitels oder Abschnitts. Je tiefer in der Hierarchieebene, desto präziser beziehen sich die Sicherheitshinweise auf die Handlungssequenz, die sie betreffen. Jeder Sicherheitshinweis steht in Verbindung mit einem „Signal Word Panel“ oder einem „Signal Word“. Wenn ein „Signal Word Panel“ verwendet wird, steht dieses links oder oberhalb des Hinweistextes. Das „Signal Word“ wird immer mit einem „Safety Alert Symbol“ kombiniert, außer bei Sach- und Umweltschäden (NOTICE).

Embedded Safety Messages Diese Sicherheitshinweise stehen innerhalb von Handlungsanweisungen. Sie haben eindeutigen Bezug auf den oder die nachfolgenden Handlungsschritt(e). Der Sicherheitshinweis selbst kann auch alleine einen Handlungsschritt darstellen. Dadurch können textliche Redundanzen vermieden werden. Die ANSI Z535.6 sieht bei diesem Sicherheitshinweis-Typ keine auffällige farbliche Hervorhebung vor, da der Gesamttext optisch möglichst nicht unterbrochen werden soll. Daher ist bei den Embedded Safety Messages lediglich das Signalwort (und ggf. der nachfolgende Sicherheitstext) durch Fettdruck hervorgehoben und mit einem Ausrufungszeichen versehen (Abb. 11.7). Auch die starre Struktur wird für diesen Sicherheitshinweis-Typ „aufgebrochen“. So ist es möglich, dass der

> **2.** ▸ Open the door.
>
> **⚠ CAUTION! Risk of burns on hot surface!**
> **Let the motor cool off or wear safety gloves.**
>
> **3.** ▸ Loosen the screw.

Abb. 11.7 Beispiel für eine Embedded Safety Message

Sicherheitshinweis beispielsweise lediglich aus dem Signalwort und der Maßnahme zur Abwendung der Gefahr besteht.

11.4 Terminologie und Übersetzung

Eine einheitliche und verständliche Terminologie ist natürlich auch für US-Anleitungen unumgänglich. Eine uneinheitliche Terminologie erzeugt Unklarheit, Unklarheit bedeutet Risiken für den Anwender, Risiken können zu Unfällen und Unfälle zu Haftungsprozessen führen. Und Haftungsprozesse können in den USA bekanntlich teuer enden.

Jedoch kann die Verantwortung für eine korrekte Terminologie und Übersetzung nicht vollständig an den Übersetzer abgegeben werden. Es liegt vorerst im Verantwortungsbereich des Technischen Redakteurs, die Terminologie bereits bei der Erstellung der Quelltexte an die zu erwartende Zielgruppe anzupassen und eine entsprechende Terminologieliste zu erstellen und zu pflegen. Anhand dieser Terminologieliste müssen dem Übersetzer dann Vorgaben gemacht werden, welche Ausdrücke er zu verwenden hat.

Um vom Dokumentationsbeginn an eine einheitliche Terminologie sicherzustellen, ist es sinnvoll, mit den Kapiteln „Überblick“ und „Aufbau und Funktion“ zu beginnen. Hier können bereits die Benennungen der Baugruppen und Bauteile festgelegt und in die Terminologieliste übernommen werden. Weiterhin ist es notwendig, die Benennungen mit anderen produktspezifischen Unterlagen abzugleichen (Ersatzteillisten, Marketingunterlagen etc.) und sich kritisch anzuschauen, welche Ausdrücke der Wettbewerb verwendet. Die so festgelegte und abgeglichene Terminologie muss dann konsequent in der Quell-Anleitung verwendet werden.

Ist die Quell-Anleitung vollständig fertiggestellt und zur Übersetzung freigegeben, kann der Übersetzungsprozess angestoßen werden. Übersetzungen sollten stets ausschließlich von technisch versierten Muttersprachlern der gewünschten Sprache vorgenommen werden. Außerdem müssen terminologische Besonderheiten beachtet werden. So ist britisches Englisch nicht gleich amerikanisches Englisch. Die fertige Übersetzung sollte vor dem endgültigen Druck generell noch einmal Korrektur gelesen werden. Fehler in Übersetzungen werden in den USA als Fahrlässigkeit (negligence) ausgelegt und werden daher in Haftungsprozessen zu Lasten des Produktherstellers mitbetrachtet.

Die benötigten Sprachen ergeben sich aus der Zielgruppenbestimmung. So können je nach voraussichtlichem Einsatzgebiet der Maschine/Anlage und den dort vorherrschenden demografischen und kulturellen Gegebenheiten neben der Ausgabe in amerikanischem Englisch weitere Sprachausgaben notwendig sein (z. B. mexikanisches Spanisch).

Kapitel 12
Die Anleitung im betriebswirtschaftlichen Kontext

Die Technische Dokumentation produziert betriebswirtschaftlich gesehen nichts anderes als Kosten, die das Produkt teurer machen. Den Nutzen sehen nur wenige. Deshalb möchte ich hier Kosten und Nutzen aufzeigen.

Dabei ist mir besonders wichtig, die Kostenseite genau zu beleuchten. In den vielen Beratungsprojekten, die ich in diversen Unternehmen durchgeführt habe, fällt nämlich eins besonders auf: Die wenigsten Firmen wissen tatsächlich, was die Technische Dokumentation kostet. Es existiert schlichtweg kein Controlling für die Technische Dokumentation. Das führt zu folgender Situation:

- Es weiß keiner, wie viel Geld für welche Teilaspekte der Dokumentation ausgegeben wird.
- Es existieren keine Zielsetzungen, außer vielleicht: „Muss billiger werden".
- Es können keine Bereiche zur Verbesserung/Optimierung erkannt werden.

Nun könnte man meinen, dass das alles bei einer so kleinen Abteilung wie der Technischen Redaktion auch nicht notwendig ist. Doch weit gefehlt: In den meisten Fällen sind viel mehr Personen in den Prozess der Dokumentationserstellung involviert, als man meint. Dementsprechend können die tatsächlichen Kosten für die Dokumentation weit über den eigentlichen Kosten der Abteilung „Technische Dokumentation" liegen.

12.1 Nutzenpotenziale

Gute Anleitungen können Mehrwert schaffen und ein gutes Produkt noch besser machen. Auch wenn niemand ein Produkt aufgrund der schlechten Anleitung nicht kaufen wird, so tragen die positiven Aspekte, die im Folgenden beschrieben sind, doch dazu bei, Werte zu schaffen, die bei den Kunden und letztlich bei Ihnen ankommen oder sich als echte Kosteneinsparungen messen lassen.

Kundenzufriedenheit steigern Gute Anleitungen sorgen dafür, dass der Nutzer das Produkt ohne Probleme benutzen kann. Das schafft zufriedene Kunden. Merken tut man meist nur das Gegenteil, nämlich die Unzufriedenheit. Sie haben es sicher

L. Kothes, *Grundlagen der Technischen Dokumentation*,
DOI 10.1007/978-3-642-14668-8_12, © Springer-Verlag Berlin Heidelberg 2011

selbst schon erlebt, wenn Sie zu einem Produkt, das Sie bedienen wollten, eine bestimmte Information in der Anleitung nicht gefunden haben. Wenn Sie Kundenzufriedenheit als Wettbewerbsvorteil nutzen wollen, sollten Sie auch in gute Anleitungen investieren.

Supportanfragen reduzieren Ich habe schon mehrfach bei Kunden erlebt, wie ein gut gemachtes Kapitel „Störungen" Geld sparen kann, nämlich im Support. Der Fehler, den der Kunde schnell selbst beheben kann, belastet die Hotline nicht, denn der Kunde wird gar nicht erst anrufen. Das funktioniert dann besonders gut, wenn die Information zur Fehlerbehebung auch gut auffindbar ist oder sogar gleich in die Steuerung integriert wird. Aufwände im Support zu reduzieren, kann ein hervorragendes und messbares Ziel für die Technische Dokumentation sein.

Standzeiten erhöhen und Ausfall reduzieren Durch gute Wartungsanleitungen bleiben die Produkte fit für den Einsatz. Fehler und Ausfälle durch verschlissene Bauteile werden unwahrscheinlicher. Das überträgt sich für den Kunden direkt auf den Qualitätseindruck des Gesamtproduktes und erhöht die effektive Produktivität des Produktes.

Rechtliche Absicherung schaffen Eine gut gemachte Anleitung kann einer Firma dann besonders viel Geld einsparen, wenn es zu rechtlichen Auseinandersetzungen bei einem Produkthaftungsfall kommt. Hierbei stellt sich die Frage, ob der Nutzer in der Anleitung ausreichend auf die Restgefahren hingewiesen wurde, denen er zum Opfer gefallen ist, bzw. ob das in der Anleitung beschriebene Verhalten den Unfall hätte verhindern können.

12.2 Technische Dokumentation verkaufen?

Da immer mehr Serviceleistungen verkauft werden, wäre es auch vorstellbar, dass in mittelfristiger Zukunft auch Anleitungen vom Hersteller eines Produkts an seine Kunden verkauft werden.

Im Kfz-Bereich ist es beispielsweise schon seit langer Zeit üblich, dass die Werkstätten Serviceinformationen von den Herstellern kaufen müssen. Für freie Werkstätten gibt es sogar elektronische Zugriffsmöglichkeiten, bei denen der Abruf in einzelnen Informationseinheiten abgerechnet wird. Warum sollten solche Modelle nicht zukünftig auch in anderen Produktbereichen Einzug halten? Wann das passiert, ist nur noch eine Frage der Zeit, dass es passiert, sehe ich als sicher an.

Es könnte in Zukunft so aussehen, dass man z. B. eine Maschine nur noch mit einem Servicevertrag mit Wartung durch den Hersteller kaufen kann. Will man die Wartung selbst durchführen, muss man die Wartungsinformationen halt kaufen.

Der Einsatz neuer Medien in der Technischen Dokumentation kann diese Entwicklung sogar noch vorantreiben. So kann ich mir gut vorstellen, dass z. B. Utility-Filme zusätzlich zur normalen Wartungsanleitung an die Kunden verkauft werden.

12.3 Dokumentationskosten

In Folgenden sind die üblicherweise bei der Erstellung von Anleitungen anfallenden Kosten aufgelistet. Natürlich sind die Abläufe in allen Unternehmen unterschiedlich, so dass sich jeweils ein leicht unterschiedliches Bild ergibt. Größter Kostenfaktor in der Technischen Dokumentation ist Arbeitszeit. Da die Mitarbeiter in der Regel über ganz normale PC-Arbeitsplätze verfügen, werden die Kosten für den Büroarbeitsplatz nicht gesondert aufgeführt.

12.3.1 Recherche

Unter Recherche fallen alle Aufwände, die zur Informationsgewinnung dienen. Das können sein:

- Nachvollziehen von Arbeitsabläufen am Produkt
  Hierzu muss ggf. ein Servicetechniker bereitgestellt werden, der komplexere Arbeitsabläufe durchführt. Auf der Kostenseite muss je nach Produkt auch die Bereitstellung des Produktes selbst eingerechnet werden, da dieses je nach Prozess während der Recherchephase ausschließlich der Technischen Dokumentation bereitgestellt werden kann.
- Recherchegespräche mit Entwicklern
  Zusätzlich muss auch die Vorbereitungszeit des Entwicklers und des Technischen Redakteurs auf das Recherchegespräch berücksichtigt werden.
  Besonders tückisch sind Recherchegespräche, die auf Zuruf, in kleinen Häppchen erfolgen. Dabei wird der Entwickler aus der Konzentration auf seine eigentliche Arbeit gerissen. Die Zeit für solche Ad-hoc-Kommunikation ist kaum messbar und in der Regel viel länger als man denkt. Was das angeht, ist die räumliche Nähe von Entwicklung und Technischer Redaktion eher von Nachteil.
- Zulieferung von Grafiken für die Anleitung
  In einigen Fällen werden Abbildungen für die Anleitung aus dem CAD verwendet. Diese Abbildungen werden unter Umständen durch Technische Zeichner oder Konstrukteure für die Technische Dokumentation bereitgestellt oder überarbeitet.

12.3.2 Erstellung

Auch bei der eigentlichen Erstellung von Anleitungen spielen viele Faktoren hinsichtlich der Kosten eine Rolle:

- Texte schreiben
  Hier spielt das eigentliche Schreiben allerdings eine untergeordnete Rolle. Das Ausdenken der Inhalte und das Feilen an der richtigen Formulierung nimmt hier den deutlich größeren Raum ein.

- Formatierung
  Bei der Arbeit in Textverarbeitungs- oder DTP-Programmen wird oft ein großer Teil der Arbeitszeit für das Formatieren der Texte verwendet.
- Grafikbearbeitung
  Fotos und Strichzeichnungen müssen für die Anleitung aufbereitet und mit Positionsnummern versehen werden.
- Zulieferung von Texten durch andere Abteilungen
  In manchen Firmen kommt es auch vor, dass andere Abteilungen ganze Textpassagen oder Anhänge zur Anleitung beistellen (z. B. die Anleitung der Steuerung von der Elektrokonstruktion). Auch die Zeiten, die für die Erstellung solcher Passagen von Mitarbeitern anderer Abteilungen benötigt werden, zählen zu den Kosten der Anleitung.
- Zusammenstellen des Anhangs mit Lieferantendokumentationen und anderen Dokumenten
  Gerade im Anlagenbau, wo viele zugelieferte fertige Komponenten eingesetzt werden, ist das Zusammenstellen des Anhangs eine der Aufgaben, die am meisten Zeit frisst. Dabei geht es auch darum, die Anleitungen der Lieferanten überhaupt zu bekommen und zu prüfen.

12.3.3 Qualitätssicherung

Nachdem die Inhalte erstellt sind, ist die Anleitung in der Regel noch nicht fertig. Auch in der nachfolgenden Qualitätssicherung fallen Aufwände und damit Kosten an.

- Lektorat
  In der Regel werden alle verfassten Texte entweder vom Redakteur selbst, im besseren Fall von einem Kollegen oder am besten von einem Lektor Korrektur gelesen.
- Korrekturlauf
  Zusätzlich zu der rein sprachlichen Korrektur im Lektorat wird die Anleitung üblicherweise durch die Fachabteilungen geprüft. Insbesondere dann, wenn viele Personen Korrektur lesen, kann hier ein erheblicher Aufwand entstehen.
- As-Built-Dokumentation
  Bei kundenindividuellen Produkten kommt es oft vor, dass auf der Baustelle letzte konstruktive Änderungen vorgenommen werden, die sich auch auf die Anleitung auswirken. Diese müssen in einer finalen Version der Anleitung berücksichtigt werden. Auch hierfür kann ein nicht unerheblicher Aufwand anfallen.
- Änderung von Dokumenten
  Besonders bei Serienprodukten müssen die bestehenden Anleitungen immer wieder an technische Änderungen angepasst und in Details verändert werden.

12.3.4 Verwaltung

In der Technischen Dokumentation fallen auch Verwaltungsaufgaben an, die nur mittelbar mit der Erstellung von Anleitungen zu tun haben. Hier einige Beispiele für Verwaltungs- und Zusatzaufgaben.

Hierzu sei noch angemerkt, dass ich schon Technische Redakteure kennengelernt habe, die den größten Teil ihrer Zeit mit Verwaltungs- und Zusatzaufgaben verbringen. Diese sollen hier jedoch kein Vorbild sein.

- Anleitungen publizieren und ablegen
  Die fertigen Anleitungen müssen ggf. in unterschiedlichen Kanälen (Kundendokumentation, Service-CD etc.) publiziert werden. Außerdem müssen die fertigen Anleitungen intern archiviert werden.
- Besprechungen
  Technische Redakteure nehmen in der Regel an diversen Besprechungen teil, um über Projektstände, technische Entwicklungen etc. auf dem Laufenden zu sein.
- Terminplanung, Projektverwaltung
  Die zahlreichen Anleitungsprojekte müssen geplant und Termine (z. B. zur Recherche) abgesprochen werden.
- Organisation der Lieferantendokumentation
  Die Lieferantendokumentation muss bei den Lieferanten angefordert werden. Hierzu zählen auch das Anmahnen säumiger Lieferanten sowie die Erfassungen und Ablage der Dokumente.
- Vervielfältigung
  Je nach Produkt (Einzel- oder Serienfertigung) wird die Anleitung entweder im eigenen Haus ausgedruckt oder bei einer Druckerei gedruckt. Beides muss organisiert und durchgeführt werden und verursacht Kosten.
  Gerade bei Serienprodukten mit hoher Auflage spielen die Druckkosten oft eine entscheidende Rolle.

12.3.5 Übersetzung

Durch die beinahe generell vorhandene Forderung nach Lieferung der Anleitung in der Landessprache des Verwenderlandes und die Internationalisierung der Absatzmärkte steigen die Kosten für die Übersetzung bei nahezu allen Betrieben permanent. Die Übersetzungskosten unterteilen sich wie folgt:

- Vorbereitung der Übersetzung
  Die zu übersetzenden Dateien müssen für den Übersetzer zusammengestellt werden. Anschließend wird in der Regel ein Angebot eingeholt und eine Bestellung ausgelöst.

- Übersetzung
  Der eigentliche Übersetzungsvorgang wird in den meisten Fällen extern erledigt. Die Abrechnung erfolgt hierbei im Normalfall nach Textmenge. Reduzieren der Übersetzungskosten heißt also zumeist Reduzieren der Textmenge, die beim Übersetzer ankommt.
- Prüfung der Übersetzung
  Die Übersetzung sollte in jedem Fall auf Plausibilität geprüft werden. In vielen Fällen erfolgt auch noch eine sprachliche Prüfung, deren Aufwände bei der Kostenbetrachtung einer Anleitung auch zu Buche schlagen.
- Formatierung der Übersetzung
  Die übersetzten Dokumente müssen in der Regel nachformatiert werden, da die Texte in den Fremdsprachen andere Laufweiten haben. So muss mindestens der Seitenumbruch überarbeitet werden.
- Heraussuchen und Einfügen zu übersetzender Textpassagen
  Mir begegnen immer wieder Firmen, bei denen Mitarbeiter in der Technischen Dokumentation bei Änderungen von Dokumenten die geänderten Texte heraussuchen, in ein separates Dokument packen und so an den Übersetzer schicken, um die Texte anschließend in die fremdsprachlichen Varianten einzuarbeiten. Dieses Vorgehen spart zwar die externen Kosten der Übersetzung, baut aber neue Kosten für das Heraussuchen und Einpflegen auf. Außerdem birgt dieses Vorgehen enorme Risiken in den fremdsprachlichen Versionen. Insbesondere dann, wenn ein Mitarbeiter die jeweilige Sprache selbst nicht beherrscht, kann es beim Einfügen der übersetzten Textpassagen zu Fehlern kommen, die die Rechtssicherheit der Anleitung beinträchtigen können. Daher ist diese Vorgehensweise nicht zu empfehlen.

12.4 Optimierungspotenziale

Um Optimierungspotenziale ausfindig zu machen, sollten zunächst einmal die vorhandenen Aufwände für die einzelnen Tätigkeiten im Unternehmen ermittelt werden. Dann kann man recht gut erkennen, für welche Bereiche ungewöhnlich viel Zeit aufgewendet wird. Zielsetzung sollte sein, dass die Mitarbeiter der Technischen Redaktion möglichst viel Zeit mit der Erstellung von Anleitungen verbringen. Was in der einzelnen Redaktion zu verbessern ist, lässt sich generell natürlich nicht sagen und muss individuell betrachtet werden. Im Folgenden finden sich jedoch einige Anregungen zu bestimmten Themen, die mir in der Praxis immer wieder begegnen.

12.4.1 Abläufe/Informationsfluss

In vielen Redaktionen sind die Abläufe nicht optimal. Das kann z. B. dazu führen, dass bestimmte Inhalte während der Erstellung der Anleitung immer wieder geändert werden müssen. Viel Aufwand kann auch in der Korrekturphase stecken. Hierbei ist den Korrektoren oft nicht klar, was sie eigentlich korrigieren sollen, nämlich die technische Richtigkeit. In den Firmen gibt es jedoch oft elend lange Diskussionen um Formulierungen und Terminologie. Hier ist eine klare Trennung der Verantwortlichkeiten sinnvoll: Konstrukteur: Technik, Redakteur: Sprache. Ein Redaktionsleitfaden mit eindeutigen Regelungen kann hier zusätzliche Klarheit schaffen.

Bezüglich der Terminologie sollte ein einheitlicher Firmenstandard aufgebaut werden, so dass es hier zu keinerlei Diskussion mehr kommen kann.

Kritisch ist auch oft der Zeitpunkt, zu dem mit der Anleitung begonnen wird. Fängt man zu früh an, ändert sich in der Technik noch sehr viel. Fängt man zu spät an, hat man nicht mehr genügend Zeit, die Anleitung zur Auslieferung des Produktes fertig zu haben. Irgendwo in der Mitte liegt der optimale Zeitpunkt.

12.4.2 Automatisierung

Die Automatisierung hat in sehr viele Unternehmensbereiche Einzug gehalten. In der Technischen Dokumentation steckt sie noch in den Kinderschuhen. Dabei lassen sich hier schon jetzt sehr viele Dinge automatisieren, nämlich beinahe alle monotonen Tätigkeiten, die im Redaktionsalltag auftreten, z. B.:

- automatisches Formatieren von Dokumenten und deren Übersetzung
  durch den Einsatz von XML-Technologien
- Erstellen variantenspezifischer Ableitungen aus einer Maximal-Anleitung
  z. B. durch Kopplung an ein Warenwirtschaftssystem
- Übernahme bestimmter Informationen (z. B. Technische Daten) aus anderen Systemen
- Online-Korrekturlauf mit automatisch generierter To-do-Liste für den Technischen Redakteur
- Zusammenstellen von Publikationen
  z. B. Kundendokumentation auf CD oder Service-CD
- Vorbereiten der Print-Ausgabe
  z. B. automatisiertes Zusammenstellen der Anleitung inklusive Anhang
- systemgestützte Freigabeprozesse und Statusverwaltung
- automatische Archivierung der Anleitung nach Freigabe
- Abwicklung von Übersetzungsaufträgen
  inkl. Kennzeichnung der zu übersetzenden Passagen

Redaktionssysteme bieten in ihrer Grundausstattung oft schon eine Menge Funktionen, mit denen sich die Punkte der obigen Liste realisieren lassen. Dort, wo sehr große Einsparungen zu erwarten sind, kann sich aber auch die Entwicklung individueller Lösungen oder einzelner Programmfunktionen lohnen.

12.4.3 Wissen des Technischen Redakteurs

Bei den Gedanken an Automatisierung dürfen wir natürlich nicht vergessen, dass in der Technischen Redaktion der Technische Redakteur als Mensch immer noch im Vordergrund steht.

Aus eigener Erfahrung kann ich sagen, dass ein großer Teil der Effektivität im Redaktionsprozess vom Einsatz und Wissen der einzelnen Technischen Redakteure abhängt. Deshalb ist es besonders wichtig, Freiräume zu schaffen, in denen sich die Technischen Redakteure weiterbilden können (und müssen). Denn mit zunehmender Automatisierung steigen auch die Komplexität der Arbeit und die Anforderung an jeden Einzelnen. Und letztendlich bestimmt immer noch der Technische Redakteur die Qualität der Anleitung. Deshalb ist eine regelmäßige Weiterbildung in der Technischen Redaktion unerlässlich.

Weiterhin sollte man die eigenen Prozesse von Zeit zu Zeit auf den Prüfstand stellen, so wie man es ja in allen anderen Unternehmensbereichen schon immer macht. Dabei kann man auf die Hilfe eines externen Beraters zurückgreifen, um die Betriebsblindheit auszuschließen und auf einen umfassenderen Erfahrungsschatz auch aus anderen Unternehmen zurückgreifen zu können.

Für den einzelnen Redakteur tut auch der Austausch mit anderen Kollegen z. B. in Schulungen oder in Treffen von Fachverbänden, wie tekom, VDI oder VDMA, meist sehr gut.

Kapitel 13
Quellen

13.1 Abbildungen

Abbildungen in diesem Buch werden mit freundlicher Genehmigung der folgenden Firmen verwendet.

Quelle	Firma
Dedotec	Dedotec optronische und mechanische Systeme GmbH, München
DOCUFY	DOCUFY GmbH, Bamberg
DSI	DSI Getränkearmaturen GmbH, Hamm
Elster Kromschröder	Elster GmbH, Lotte
Outotec	Outotec GmbH, Oberursel
Royal	Royal Appliance Ltd., Hilden
Schego	Schego Schemel & Goetz GmbH & Co KG, Offenbach am Main
Schneider	Schneider GmbH & Co. KG, Steffenberg
Teupen	TEUPEN Maschinenbaugesellschaft mbH, Gronau
M+W	M+W Products GmbH, Stuttgart

13.2 Gesetze

Gesetz	Titel	Seite
GPSG	Geräte- und Produktsicherheitsgesetz	41
ProdHaftG	Produkthaftungsgesetz	18

L. Kothes, *Grundlagen der Technischen Dokumentation,*
DOI 10.1007/978-3-642-14668-8_13, © Springer-Verlag Berlin Heidelberg 2011

13.3 EG-Richtlinien

Richtlinie	Titel	Seite
93/42/EWG	Medizinprodukterichtlinie	16
94/9/EG	Geräte und Schutzsysteme zur bestimmungsgemäßen Verwendung in explosionsgefährdeten Bereichen (ATEX)	15
2004/108/EG	EMV-Richtlinie	14
2006/42/EG	Maschinenrichtlinie	12
2006/95/EG	Niederspannungsrichtlinie	14

13.4 Normen

Norm	Titel	Seite
ISO/IEC Guide 37	Instructions for use of products of consumer interest	28
IEEE 1063	Standard for Software User Documentation	40
ISO 3864-1	Graphische Symbole – Sicherheitsfarben und Sicherheitszeichen – Teil 1: Gestaltungsgrundsätze für Sicherheitszeichen in Arbeitsstätten und in öffentlichen Bereichen	180
DIN ISO 3864-2	Graphische Symbole – Sicherheitsfarben und Sicherheitszeichen – Teil 2: Gestaltungsgrundlagen für Sicherheitsschilder zur Anwendung auf Produkten	180
DIN ISO 3864-3	Graphische Symbole – Sicherheitsfarben und Sicherheitszeichen – Teil 3: Gestaltungsgrundlagen für graphische Symbole zur Anwendung in Sicherheitszeichen	181
DIN 4844-1	Graphische Symbole – Sicherheitsfarben und Sicherheitszeichen – Teil 1: Gestaltungsgrundlagen für Sicherheitszeichen zur Anwendung in Arbeitsstätten und in öffentlichen Bereichen	79, 180
DIN 4844-2	Sicherheitskennzeichnung – Teil 2: Darstellung von Sicherheitszeichen	79, 180
ISO/IEC 6592	Information technology – Guidelines for the documentation of computer-based application systems	40
DIN ISO 7000	Graphische Symbole auf Einrichtungen – Index und Übersicht	181
DIN ISO 7001	Graphische Symbole zur Information der Öffentlichkeit	181
ISO/IEC 9127	Information processing systems; user documentation and cover information for consumer software packages	40
ISO/IEC 9294	Information technology – Guidelines for the management of software documentation	40
DIN EN 15038	Übersetzungs-Dienstleistungen – Dienstleistungsanforderungen	35
DIN EN ISO 12100-2	Sicherheit von Maschinen – Grundbegriffe, allgemeine Gestaltungsleitsätze – Teil 2: Technische Leitsätze	26
DIN EN ISO 14121-1	Sicherheit von Maschinen – Risikobeurteilung – Teil 1: Leitsätze	43
ISO/TR 14121-2	Safety of machinery – Risk assessment – Part 2: Practical guidance and examples of methods	44
ISO/IEC 18019	Software and system engineering – Guidelines for the design and preparation of user documentation for application software	40
ISO/IEC 26514	Systems and software engineering – Requirements for designers and developers of user documentation	40
DIN EN 62079	Erstellen von Anleitungen – Gliederung, Inhalt und Darstellung	22

13.5 ANSI-Standards

Norm	Titel	Seite
ANSI_B11.19-2003+(R2009)	American National Standard for Machine Tools – Performance Criteria for Safeguarding	266
ANSI_B11.TR3-2000	Risk Assessment and Risk Reduction – A Guide to Estimate, Evaluate and Reduce Risks Associated with Machine Tools	266
ANSI Z535.1-2006	Safety Color Code	269
ANSI Z535.2-2007	Environmental and Facility Safety Signs	269
ANSI Z535.3-2007	Criteria for Safety Symbols	269
ANSI Z535.4	Product Safety Signs and Labels	269
ANSI Z535.5	Safety Tags and Barricade Tapes (for Temporary Hazards)	269
ANSI Z535.6-2006	Product Safety Information in Product Manuals, Instructions, and Other Collateral Materials	176, 269

13.6 VDI-Richtlinien

Norm	Titel	Seite
VDI 4500-Blatt 1 (Juni 2006)	Technische Dokumentation; Begriffsdefinitionen und rechtliche Grundlagen	30
VDI 4500-Blatt 2 (November 2006)	Technische Dokumentation; Organisieren und Verwalten	–
VDI 4500-Blatt 3 (Juni 2006)	Technische Dokumentation; Erstellen und Verteilen von elektronischen Ersatzteilinformationen	–
VDI 4500-Blatt 4 (Entwurf vom Dezember 2009)	Technische Dokumentation; Dokumentationsprozess: Planen – Gestalten – Erstellen	30
VDI 4500-Blatt 5 (noch nicht erschienen)	Technische Dokumentation; Dokumentationsprozess: Wirtschaftlich dokumentieren	–
VDI 4500-Blatt 6 (noch nicht erschienen)	Technische Dokumentation; Dokumentationsprozess: Publizieren	–

Sachverzeichnis

L. Kothes, *Grundlagen der Technischen Dokumentation*,
DOI 10.1007/978-3-642-14668-8, © Springer-Verlag Berlin Heidelberg 2011